斯尔教育
SINCERE EDU

财务成本管理

注册会计师考试辅导用书·冲刺飞越
（全2册·上册）

斯尔教育　组编

北京理工大学出版社
BEIJING INSTITUTE OF TECHNOLOGY PRESS
·北京·

图书在版编目（CIP）数据

冲刺飞越. 财务成本管理：全2册 / 斯尔教育组编
. -- 北京：北京理工大学出版社, 2024.5
注册会计师考试辅导用书
ISBN 978-7-5763-4028-0

Ⅰ. ①冲… Ⅱ. ①斯… Ⅲ. ①企业管理—成本管理—资格考核—自学参考资料 Ⅳ. ①F23

中国国家版本馆CIP数据核字(2024)第101136号

责任编辑：王梦春　　文案编辑：辛丽莉
责任校对：周瑞红　　责任印制：边心超

出版发行 / 北京理工大学出版社有限责任公司
社　址 / 北京市丰台区四合庄路6号
邮　编 / 100070
电　话 /（010）68944451（大众售后服务热线）
（010）68912824（大众售后服务热线）
网　址 / http://www.bitpress.com.cn

版 印 次 / 2024年5月第1版第1次印刷
印　刷 / 三河市中晟雅豪印务有限公司
开　本 / 787mm×1092mm　1/16
印　张 / 20
字　数 / 470千字
定　价 / 43.90元（全2册）

使用指南

99记篇

当你拿起这本书时，应该已经进入了最后的冲刺阶段。这个阶段的你会感到焦虑、不安、慌乱，厚厚的教材和紧迫的时间可能压得你喘不过气。那么，希望这并不算厚的一本书，可以先帮你缓解一些焦躁，树立起坚持下去的信心。其实，很多时候你感到茫然失措、无从着手，都是因为目标设定得太大、太远。所以，我们帮你把这个阶段的学习拆解成了一个个能够得着的“小目标”，从而形成了这本书里的七大模块和“99 记”。希望你在每完成一记的学习后，都能获得一种游戏又通了一关的成就感，为最后这段冲刺持续助力！

99记&飞越必刷题自诞生以来，已经经历了四个考季。每个考季，这本书都能收获很多关注和反馈，从而经历着不断的创新和迭代，持续焕发出新的活力。今年，它又变得更不一样了：

更贴心的体验。【通关绿卡】是本书最具口碑的特色专栏，根据历年真题的命题角度，总结了大量你最需要的解题模型和技巧，再配合【通关绿卡速览表】进行自查和梳理。基于过往学员们的反馈，今年我们新增了【记忆口诀】特色专栏，再配合【记忆口诀速览表】，希望能够进一步帮你有效提炼要点、快速吸收记忆。同时，我们保持了便携的小开本设计，但保留了“笔记区”，让你能够继续记录点滴思考，使这本书真正成为你的“专属”。

更高效的指引。我们为每一记都赋予了分值，让你能够在每完成一记的学习后，更真切地感受到提分的喜悦，更直观地理解每一记的性价比。此外，99记篇的每一记都与必刷题篇建立了相互索引，让你能够快速检验学习效果，真正做到学以致用。

更多维的陪伴。一本书中，满满都是冷冰冰的知识点，总会让人天然地与其产生距离感。“求知的道路，意味着永恒的疲倦以及偶然的惊喜”，每个学习模块下都有一句送给大家的寄语，希望能够给早起忙碌的你、深夜伏案的你、疲惫不堪的你、失去方向的你一些安慰、一些动力。同时，你还可以打开手机，用【斯尔教育】App扫一扫每一记旁边的二维码观看课程视频，更好地解决你学习中的疑惑。更欢迎你加入我们的直播学习中，和小伙伴一起约着听直播、做作业、讨论问题、相互鼓励，你会发现自己不是一个人在奋斗！

希望以上这些编排和设计能够让你最后的这段冲刺之路收获满满，也希望你学完第99记后，能够自信地说：我觉得今年应该是稳了！我和斯尔的所有老师，等着你的好消息，加油！

使用指南

飞越必刷题篇

到了冲刺阶段，“刷题”是必须的，但如何能帮助同学们有效刷题，避免深陷题海，这是我们很早就在思考的，也是创作飞越必刷题篇的初心。飞越必刷题篇的定位是与99记篇打好配合，帮助大家将所学知识融会贯通，更加高效地模块化提分。

今年，我们将飞越必刷题篇所有题目归集为“必刷客观题”和“必刷主观题”两大部分，专项训练更高效。

在“必刷客观题”部分，不仅详细地剖析每个选项，还明确了每道题的考查知识点，有针对性地查漏补缺；在“必刷主观题”部分，每道题目延续了过往广受好评的【应试攻略】特色栏目，在解析中新增了采分点标注，帮助你参透详细计算过程、掌握得分要点，学会运用解题技巧、做题套路，识别提炼易混易错点，做好每道题的复盘总结。

此外，我们还在【斯尔解析】里标注了那些需要你在做完题之后进一步背记的内容，希望你在刷题的同时能够对核心知识点再次巩固。

最后，希望你可以在紧张的冲刺阶段，认真刷完飞越必刷题篇里的所有题目，更加自信从容地走上考场，发挥出你应有的水平，不留任何遗憾！

目录

99 记篇

第一模块 基础理论

第二模块 报表分析和财务预测

第三模块 长期投资决策

第四模块 长期筹资决策

第五模块 经营决策

第六模块 成本计算

第七模块 业绩评价

必备清单

飞越必刷题篇

必刷客观题

必刷主观题

通关绿卡 速览表

续表

续表

续表

续表

记忆口诀速览表

命题角度	记忆口诀	页码
判断选项中的哪些措施能够有效应对经营者背离股东利益	“监督分内外，激励凭业绩，三项之和找最小”	5
对比辨析或要求简述不同预算编制方法的特征和优缺点	（1）增量预算与零基预算：增量简单靠历史，易受干扰不积极；零基复杂重分析，不受制约有动力。 （2）固定预算与弹性预算：固定不变不好比，弹性分析本量利，动态调整助考评。 （3）定期预算与滚动预算：定期便于报告比，固定编制难连续；滚动逐期向后移，充分发挥指控力	45
判断期权投资行为对净收入和净损益的影响	“低买高卖”	64
判断不同的期权组合如何影响损益	“低买高卖”	66
根据每股收益无差别点法选择合适的筹资方案	“低股高债”	79

99 记篇

第一模块

基础理论

● 本模块共涵盖教材4章的内容，各年考查分值波动较大，预计考查20分左右，以客观题为主，主观题的考查集中在现值计算（第7～8记）、资本成本计算（第12～15记）和本量利分析（第19～20记）。

求知就像在穿越一片无垠的森林，步履不停可能迷路，却也可能在不经意间发现一片未曾涉足的清泉。

第1记 企业的组织形式

2分

飞越必刷题：1

维度	个人独资企业	合伙企业	公司制企业
是否为独立法人	否	否	是
创立成本和监管要求	较低	适中	较高
投资主体	1名自然人	至少2名自然人、法人或其他组织	至少1名自然人或法人
代理问题	不存在	很少	存在
权益转让和外部融资	难	较难	容易
纳税义务	个人所得税	合伙人分别缴纳所得税	公司和股东双重课税
责任承担	业主对企业债务承担无限责任	普通合伙人：无限连带责任 有限合伙人：有限责任	所有者对公司债务承担有限责任
企业寿命	有限	法律无明确限制	无限存续

提示：特殊普通合伙企业的责任承担。

（1）一般情况：全体合伙人承担无限连带责任。

（2）特殊情况：合伙人在执业活动中因故意或者重大过失造成合伙企业债务的，过错合伙人承担无限责任或者无限连带责任，其他合伙人承担有限责任。以合伙企业财产对外承担责任后，过错合伙人应当按照合伙协议的约定对给合伙企业造成的损失承担赔偿责任。

通关绿卡

命题角度：三种企业组织形式的特征对比。

近几年对该知识点的考查频率有所提高，由于财务管理的主要研究对象是公司，因此应着重对比公司制企业与其他两种组织形式，其中最重要的维度是责任承担和纳税义务。需要注意的是：

（1）个人独资企业不同于一人公司，个人独资企业的投资主体必须是自然人，法律组织形式是非法人组织，投资者承担无限责任，缴纳个人所得税。

（2）一人公司的投资主体可以是自然人或法人，法律组织形式是法人组织，投资者承担有限责任，公司和股东双重课税。

（3）合伙企业的合伙人可以是自然人，也可以是法人或其他组织，法律组织形式是非法人组织，自然人缴纳个人所得税，法人缴纳企业所得税。

第2记 财务管理的目标

2分

飞越必刷题：2

观点表述	观点表述可以作为财务管理目标的前提
利润最大化	相同时间+相同投入+相同风险
每股收益最大化	相同时间+相同投入+相同风险
股东财富最大化	无
股价最大化	股东投资资本不变
企业价值最大化	股东投资资本不变+债务价值不变

提示：股东财富最大化的衡量指标不是股东权益的市场价值，而是股东权益的市场增加值（股东权益的市场价值−股东投资资本）。

通关绿卡

命题角度：判断选项中的哪些观点表述能够作为财务管理的目标。

首先，财务管理具体而言包括了企业各项投融资活动的管理决策，所以当题目问到“资本结构优化的目标”时，潜台词就是在问“财务管理的目标”，两者在本质上具有一致性；其次，我们要明确财务管理目标的准确表述是股东财富最大化，其他观点表述都需要满足某些特定前提（如上表总结）。

2分

第3记

利益相关者的要求

飞越必刷题：3、17

利益相关者	利益背离的表现	应对措施
经营者	经营者背离股东利益： （1）道德风险：不干事。 （2）逆向选择：干坏事	（1）监督：完善治理结构+审计财报+要求定期披露。 （2）激励：分享增量财富，奖励现金、股票期权等
	最佳解决办法：使监督成本、激励成本和偏离股东目标的损失三项之和最小的解决办法	
债权人	股东背离债权人利益： （1）投资高风险新项目。 （2）私自发行新债	（1）预防：在借款合同中加入限制性条款。 （2）止损：不再提供新的贷款或要求提前还款

记忆口诀

命题角度：判断选项中的哪些措施能够有效应对经营者背离股东利益。

有效措施包括监督+激励（即“大棒+胡萝卜”），具体而言：

（1）外部审计属于监督，完善内部治理结构和要求经营者定期披露信息同样属于监督。

（2）有效的激励应该与业绩相挂钩。

（3）监督不等于全面监督，激励也不等于无节制的激励，要考虑监督和激励的成本是否可能超过所带来的收益，能够使监督成本、激励成本和偏离股东目标的损失三项之和最小的解决办法才是最佳解决办法。

以上要点，大家可以通过记忆口诀“监督分内外，激励凭业绩，三项之和找最小”掌握。

通关绿卡

命题角度：判断选项中股东的行为是否侵害了债权人利益，或判断债权人可以采取选项中的哪些措施应对股东对其利益的侵害。

由于债权人的利益要求就是到期收回本金、按时获得利息，所以只要股东的行为可能增加公司未来不能按时还本付息的风险，就属于侵害债权人利益的行为，比如发行新债（注意，发行新股是通过牺牲股权为公司未来还本付息提供了更充足的资金保障，不属于侵害债权人利益的行为）、对外担保、提高股利支付率、加大高风险投资比例等；应对措施包括事前预防（如“加限制”）和事后止损（如“提前还”）两类。

2分

第4记

金融工具和金融市场的类型

飞越必刷题：4、18

（一）金融工具的类型

分类	特征	风险与收益	常见类型
固定收益证券	能够提供固定或根据固定公式计算出来现金流的证券	收益与发行人的财务状况相关程度低，风险也较低	固定/浮动利率债券、优先股、永续债
权益证券	代表特定公司所有权的证券	收益取决于公司经营业绩和净资产价值，风险高于固定收益证券	普通股股票
衍生证券	在原生资产基础上衍生出来的，价值随原生资产波动的合约	价值依赖于其他证券，可用于套期保值或投机获利，风险非常高	远期合约、期货合约、互换合约、期权合约、可转债、认股权证等

（二）金融市场的类型

1.按所交易的金融工具的期限是否超过1年分类

项目	货币市场	资本市场
金融工具期限	小于或等于1年	大于1年
主要功能	保持金融资产的流动性	进行长期资本的融通
风险与利率	较低	较高
主要工具	短期国债、大额可转让定期存单和商业票据等	股票、长期公司债券、长期政府债券和银行长期贷款合同等

2.按交易程序分类

项目	场内交易市场	场外交易市场
交易方式	证券交易所组织的集中交易市场	持有证券的交易商分别进行
交易特征	有固定的交易场所、固定的交易时间和规范的交易规则	没有固定场所，价格由双方协商形成
举例	主板、创业板、科创板等	新三板、区域性股权交易市场等

通关绿卡

命题角度1：判断选项中给定的金融工具属于何种类型。

就应试而言，主要把握住以下规律进行分类。

（1）除认股权证和可转债（属于衍生证券）外，一般债券产品都属于固定收益证券（即浮动利率债券也属于固定收益证券）。

（2）普通股属于权益证券，而优先股属于固定收益证券。

命题角度2：判断选项中给定的金融工具属于哪类市场的工具。

一般先判断是否属于资本市场工具，然后利用排除法确定货币市场工具。资本市场工具的判断可以使用以下规律。

带有“股”或“长期”属性的工具只可能是资本市场工具，例如普通股、优先股、长期政府债券、长期公司债券、银行长期贷款合同等。

第5记 资本市场的效率 2分

飞越必刷题：5、19

（一）资本市场有效的基础条件

满足以下三个条件之一，资本市场就是有效的。

基础条件	描述
理性的投资者	假设所有投资者都是理性的，当资本市场发布新的信息时，所有投资者都会以理性的方式调整自己对股价的估计
独立的理性偏差	即使存在非理性投资者，只要每个投资者都是独立的，则预期偏差就是随机的；假设乐观和悲观投资者人数大体相同，则非理性行为可以互相抵消，使得股价变动与理性预期一致，市场仍然有效
套利	即使乐观和悲观投资者人数并不相当，非理性的投资者的偏差不能互相抵消时，假设市场上存在非理性业余投资者和理性专业投资者，则专业投资者会理性地重新配置资产组合，进行套利交易，进而抵消业余投资者的投机，使市场保持有效

（二）有效资本市场对财务管理的意义

结论	描述
管理者不能通过改变会计方法提升股票价值	通过改变会计方法提升股票价值，不仅有违职业道德，在技术上也是行不通的
管理者不能通过金融投机获利	实业公司从事利率和外汇期货等交易的正当目的是套期保值，锁定价格，降低金融风险，而不应指望投机获利
关注自己公司的股价是有益的	资本市场既是企业的一面镜子，又是企业行为的校正器

（三）资本市场有效性的程度

资本市场有效程度	股价中已包含的信息	判断标志	交易策略	检验方法
无效	—	股价变动与历史信息有关	技术分析、估值模型和基本面分析、内幕交易均有效	—
弱式有效	历史信息	历史信息对股价没有影响	（1）无效：技术分析。 （2）有效：估值模型和基本面分析、内幕交易	随机游走、过滤检验
半强式有效	历史信息、公开信息	历史信息和公开信息对股价没有影响	（1）无效：技术分析、估值模型和基本面分析。 （2）有效：内幕交易	事件研究、投资基金表现研究
强式有效	历史信息、公开信息、内部信息	无论可用信息是否公开，价格都可以完全地、同步地反映所有信息	技术分析、估值模型和基本面分析、内幕交易均无效	内幕交易

通关绿卡

命题角度1：判断在各选项描述的条件情景下，资本市场是否有效。

资本市场有效的基础条件是三选一，即满足其中一个即可。因此，做此类题目时，不能投机取巧地使用“绝对化表述排除法”，例如“只要所有投资者都是理性的，资本市场就是有效的”这类表述其实是正确的；而“只有所有投资者都是理性的，资本市场才是有效的”这类表述是错误的。

命题角度2：判断改变会计方法或财务政策是否影响股票价值。

该角度往往要求我们判断选项中观点表述的正误，即认为通过改变会计方法（如调整折旧方法）可以提升股票价值的观点是错误的，而认为可以通过调整财务政策（如优化资本结构和股利分配政策）提升股票价值的观点是正确的。

命题角度3：判断在不同有效程度的资本市场中，利用什么信息或使用什么交易策略可以获得超额收益。

做这类题目时，一定要建立“有效程度—信息—交易策略”三者之间的对应关系，只有利用那些股价里没有反映的信息和对应的交易策略才能获得超额收益。

命题角度4：根据投资者的策略及收益，判断资本市场达到何种有效程度。

我们可以遵循“三步法”进行判断：

第一步 找信息：明确投资者利用了什么信息/策略进行交易（如历史信息/技术分析）。

第二步 看收益：明确投资者是否取得了超额收益，即投资收益率是否持续超过市场整体收益率水平。

第三步 得结论：若未取得超额收益，说明股价中已包含此信息，资本市场已达到对应有效性；若取得了超额收益，说明股价中未包含此信息，资本市场尚未达到对应有效性。

第6记 利率的影响因素和期限结构

2分

飞越必刷题：20、21

（一）利率的影响因素

利率$r=r^*+$风险溢价$=r^*+IP+DRP+LRP+MRP$

指标	含义	要点提示
纯粹利率r^*	也称真实无风险利率，是指在没有通货膨胀、无风险情况下资金市场的平均利率	没有通货膨胀时，短期政府债券的利率可以视作纯粹利率
通货膨胀溢价IP	指证券存续期间预期的平均通货膨胀率	（名义）无风险利率$r_{RF}=r^*+IP$，政府债券的信誉很高，通常假设不存在违约风险，其利率被视为名义无风险利率

续表

指标	含义	要点提示
违约风险溢价*DRP*	指债券因存在发行者到期不能按约定足额支付本金或利息的风险而给予债权人的补偿	违约风险越大，债权人要求的贷款利率越高；公司评级越高，违约风险溢价越低；政府债券的违约风险溢价为零
流动性风险溢价*LRP*	指债券因存在不能短期内以合理价格变现的风险而给予债权人的补偿	国债的流动性好，流动性溢价较低；小公司发行债券的流动性差，流动性溢价相对较高
期限风险溢价*MRP*	指债券因面临存续期内市场利率上升导致价格下跌的风险而给予债权人的补偿	也被称为“市场利率风险溢价”

（二）利率的期限结构

对比	预期理论	流动性溢价理论	市场分割理论
投资者偏好	无偏好	偏好流动性（短期）	有固定期限偏好
长短期债券	可以完全替代	不可完全替代	完全不可替代
长短期市场	完全流动	存在差异	完全隔离
基本结论	长期债券即期利率等于短期债券预期利率的几何平均	长期即期利率是未来短期预期利率平均值加上一定的流动性风险溢价	即期利率水平完全由各个期限市场上的供求关系决定
长短期利率之间的关系	$1+R_0^2=\sqrt{(1+R_0^1)\times(1+R_1^1)}$	$1+R_0^2=\sqrt{(1+R_0^1)\times(1+R_1^1)}+LRP$	无关
对收益率曲线的解释	未来短期预计利率变化		均衡利率水平
	上斜：↑	上斜：↑/→/↓	上斜：短期<长期
	水平：→	水平：↓	水平：各期限持平
	下斜：↓	下斜：↓	下斜：短期>长期
	峰型：近期↑远期↓	峰型：近期↑/→/↓远期↓	峰型：中期最高

通关绿卡

命题角度1：辨析利率中不同风险的溢价补偿。

在利率各项风险的溢价补偿中，违约风险、流动性风险和期限风险一定程度都与“时间”相关，其中：违约风险是指“到期还不上钱”的风险，流动性风险是指“短期内脱不了手”的风险，期限风险是指“夜长梦多”的风险。

命题角度2：判断选项中的观点表述是否符合某一利率期限结构解释理论。

做这类题目时，很多同学都会有这样的感受：感觉这个表述好像在哪儿见过，但又找不到原文。其实，各类观点判断型的题目都有这样的特点，没有一成不变的表述，所以靠死记硬背或者“刷题”是没法举一反三的。比较好用的方法是通过以上不同维度的对比总结，找准关键词，快速定位其所属理论。

第7记 2分 报价利率、计息期利率和有效年利率

飞越必刷题：6、132

利率形式	特征	换算	应用
报价利率	包含通胀的名义年利率	计息期利率×每年复利次数	票面利率
计息期利率	年/半年/季/月等	报价利率÷每年复利次数	计算利息
有效年利率	假定每年复利一次的等价年利率	$(1+计息期利率)^{每年复利次数}-1$	年折现率

通关绿卡

命题角度：不同利率的选择和换算。

（1）报价利率在题目中往往表述为票面利率，且一般都会同时提供每年的付息次数；当每年付息一次时，票面利率=计息期利率=有效年利率。

（2）计息期利率主要用于计算利息（利息=面值×计息期利率）。

需要特别注意的是，如果每年付息多次，在计算债券价值时，利息需要计算期利息，相应的年金现值系数中的利率也应调整为计息期折现率，期数应调整为计息期的总数，即现金流、折现率和期数三者口径需保持一致。

（3）有效年利率在题目条件中常常表述为年折现率/当前等风险投资的市场利率/资本成本/必要报酬率/现行市场报酬率水平等，计算时要将其与报价利率明确区分。此外，当题目要求计算债券的到期收益率时，是要求计算有效年利率；因此，如果是一年付息多次的债券，内插法求解得到的是计息期利率，应当进一步换算为有效年利率才能反映到期收益率水平。

第8记 5分

不同货币时间价值系数的对比及应用

飞越必刷题：7、132、133

序号	对比及表达	主要应用（提示：画时间轴辅助解题）
1	复利终值系数（F/P，i，n）	持有价值测算：项目投资本金10万元，年投资回报率6%，测算经过8年时间的投资持有价值（15.94万元）
2	复利现值系数（P/F，i，n）	投资本金测算：为到期收获100万元而投资于某5年期理财产品，年投资回报率12%，测算投资本金（56.74万元）
3	普通年金终值系数（F/A，i，n）	定额分期收付的持有价值测算（后付）：某期房付款方式可选3年后收房时一次性支付100万元或3年间每年年末支付30万元，假定存款利率为5%，应如何选择（分期支付的终值约94.58万元，小于收房时一次性支付100万元，应选择分期）
4	普通年金现值系数（P/A，i，n）	定额分期收付的投资现值测算（后付）：你请朋友代付3年房租，每年租金6万元，每季度末支付，假定存款利率为8%，你现在应向朋友账户存入多少资金（应存入约15.86万元，注意租金、期数和利率都应调整为季度口径）
5	偿债基金系数（A/F，i，n）	分期收付款的每期收付款额测算：假定存款利率为10%，为还清5年后到期的10万元债务，每年需存入多少钱（1.64万元）
6	投资回收系数（A/P，i，n）	投资项目每期要求的最低回报测算：以10%利率借款20万元投资于某10年期项目，测算每年的最低要求回报（3.25万元）
7	预付年金终值系数（F/A，i，n+1）−1	定额分期收付的持有价值测算（先付）：某期房付款方式可选3年后收房时一次性支付100万元或3年间每年年初支付30万元，假定存款利率为5%，应如何选择（分期支付的终值约99.30万元，仍小于收房时一次性支付100万元，应选择分期）
8	预付年金现值系数（P/A，i，n−1）+1	定额分期收付的投资现值测算（先付）：你请朋友代付3年房租，每年租金6万元，每年年初支付，假定存款利率为8%，你现在应向朋友账户存入多少资金（应存入约16.70万元）
9	递延年金	两次折现法或年金做差法测算现值：某投资项目前2年为建设期，无现金收入，经营期5年，每年现金收入1 000万元，假定折现率为6%，测算项目价值（项目价值约3 749万元）
10	永续年金	无限期定额收付投资现值测算：某优先股股息为每年2元，年利率6%，测算该优先股价值（33.33元）

通关绿卡

命题角度1：不同货币时间价值系数间的关系。

（1）以上货币时间价值系数中有三组互为倒数，分别是复利终值系数与复利现值系数、普通年金终值系数与偿债基金系数、普通年金现值系数与投资回收系数。

（2）预付年金相关系数与普通年金相关系数的转换有两种方法：

①方法一：在普通年金相关系数的基础上乘以（1+i）即可转换为相应的预付年金相关系数。

②方法二：调整期数和系数，即预付年金终值系数需要在普通年金终值系数的基础上“期数+1，系数-1”［（F/A，i，n+1）-1］，预付年金现值系数需要在普通年金现值系数的基础上“期数-1，系数+1”［（P/A，i，n-1）+1］。

命题角度2：运用现金流量折现模型计算债券、股票、优先股、永续债、项目和公司的价值。

在运用现金流量折现模型进行价值评估时，需要特别注意：

（1）债券每年的复利次数：保持现金流量（期利息）、折现率（计息期折现率）、期数（计息期总数）口径一致。

（2）项目/公司现金流的支付时点：期末支付使用普通年金现值系数折现，期初支付使用预付年金现值系数折现。

（3）项目/公司现金流的特征：正确选择复利现值系数（单笔现金流折现）或年金现值系数（等额、定期的系列现金流折现）。

第9记 风险与报酬 2分

飞越必刷题：8、22、23

（一）关键指标及要点提示

指标	衡量对象	要点提示
预期值	报酬	反映预计收益的平均值，可以用来衡量报酬，不能直接用来衡量风险
方差、标准差	整体风险	绝对指标，可比性较差，只有当预期值相同时，才可以用于比较，方差、标准差越大，风险越大
变异系数	整体风险	相对指标，可比性较好，无论预期值是否相同，变异系数越大，风险越大
协方差	相关性	衡量两个变量之间共同变动的程度的绝对指标

续表

指标	衡量对象	要点提示
相关系数r	相关性	衡量两个变量之间共同变动的程度的相对指标，$r\in[-1, 1]$，相关系数越小，风险分散化效应越强（$r=0$代表两个变量不具有相关性，但仍存在风险分散化效应）
β系数	系统风险	某股票的β值反映了其报酬率波动与整个市场报酬率波动间的相关性及其程度： （1）$\beta=1$的资产系统风险与市场组合的风险一致。 （2）$\beta>1$的资产系统风险大于市场组合。 （3）$\beta<1$的资产系统风险小于市场组合。 （4）$\beta=0$的资产系统风险与市场组合的风险无关。 （5）$\beta<0$的资产收益与市场平均收益的变化方向相反

（二）重要结论

关键词	相关结论
机会集	当$r=1$时，机会集是一条直线，投资组合不具有风险分散化效应； 当$r<1$时，机会集为一条曲线，投资组合具有风险分散化效应
有效集	从最小方差组合点起到最高期望报酬率点止
无效集	当相关系数足够小时，机会集曲线向左侧凸出，最小方差组合点不是全部投资于低风险低收益的证券，最高预期报酬率组合点及最大方差组合点均为全部投资于高风险高收益证券。此时，有效集小于机会集，存在无效集
不向左侧凸出	机会集不向左侧凸出，有效集与机会集重合，不存在无效集。值得注意的是，机会集不向左侧凸出，并不代表不具有风险分散化效应；只要机会集是一条曲线（$r<1$），即使机会集不向左侧凸出，投资组合也具有风险分散化效应
风险类型	包括系统风险和非系统风险，投资组合能够分散掉的是非系统风险，系统风险无法被分散掉，因此组合β系数等于被组合内各证券β系数的加权平均数
协方差	证券组合的标准差不仅取决于单个证券的标准差，而且还取决于证券之间的协方差；随着证券组合中证券个数的增加，协方差项比方差项越来越重要；充分投资组合的风险，只受资产间协方差的影响，而与各资产本身的方差无关

通关绿卡

命题角度1：辨析不同关键指标的衡量对象和不同取值下的结论。

需要注意的是，整体风险的衡量指标是方差、标准差和变异系数，协方差并不能用于衡量风险，而β系数衡量的是系统风险；相关系数r的取值区间是［-1，1］，而β系数可能大于1，也可能小于-1，同时还要注意掌握上表总结的不同取值下的结论。

命题角度2：判断两项资产投资组合中的最高和最低期望收益率组合点，以及最大和最小方差组合点。

这类题目比较简单高效的解题方法是结合图形进行判断：

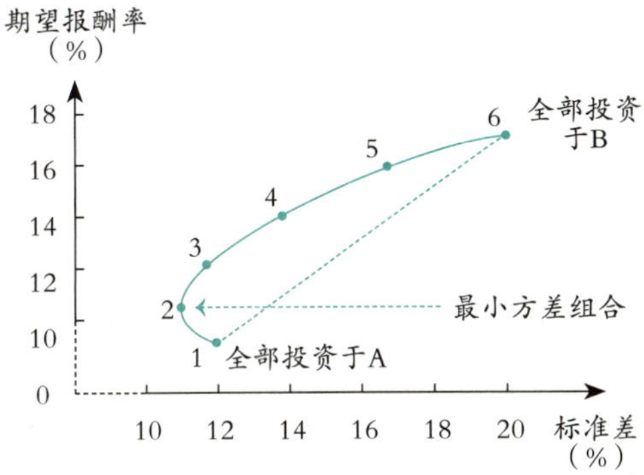

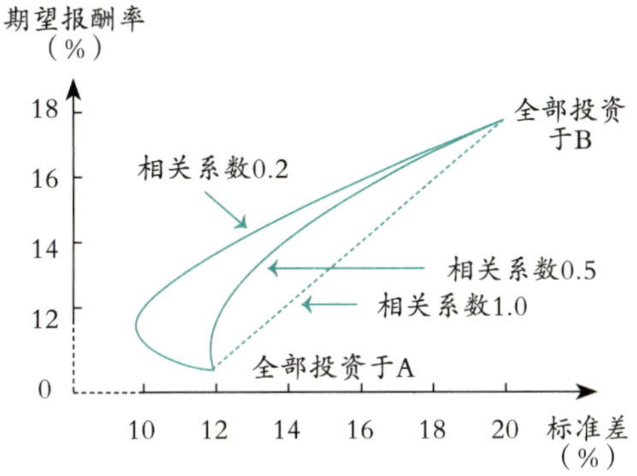

（1）最高期望收益率组合点6：全部投资于高风险高收益的证券B。

（2）最低期望收益率组合点1：全部投资于低风险低收益的证券A。

（3）最大方差组合点6：全部投资于高风险高收益的证券B。

（4）最小方差组合点：如果机会集曲线向左侧凸出（r足够小），则最小方差组合点是点2（如左图）；如果机会集曲线没有向左侧凸出（如右图中r=0.5的曲线），则最小方差组合点是全部投资于低风险低收益的证券A。

第10记 资本市场线和证券市场线（2分）

飞越必刷题：24

（一）资本市场线

1.无风险资产与风险资产组合的二次有效组合的期望报酬率和标准差

二次组合的期望报酬率=Q×风险组合的期望报酬率+（1-Q）×无风险报酬率

二次组合的标准差=Q×风险组合的标准差

式中，Q代表投资者投资于风险组合M的资金占自有资本总额的比例；1-Q代表投资于无风险资产的比例。如果贷出资金，Q将小于1；如果是借入资金，Q会大于1。

2.市场均衡点

资本市场线与有效边界集的切点M是市场均衡点，它代表唯一最有效的风险资产组合，它是所有证券以各自的总市场价值为权数的加权平均组合，即“市场组合”。

3.分离定理

最佳风险资产组合的确定独立于投资者的风险偏好，它取决于各种可能风险组合的期望报酬率和标准差。

（二）证券市场线

按照资本资产定价模型$R_i=R_f+\beta(R_m-R_f)$理论，单一证券的系统风险可由β系数来度量，而且其风险与收益之间的关系可由证券市场线来描述。

（三）资本市场线和证券市场线的对比

对比	资本市场线	证券市场线
含义	风险资产和无风险资产构成的投资组合期望收益与风险间的关系	市场均衡条件下单项资产或资产组合期望收益与风险之间的关系
理论模型基础	有效边界模型	资本资产定价模型
适用性	仅适用于有效组合	普遍适用于各单项资产或资产组合
坐标轴	横轴：标准差。 纵轴：期望报酬率。 反映总风险与报酬的权衡关系	横轴：β系数。 纵轴：必要报酬率。 反映系统风险与报酬的权衡关系
截距	无风险收益率R_f	无风险收益率R_f
斜率	单位风险市场价格$(R_m-R_f)/\sigma_m$	市场风险溢价(R_m-R_f)
风险偏好影响	风险偏好仅影响借入或贷出的资金量，不影响最佳风险资产组合	对风险越厌恶，对风险资产要求的风险补偿越大，证券市场线斜率越大

通关绿卡

命题角度1：判断哪些因素会影响市场均衡点M的位置。

影响因素包括无风险利率、风险组合的期望报酬率和标准差，但不包括投资者个人的风险偏好，投资者的个人风险偏好只影响借入或贷出的资金量，即投资者因风险偏好不同可能导致其投资组合落在M点的左侧或者右侧，但并不影响M点的位置。

命题角度2：根据资本资产定价模型计算股票的必要收益率。

运用资本资产定价模型时，重点是要区分清楚R_m和（R_m−R_f），具体总结如下。

（1）R_m形容的是整体股票市场的平均收益率，在题目中通常表述为证券市场收益率、平均风险股票收益率、市场平均收益率、市场组合收益率等。

（2）（R_m−R_f）形容的是市场当中风险的收益率，强调的是在无风险收益率基础之上多出来的那部分，在题目中通常表述为市场（平均）风险溢酬（溢价、补偿率、附加率）、风险收益率、风险价格等。

2分

第11记

资本成本的概念和影响因素

飞越必刷题：25

487 1-11

（一）资本成本的概念

资本成本是指投资资本的机会成本。这种成本不是实际支付的成本，而是一种失去的收益，是将资本用于本项目投资所放弃的其他投资机会的收益，因此被称为机会成本。此外，资本成本也称为投资项目的取舍率、最低可接受的报酬率。

（二）资本成本的影响因素

因素		要点提示
外部因素	无风险利率	无风险利率上升，投资机会成本增加，公司债务资本成本上升；根据资本资产定价模型，无风险利率上升也会引起普通股资本成本上升
	市场风险溢价	根据资本资产定价模型，市场风险溢价会影响股权资本成本
	税率	税率变化直接影响税后债务资本成本及公司加权平均资本成本
内部因素	资本结构	增加债务比重，会使平均资本成本趋于降低；同时，财务风险的提高，又会引起债务和股权资本成本上升
	投资政策	公司的资本成本反映现有资产的平均风险，如果公司向高于现有资产风险的新项目大量投资，公司资产的平均风险就会提高，并使得资本成本上升

通关绿卡

命题角度：辨析公司资本成本与项目资本成本。

（1）区别：

①公司资本成本是投资者针对整个公司要求的报酬率，或者说是投资者对于企业全部资产要求的必要报酬率。

②项目资本成本是公司投资于资本支出项目所要求的必要报酬率。

（2）联系：

①如果公司新投资项目的风险与企业现有资产平均风险相同，则项目资本成本等于公司资本成本。

②如果新投资项目的风险高于企业现有资产的平均风险，则项目资本成本高于公司资本成本。

③如果新投资项目的风险低于企业现有资产的平均风险，则项目资本成本低于公司资本成本。

第12记 债务资本成本的估计 4分

飞越必刷题：9、10、26、156

（一）债务资本成本的区分

区分项目	结论
历史成本与未来成本	（1）只有未来借入新债务的成本才能作为投资决策和企业价值评估依据的资本成本。 （2）现有债务的历史成本，对于未来的决策来说是不相关的沉没成本
承诺收益与期望收益	（1）期望收益≤承诺收益（本息偿还是合同义务，但公司有违约可能）。 （2）债权人的期望收益才是债务的真实成本（因为公司可能违约）。 （3）实务中，往往把债务的承诺收益率作为债务成本（会高估债务成本）。 （4）如果筹资公司处于财务困境或者财务状况不佳（如：垃圾债券），应区分承诺收益和期望收益
长期债务与短期债务	（1）由于加权平均资本成本主要用于资本预算，涉及的是长期债务，因此，通常只考虑长期债务，而忽略各种短期债务。 （2）使用短期债务筹资并不断续约，实质是一种长期债务

（二）债务资本成本的估计方法

估计方法	适用条件	具体计算
到期收益率法	公司目前有上市发行的长期债券	内插法逐步测试，求折现率
可比公司法	虽然没有上市债券，但可以找到一个拥有可交易债券的可比公司作为参照物	计算可比公司上市发行的长期债券的到期收益率，作为本公司的长期债务资本成本
风险调整法	既没有上市债券，也找不到合适的可比公司，但有企业的信用评级资料	r_d=政府债券的市场回报率+企业的信用风险补偿率
财务比率法	“三无”：没有上市的长期债券，找不到可比公司，没有信用评级资料	根据目标公司的关键财务比率大体判断该公司的信用级别，并据此使用风险调整法确定其债务成本

通关绿卡

命题角度1：运用可比公司法估计债务资本成本时，如何选择可比公司。

（1）经营风险可比：应当与目标公司处于同一行业，具有类似的商业模式。

（2）财务风险可比：最好两者的规模、负债比率和财务状况比较类似。

（3）选择的可比公司应当拥有上市交易的长期债券。

命题角度2：运用风险调整法估计债务资本成本。

风险调整法可以独立命制计算题，关键在于通过“三步法”完成企业信用风险补偿率的计算，其中有较多“坑”需要躲避，这些“坑”也容易出现在选择题中考查辨析。

第一步、寻找上市公司债券。

【1号“坑”】应选择与目标公司信用级别相同的上市公司，而非具有类似商业模式的同行业可比公司，此时也不要求上市公司的可交易债券与目标公司拟发行债券的到期日相同或相近。

【2号“坑”】分别计算的是上市公司债券的到期收益率，而非票面利率或承诺收益率。

第二步、寻找长期政府债券。

【3号“坑”】应选择与上市公司债券到期日相同或相近的（或到期期限相同或相近的）政府债券，但注意并非是相同期限的。

【4号“坑”】应选择长期政府债券，而非短期政府债券。

【5号“坑”】应计算的是政府债券的到期收益率，而非票面利率或承诺收益率。

第三步、算差额平均。

【6号“坑”】应计算平均信用风险补偿率，而非个别补偿率，平均方法使用算术平均。

第13记 4分

普通股资本成本的估计

飞越必刷题：11、12、27、157、159

（一）资本资产定价模型

1.基本公式

$r_S=r_{RF}+\beta\times(r_m-r_{RF})$

2.参数估计

参数	确定原则
无风险利率r_{RF}	（1）长期政府债券的到期收益率，而非票面利率。 （2）一般选择名义利率，只有当存在恶性通货膨胀或预测周期特别长时，才使用实际利率
β系数	（1）历史期间长度：公司风险特征无重大变化时，可以采用5年或更长的历史期长度；如果公司风险特征发生重大变化，应当使用变化后的年份作为历史期长度。 （2）收益计量时间间隔：一般采用每周或每月的报酬率
市场风险溢价 r_m-r_{RF}	（1）市场收益率时间跨度：应选择较长的时间跨度，既要包括经济繁荣时期，也要包括经济衰退时期。 （2）市场收益率的平均方法：几何平均

（二）股利增长模型

1.基本公式

$r_S=\frac{D_1}{P_0}+g$

2.参数估计——年增长率g

估计g的方法有三种：历史增长率、可持续增长率和采用证券分析师的预测，其中采用分析师的预测增长率可能是最好的方法。

（三）债券收益率风险调整模型

1.基本公式

普通股资本成本=税后债券资本成本+股东比债权人承担更大风险所要求的风险溢价

2.参数估计——风险溢价

方法	解释
经验估计	一般认为，某企业普通股对自己企业发行的债券的溢价在3%～5%之间；风险较高的股票用5%，风险较低的股票用3%
历史数据分析	比较过去不同年份的权益报酬率和债券收益率，两者的差额（即风险溢价）相当稳定

通关绿卡

命题角度1：运用资本资产定价模型估计普通股资本成本时，不同参数估计的相关期间如何选择。

运用资本资产定价模型时，需要注意：

（1）r_{RF}：长期政府债券，最常见的做法是选择10年期的政府债券。

（2）β：历史期长度不是越长越好，如果公司风险特征发生了重大变化，应当使用变化后的年份作为历史期长度。

（3）（r_m–r_{RF}）：市场平均收益率的时间跨度越长越好，且不应剔除经济繁荣或衰退时期的数据。

命题角度2：债券收益率风险调整模型中的债务资本成本如何确定。

应当选择本公司发行的长期债券的税后债务资本成本，而不是长期政府债券或可比公司发行的长期债券的到期收益率，同时注意应计算税后债务资本成本。

第14记 混合筹资资本成本的计算方法（2分）

飞越必刷题：13

（一）优先股

$$r_p=\frac{D_p}{P_p(1-F)}$$

式中，r_p为优先股资本成本；D_p为优先股每股年股息；P_p为优先股每股发行价格；F为优先股发行费率。

（二）永续债

$$r_{pd}=\frac{I_{pd}}{P_{pd}(1-F)}$$

式中，r_{pd}为永续债资本成本；I_{pd}为永续债每年利息；P_{pd}为永续债发行价格；F为永续债发行费率。

2分

第15记

加权平均资本成本的计算方法

飞越必刷题：14、146、157、159

（一）基本公式

加权平均资本成本$WACC=r_d \times w_d \times (1-T)+r_e \times w_e$

（二）加权方法

权重依据	含义	特点	优点	缺点
账面价值	根据企业资产负债表上显示的会计价值来衡量每种资本的比例	反映历史	计算简便	账面价值与市场价值相差甚远，可能歪曲资本成本
实际市场价值	根据当前负债和权益的市场价值比例衡量每种资本的比例	反映现在	反映目前实际状况	市场价值不断变动，导致加权平均资本成本频繁变动
目标资本结构	根据按市场价值计量的目标资本结构衡量每种资本要素的比例	反映未来	体现目标资本结构；选用平均市场价格，回避证券市场价格变动频繁的不便；可以适用于评价未来的资本结构	—

通关绿卡

命题角度：计算加权平均资本成本。

加权平均资本成本的计算依赖于债务资本成本、股权资本成本和资本结构，考试时要特别注意：

（1）题目条件中给定的债务资本成本是税前还是税后的，在计算加权平均资本成本时务必要使用税后债务资本成本。

（2）股权资本成本往往结合股利增长模型或资本资产定价模型进行考查，前者需要注意题目条件中给的股利是D_0还是D_1，后者则要注意题目条件中给的是市场整体的平均收益率水平r_m还是市场风险溢价（r_m-r_{RF}），以及β是否需要卸载和加载财务杠杆。

2分

第16记 成本性态分析

飞越必刷题：15、28

变动成本

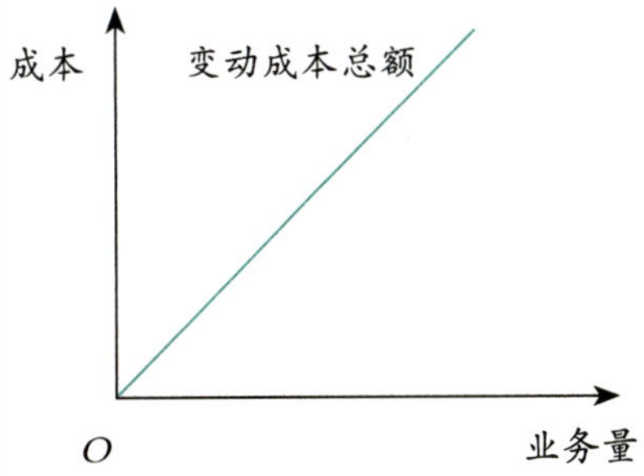

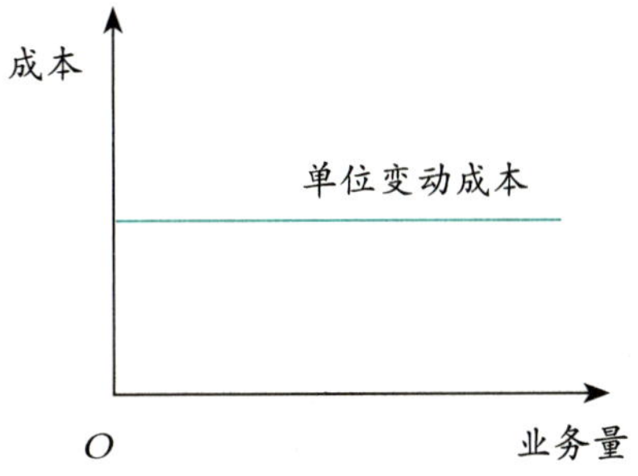

约束性变动成本和酌量性变动成本（是否可以通过管理决策行动改变）

固定成本

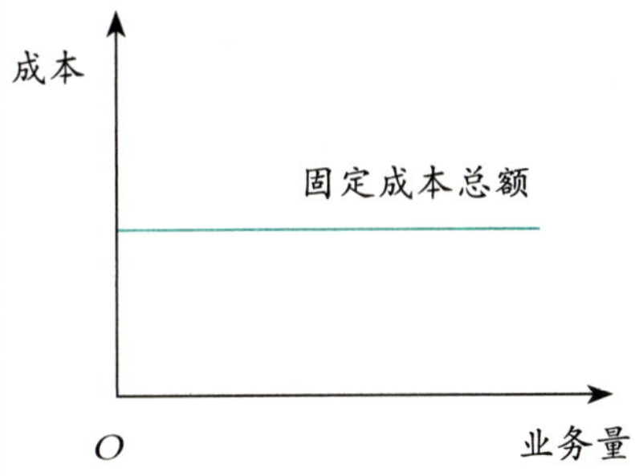

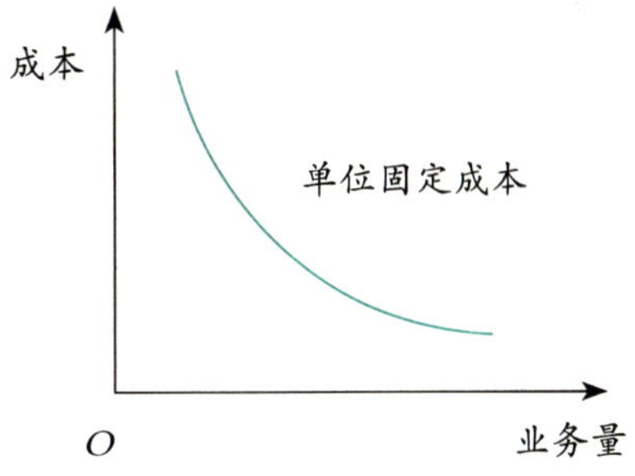

约束性固定成本和酌量性固定成本（是否可以通过管理决策行动改变）

混合成本

类型	图示	举例
半变动成本	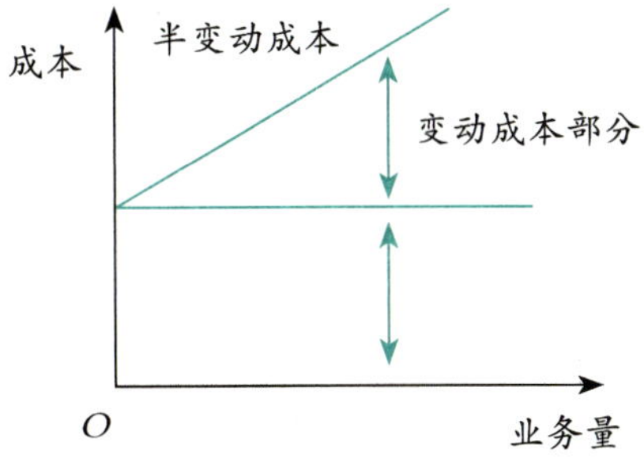	如电费、电话费等公用事业费、燃料、维护修理费等
阶梯式成本	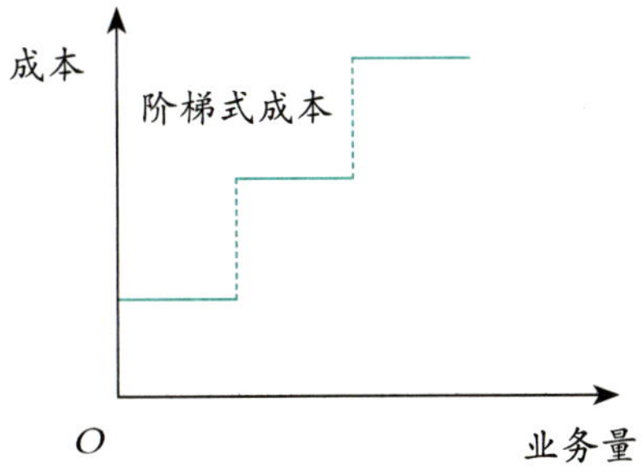	如受开工班次影响的动力费、整车运输费用、检验人员工资等

续表

混合成本	延期变动成本	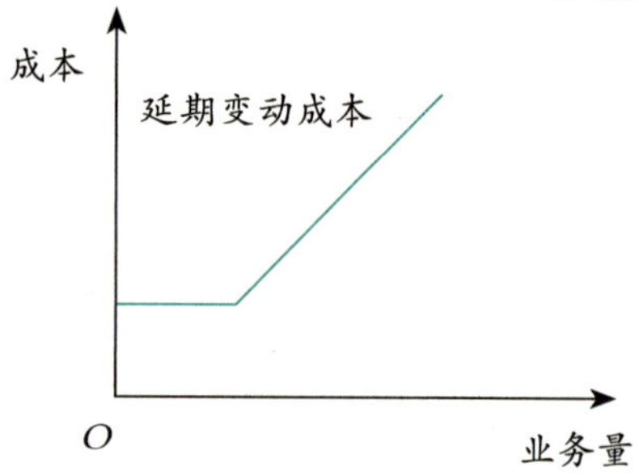	如在正常业务量情况下给员工支付固定月工资，当业务量超过正常水平后则需支付加班费
	非线性成本	在业务量相关范围内可以近似地看成是变动成本或半变动成本	

通关绿卡

命题角度：判断具体业务属于变动成本、半变动成本、阶梯成本还是延期变动成本。

此处比较容易出错的是半变动成本和延期变动成本的区分，关键在于判断变动成本的发生是否附条件（超过一定业务量），若未附条件，一般属于半变动成本；若附条件，一般属于延期变动成本。典型考法就是2019年A卷和B卷的不同电信套餐判断：

（1）套餐一：手机29元不限流量，可免费通话1 000分钟，超出部分主叫国内通话每分钟0.1元（附“通话超过1 000分钟”的条件，延期变动成本）。

（2）套餐二：手机10元保号，可免费接听电话和接收短信，主叫国内通话每分钟0.2元（未附条件，半变动成本）。

考试中对混合成本的辨析，不要仅凭“电话费”三个字就判定属于哪种混合成本，一定要关注问题的具体描述，例如还可能出现以下情形：

（1）套餐三：无套餐费，月通话时长1 000分钟以内为10元、大于1 000分钟不超过2 000分钟为20元、大于2 000分钟不超过3 000分钟为30元，以此类推，则该通信费为阶梯式成本。

（2）套餐四：通过参加活动入网，无套餐费，也不包含任何免费通话时长，话费标准为每分钟0.1元，则该通信费是变动成本。

4分

第17记

变动成本法与完全成本法

飞越必刷题：29

（一）成本结构差异

成本结构	变动成本法	完全成本法
产品成本	直接材料	直接材料
	直接人工	直接人工
	变动制造费用	变动制造费用
	—	固定制造费用
期间费用	固定制造费用	—
	变动销售与管理费用	变动销售与管理费用
	固定销售与管理费用	固定销售与管理费用

（二）报表差异

两种方法的核心差别在于固定制造费用处理不同。在完全成本法下，固定制造费用进入了产品成本；而在变动成本法下，固定制造费用不进入产品成本，全部与期间费用一起一次进入当期损益。因为产品成本结构不同，导致变动成本法与完全成本法报表之间存在两大差异，即当期利润（收益或损益）计算不同，以及期末存货（产成品）计价不同。通常，管理会计使用变动成本法，财务会计使用完全成本法。

（三）变动成本法的优势

（1）消除了在完全成本法下，销售不变但可通过增加生产、调节库存来调节利润的问题，可以使企业内部管理者更加注重销售和市场，便于进行更为合理的内部业绩评价，为企业内部管理提供有用的管理信息，为企业预测前景、规划未来和作出正确决策服务。

（2）能够揭示利润和业务量之间的正常关系。

（3）便于分清各部门经济责任，有利于进行成本控制和业绩评价。

（4）可以简化成本计算，便于加强日常管理。

通关绿卡

命题角度：考查变动成本法与完全成本法对报表当期利润（息税前利润）的计算差异。

用P_1表示完全成本法下的当期利润（息税前利润）；用P_2表示变动成本法下的当期利润（息税前利润），两者之差用ΔP表示。

$P_1=P_2+$（期末存货中固定制造费用−期初存货中固定制造费用）

$\Delta P=P_1-P_2=$期末存货中固定制造费用−期初存货中固定制造费用

第18记 本量利分析重要指标概念

2分

飞越必刷题：16、30、131

名称	含义
边际贡献	指销售收入减去变动成本后的差额，是形成利润的基础，同时也可以弥补固定成本（边际贡献的用途）
边际贡献率	指边际贡献与销售收入的比值
变动成本率	指变动成本与销售收入的比值，与边际贡献率之和等于1
保本点（盈亏临界点）	指企业收入和成本相等的经营状态、边际贡献等于固定成本的经营状态、既不盈利也不亏损的状态；表达形式为：保本量或保本额
盈亏临界点作业率	指盈亏临界点销售量与企业实际或预计销售量的比值，反映保本状态下的生产经营能力利用程度
安全边际	（1）指实际或预计的销售额（量）超过盈亏临界点销售额（量）的部分，表明销售额下降多少企业仍不至于亏损。 （2）只有安全边际才能为企业提供利润，而盈亏临界点销售额扣除变动成本之后只能为企业补偿固定成本。 （3）安全边际部分的销售额减去其自身变动成本后成为企业息税前利润，即安全边际中的边际贡献等于企业利润
安全边际率	指安全边际与实际或预计销售额（量）的比值
保利点	指在单价和成本水平一定的情况下，为确保预先制定的目标利润可以实现，而必须达到的销售量或销售额

第19记 本量利分析重要公式大合集

5分

飞越必刷题：16、30、31、131

指标	计算公式
边际贡献	边际贡献=销售收入-变动成本
	边际贡献=固定成本+息税前利润
	边际贡献=单位边际贡献×销量
	边际贡献=销售收入×边际贡献率

续表

指标	计算公式
单位边际贡献	单位边际贡献=单价-单位变动成本
边际贡献率	边际贡献率=单位边际贡献÷单价×100%
	边际贡献率=边际贡献÷销售收入×100%
变动成本率	变动成本率=单位变动成本÷单价×100%
	变动成本率=变动成本÷销售收入×100%
	变动成本率+边际贡献率=1
保本量	保本量=固定成本÷单位边际贡献
保本额	保本额=固定成本÷边际贡献率
	保本额=保本量×单价
盈亏临界点作业率	盈亏临界点作业率=盈亏临界点销售量÷实际或预计销售量×100%
安全边际	安全边际额=实际或预计销售额-盈亏临界点销售额
	安全边际量=实际或预计销售量-盈亏临界点销售量
安全边际率	安全边际率=安全边际额÷实际或预计销售额×100%
	安全边际率=安全边际量÷实际或预计销售量×100%
	安全边际率+盈亏临界点作业率=1
息税前利润	息税前利润=安全边际额×边际贡献率
	息税前利润=安全边际量×单位边际贡献
	息税前利润=安全边际率×边际贡献
经营杠杆系数	经营杠杆系数=边际贡献÷息税前利润=1÷安全边际率
息税前利润率	息税前利润率=安全边际率×边际贡献率
保利量（无税）	保利量=（固定成本+目标利润）÷单位边际贡献
保利额	保利额=保利量×单价
敏感系数	敏感系数=目标值变动百分比÷参量值变动百分比

通关绿卡

命题角度：本量利的分析和计算。

本量利的分析和计算是管理会计的核心基础内容，往往在计算分析题和综合题中进行考查，需熟练运用上述公式。同时，关于本量利关系图的以下重要结论也可能以客观题形式考查：

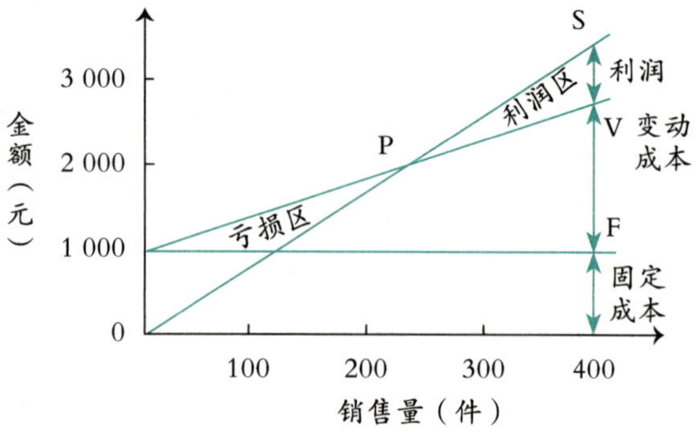

基本的本量利关系图

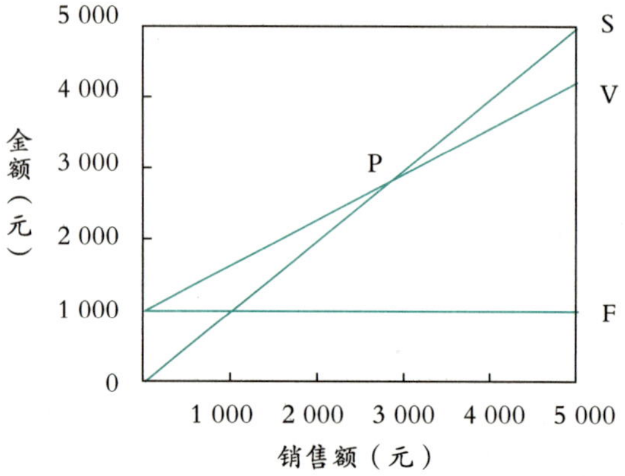

正方形本量利关系图

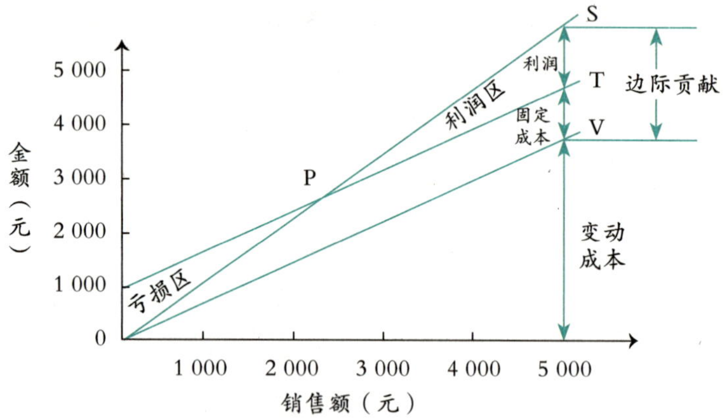

边际贡献式本量利关系图

(1) 收入线：基本关系图收入线斜率为单价，正方形图收入线斜率为1。

(2) 成本线：基本关系图成本线斜率为单位变动成本，正方形图成本线斜率为变动成本率。

(3) 收入线和成本线交点是盈亏临界点（基本关系图对应保本量，正方形图对应保本额）。

(4) 边际贡献关系图除了可以反映利润和亏损区域外，还可以反映边际贡献区域。

第20记 4分 保本分析和保利分析

飞越必刷题：31、131

（一）保本分析

1.保本量

保本量=固定成本/（单价-单位变动成本）=固定成本/单位边际贡献

2.保本额

保本额=固定成本/边际贡献率=保本量×单价

3.保本点

盈亏临界点作业率=盈亏临界点销售量/实际或预计销售量×100%

$$安全边际率=\frac{安全边际额（量）}{实际或预计销售额（量）［或实际订货额（量）］}\times 100\%$$

安全边际率+盈亏临界点作业率=1

4.多品种的保本分析

第一步：计算加权平均边际贡献率。

加权平均边际贡献率=∑各产品边际贡献/∑各产品销售收入×100%

=∑（各产品边际贡献率×各产品占总销售比重）

第二步：计算加权平均保本销售额。

加权平均保本销售额=固定成本总额/加权平均边际贡献率

第三步：计算某种产品的保本销售额。

某种产品的保本销售额=加权平均保本销售额×某种产品的销售百分比

第四步：计算某种产品的保本销售量。

某产品的保本销售量=该产品的保本销售额/该产品的销售单价

（二）保利分析

1.假设没有企业所得税

保利量=（固定成本+目标利润）/（单价-单位变动成本）

=（固定成本+目标利润）/单位边际贡献

保利额=［（固定成本+目标利润）/（单价-单位变动成本）］×单价

=（固定成本+目标利润）/边际贡献率

2.假设有企业所得税

保利量=［固定成本+税后目标利润/（1-企业所得税税率）］/（单价-单位变动成本）

=［固定成本+税后目标利润/（1-企业所得税税率）］/单位边际贡献

保利额=［固定成本+税后目标利润/（1-企业所得税税率）］/单位边际贡献×单价

=［固定成本+税后目标利润/（1-企业所得税税率）］/边际贡献率

第二模块

报表分析和财务预测

● **本模块共涵盖了教材2章的内容，各年考查分值波动较大，预计考查15分左右。本模块涉及公式较多，需分类记忆并加以运用，且每年均会涉及主观题考查，应重点把握！**

我们追寻知识，不只是为了收获答案，更是为了享受探寻的旅程和不经意间的豁然开朗。

2分 第21记

因素分析法

飞越必刷题：134

因素分析法，又称为连环替代法。该分析方法，整体难度不大，但常在主观题中进行考查，一定要熟练运用。具体分为四个步骤：

定对象（看要求）→定驱动（套公式）→定顺序（看条件）→算影响（连环替代）

示例：

基期（计划）指标　$R_0=A_0\times B_0\times C_0$　①

第一次替代　$A_1\times B_0\times C_0$　②

第二次替代　$A_1\times B_1\times C_0$　③

第三次替代　$R_1=A_1\times B_1\times C_1$　④

②-①→A的偏差对R的影响

③-②→B的偏差对R的影响

④-③→C的偏差对R的影响

总差异：$\Delta R=R_1-R_0$。

如果将各因素替代的顺序改变，计算出的各个因素的影响程度将会不同。

通关绿卡

命题角度：定量分析某一指标的影响因素。

题目有时未必指明使用因素分析法或连环替代法，但会强调要求对某指标的影响因素进行定量分析，则应当使用因素分析法进行计算。在进行连环替代的计算时，一方面需要按要求的顺序逐个因素依次替代，另一方面在前一步中已经被替代过的因素无须在后一步中进行恢复。有的同学“图省事儿”会使用差额分析法，但容易出错，所以我们建议考试时还是按部就班、连环替代，稳稳拿下分数。

此外，因素分析法中替代的起点是研究对象的比较基础，常见的比较基础包括预算指标、计划指标、本企业的历史指标、同行业企业的平均指标、同行业竞争对手的实际指标等，而替代的终点是所研究对象本期的实际指标。

第22记 4分 关键财务比率指标的记忆规律和要点提示

（一）指标记忆规律

（1）母子比率指标：比率名称中出现两个报表项目，前者是分母，后者是分子，如资产负债率、营业净利率等。

（2）子比率指标：比率名称中只出现一个报表项目，作为分子，分母是流动负债，如流动比率、速动比率、现金流量比率等。

（3）周转率指标：××周转率=周转额÷××，××周转天数=365÷××周转率，如应收账款周转率=营业收入÷应收账款平均余额，应收账款周转天数=365÷应收账款周转率。

（二）注意要点提示

（1）区分时期数和时点数：一般而言，取自利润表和现金流量表的数字属于时期数，而取自资产负债表的数字属于时点数。

（2）取数口径（原则：时点配时点，时期配时期或配时点平均）：

①有要求，按要求：计算时点和时期口径混搭的指标（如应收账款周转率）时，题目一般会明确取数口径，按要求计算即可。

②无要求，查特例：如果没有要求，检查是否属于特别指标，比如现金流量比率、现金流量与负债比率等流量指标，默认分子和分母的口径是可以混搭的。

③非特例，循原则：如果不属于特别指标，并且相关数据可得，则应当按原则搭配计算，即混搭指标中的时点数应当取平均。

第23记 2分 短期偿债能力分析

飞越必刷题：39、40

（一）主要指标计算

指标	计算公式
营运资本	营运资本=流动资产–流动负债=长期资本–长期资产
营运资本配置比率	营运资本配置比率=营运资本÷流动资产 =（长期资本–长期资产）÷流动资产
流动比率	流动比率=流动资产÷流动负债
速动比率	速动比率=速动资产÷流动负债
现金比率	现金比率=货币资金÷流动负债
现金流量比率	现金流量比率=经营活动现金流量净额÷流动负债

提示：流动比率≥速动比率≥现金比率。

（二）其他影响因素

影响方向	因素	描述
增强	可动用的银行授信额度	可随时借款，增加企业现金，提高支付能力，可能在董事会决议公告中披露
	可快速变现的非流动资产	可随时出售，但未在“一年内到期的非流动资产”项目中列示
	偿债的声誉	信用记录优秀、筹集资金容易
降低	与担保有关的或有负债事项	如果该金额较大且很可能发生，应在评价偿债能力时予以关注

通关绿卡

命题角度1：判断具体业务/指标变化如何影响企业的短期偿债能力。

营运资本是绝对数指标，不便于比较；流动比率是相对数指标，可用于比较。

在流动负债相同的情况下，一项业务如果导致企业营运资本增加，流动比率也会增加，两者同方向变动，企业短期偿债能力增强；在流动负债不确定的情况下，导致企业营运资本增加的业务，不一定导致流动比率的增加，也无法判断其对短期偿债能力的影响。

命题角度2：计算现金流量比率时，流动负债是否需要计算平均值。

一般来讲，现金流量比率中的流动负债采用的是期末数而非平均数，因为实际需要偿还的是期末金额，而非平均金额。

命题角度3：辨析流动比率和速动比率。

两者主要差别在于计算公式中的分子，流动比率使用流动资产作为分子，速动比率使用速动资产作为分子；速动资产包括货币资金、交易性金融资产和各种应收款项，不包括预付账款、存货、一年内到期的非流动资产和其他流动资产。

第24记 长期偿债能力分析

2分

飞越必刷题：32、156

487 2-4

（一）主要指标计算

指标	计算公式
资产负债率	资产负债率=总负债÷总资产×100%

续表

指标	计算公式
产权比率	产权比率=总负债÷股东权益
权益乘数	权益乘数=总资产÷股东权益
长期资本负债率	长期资本负债率=非流动负债÷（非流动负债+股东权益）×100% =长期负债÷长期资本×100%
利息保障倍数	利息保障倍数=息税前利润÷利息支出 =（净利润+利息费用+所得税费用）÷利息支出
现金流量利息保障倍数	现金流量利息保障倍数=经营活动现金流量净额÷利息支出
现金流量与负债比率	现金流量与负债比率=（经营活动现金流量净额÷负债总额）×100%

（二）其他影响因素

项目	要点提示
债务担保	担保项目的时间长短不一，有的会影响长期偿债能力，有的会影响短期偿债能力
未决诉讼	未决诉讼一旦判决败诉，可能会影响公司的偿债能力

通关绿卡

命题角度1：计算利息保障倍数时，分子和分母的“利息”分别如何取值。

分子中的“利息费用”，仅包括利润表中财务费用下的利息费用；分母中的“利息支出”是指本期全部的应付利息，既包括计入利润表中财务费用的费用化利息，还包括计入资产负债表固定资产等成本的资本化利息。

命题角度2：计算现金流量与负债比率时，负债总额是否需要计算平均值。

一般来讲，该比率中的负债总额采用期末数而非平均数，因为实际需要偿还的是期末金额，而非平均金额。同时，做题时需要看清楚指标名称，现金流量比率和现金流量与负债比率不同，前者分母是流动负债，衡量的是短期偿债能力，后者分母是负债总额，衡量的是长期偿债能力。

第25记 营运能力分析

2分

飞越必刷题：41

（一）主要指标计算

指标	公式
应收账款周转率	应收账款周转次数=营业收入 ÷ 应收账款平均余额 应收账款周转天数=365 ÷ 应收账款周转次数 应收账款与收入比=应收账款平均余额 ÷ 营业收入
存货周转率	存货周转次数=营业收入（或营业成本）÷ 存货
总资产周转率	总资产周转天数=∑各项资产周转天数 总资产与营业收入比=∑各项资产与营业收入比

（二）常考的重要分析结论

指标	重要分析结论
应收账款周转率	应收账款是存量指标，容易受季节性、偶然性和人为因素影响，最好使用各月末的平均数；如果要使用期初和期末的平均数，前提是销售不受季节性影响
	如果坏账准备金额较大，应使用未计提坏账准备的应收账款原值来计算周转率
	大部分应收票据是赊销形成的，是应收账款的另一种形式，应将其纳入周转率计算
	应与赊销分析、现金分析相联系，且如果赊销更有利，则应收账款周转天数并不是越少越好
存货周转率	周转额选择营业收入的情形：在分析短期偿债能力（为了评估资产变现能力）和分解总资产周转率（为了统一各项资产的周转额取数口径）时
	周转额选择营业成本的情形：在评价存货管理业绩（为使分子分母口径一致）时
总资产周转率	各项资产周转天数之和等于总资产周转天数，各项资产周转次数之和不等于总资产周转次数

第26记 盈利能力和市价比率分析

2分

飞越必刷题：33、134、146

（一）盈利能力分析

指标	公式
营业净利率	营业净利率=净利润÷营业收入×100%
总资产净利率	总资产净利率=净利润÷总资产×100%=营业净利率×总资产周转次数
权益净利率	权益净利率=净利润÷股东权益×100%

（二）市价比率分析

指标	公式
市盈率	市盈率=每股市价÷每股收益 每股收益=（净利润−当年宣告或累积的优先股股息）÷发行在外普通股加权平均股数
市净率	市净率=每股市价÷每股净资产 每股净资产=普通股股东权益÷发行在外普通股股数
市销率	市销率=每股市价÷每股营业收入 每股营业收入=营业收入÷发行在外普通股加权平均股数

通关绿卡

命题角度：不同市价比率的计算。

计算市价比率时，对收益、股东权益和股数的处理常有以下陷阱：

（1）收益：市盈率是针对普通股股东计算的，而净利润归属于全体股东，因此应从净利润中扣除归属于优先股股东的股息。

（2）股东权益：市净率是针对普通股股东计算的，但股东权益是归属于全体股东的，应从股东权益中扣减归属于优先股股东的清算价值和全部拖欠股息。

（3）股数：要保持计算时分子分母的口径一致，即“时点配时点，时期配时期或配时点平均”，因此市盈率和市销率的股数需要以发行在外的时间为权重计算加权平均值，而市净率则可以直接使用评估时点发行在外的股数。

第27记 杜邦分析体系 2分

飞越必刷题：134

（一）核心比率

权益净利率=总资产净利率×权益乘数=营业净利率×总资产周转次数×权益乘数

（二）主要结论

（1）营业净利率和总资产周转次数的关系可以反映公司的经营战略（“高盈利、低周转”或者“低盈利、高周转”），两者经常呈反方向变化。

（2）公司为使其经营战略和财务政策相匹配，总资产净利率与财务杠杆（以权益乘数表示）一般呈反方向变化。

（3）总资产净利率是企业最重要的盈利能力。

提示：

总资产净利率是公司盈利能力的关键：一方面，提高财务杠杆会增加公司风险，往往并不增加公司价值；另一方面，财务杠杆的提高有诸多限制，因此，提高权益净利率的基本动力是总资产净利率。

（三）局限性

（1）总资产净利率的“总资产”与“净利润”不匹配。

（2）没有区分金融活动损益与经营活动损益。

（3）没有区分金融资产与经营资产。

（4）没有区分金融负债与经营负债。

第28记 管理用资产负债表 4分

飞越必刷题：42、134、157、158

（一）基本原理

将资产分为经营资产和金融资产，将负债分为经营负债和金融负债，所有者权益不变（定海神针）。

（二）基本等式

净经营资产=净负债+所有者权益=经营资产−经营负债=经营营运资本+净经营性长期资产

净负债=净金融负债=金融负债−金融资产

通关绿卡

命题角度1：判断具体资产项目属于经营资产还是金融资产。

编制管理用资产负债表时需重点关注的资产项目如下。

（1）货币资金。

常见有三种处理方式（具体如何处理，题干会直接给定）：

①全部列为经营资产。

②根据行业或公司历史平均的“货币资金与收入比”及本期营业收入，推算经营活动所需货币资金，多余部分列为金融资产。

③全部列为金融资产。

（2）长期股权投资。

长期股权投资属于经营性资产，因为其目的是从被投资方的经营活动中获益。

（3）应收股利。

应根据产生股利的投资资产性质进行判断。

①短期权益性投资产生的应收股利属于金融资产。

②长期股权投资产生的应收股利属于经营资产。

命题角度2：判断具体负债项目属于经营负债还是金融负债。

编制管理用资产负债表时需重点关注的负债项目如下。

（1）应付股利和应付利息。

应付股利/利息均属于金融负债，因为两者均产生于企业的各项股权/债务筹资活动。

（2）优先股。

优先股属于金融负债，因为从普通股股东角度看，发行优先股也是企业的筹资活动。

4分

第29记

管理用利润表

飞越必刷题：128、129、150、157

487 2-9

（一）基本原理

损益区分经营或金融性质，净利润不变（定海神针）。

（二）基本等式

净利润=经营损益+金融损益

经营损益=税后经营净利润=税前经营利润×（1-平均所得税税率）=净利润+税后利息费用

金融损益=-税后利息费用=-利息费用×（1-平均所得税税率）

（广义）利息费用=金融负债利息-金融资产收益

平均所得税税率=所得税费用/利润总额×100%

通关绿卡

命题角度：根据传统利润表中的指标，计算经营损益和金融损益。

编制管理用利润表时需重点关注的项目如下。

（1）投资收益。

应根据产生投资收益的投资资产性质进行判断。

①长期股权投资产生的投资收益属于经营损益。

②短期权益性投资产生的投资收益属于金融损益。

（2）平均所得税税率。

在实务中，税后利息费用和税后经营净利润的计算，原则上应采用平均所得税税率，而非企业适用的所得税税率。但在做题时，需要全面阅读题干内容，特别是报表注释。

如果题干将企业的各项损益分成不同类别，分别适用不同的所得税税率（比如，有些损益适用25%的所得税税率，有些损益免税），则在计算经营损益和金融损益时，要根据各项损益各自适用的税率分别计算，否则应根据平均所得税税率计算。

第30记 管理用现金流量表

4分

飞越必刷题：43、157、158

（一）经营活动相关现金流量指标的计算

指标	计算
营业现金毛流量	直接法：营业现金毛流量=营业收入-付现营业费用-所得税
	间接法：营业现金毛流量=税后经营净利润+折旧与摊销
	分算法：营业现金毛流量=税后营业收入-税后付现营业费用+折旧与摊销抵税额
营业现金净流量	营业现金净流量=营业现金毛流量-经营营运资本增加
实体现金流量	实体现金流量=营业现金净流量-资本支出
	实体现金流量=税后经营净利润+折旧与摊销-经营营运资本增加-（净经营长期资产增加+折旧与摊销）
	实体现金流量=税后经营净利润-净经营资产增加

（二）金融活动相关现金流量指标的计算

指标	计算
债务现金流量	债务现金流量=税后利息费用-借入金融负债+偿还金融负债债务现金流量 =税后利息费用-净负债增加
股权现金流量	股权现金流量=股利分配-股票发行+股票回购
	股权现金流量=净利润-股东权益增加
金融现金流量	金融现金流量=债务现金流量+股权现金流量
	金融现金流量=税后经营净利润-净经营资产增加

通关绿卡

命题角度1：经营活动和金融活动相关现金流量指标的计算。

管理用现金流量表中，需要计算的指标比较多，同时每一个指标的计算公式都不止一个。此外，这部分内容也是学习企业价值评估的基础铺垫，考试的灵活性很强。因此，大家需要准确理解每一个公式背后的原理，熟练掌握公式计算，平时多加练习，考试时做到灵活应变。

命题角度2：三张管理用报表之间的勾稽关系。

实体现金流量=融资现金流量=股权现金流量+债务现金流量

税后经营净利润	-	税后利息费用	=	净利润
-		-		-
净经营资产（增加）	-	净负债（增加）	=	股东权益（增加）
=		=		=
实体现金流量	-	债务现金流量	=	股权现金流量

第31记 4分 管理用财务分析体系

飞越必刷题：134、157、158、159

（一）核心公式

权益净利率=净经营资产净利率+（净经营资产净利率-税后利息率）×净财务杠杆

=净经营资产净利率+经营差异率×净财务杠杆

=净经营资产净利率+杠杆贡献率

净经营资产净利率=税后经营净利润/净经营资产

=税后经营净利润/营业收入×营业收入/净经营资产

=税后经营净利率×净经营资产周转次数

式中，经营差异率可作为衡量借款是否合理的重要依据，杠杆贡献率可反映财务杠杆给股东带来的额外收益。

（二）驱动因素

从核心公式及其推导中，可以发现税后经营净利率、净经营资产周转次数、税后利息率和净财务杠杆是权益净利率的关键驱动因素。

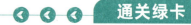

通关绿卡

命题角度：管理用财务分析体系核心公式的计算和应用。

基于管理用财务分析体系，需注意：

（1）净经营资产净利率的分子不是净利润，而是税后经营净利润。

（2）税后利息率的分母不是负债总额，而是净负债。

（3）净财务杠杆不是权益乘数，而是净负债与股东权益的比值。

第32记 融资需求的确定和影响因素分析（4分）

飞越必刷题：44

（一）融资需求的确定

企业通常的融资优先顺序为“先内后外，先债后股”，运用销售百分比法预测的步骤如下：

融资总需求和外部融资需求的计算逻辑如下：

外部融资需求=融资总需求-预计可动用的金融资产-预计增加的留存收益

两种途径：增加借款；增发新股

两种方法：
总额法：预计净经营资产合计-基期净经营资产合计
增量法：Δ经营资产-Δ经营负债
=Δ收入×（经营资产销售百分比-经营负债销售百分比）

预计增加的留存收益：预计收入×预计营业净利率×（1-股利支付率）

（二）外部融资需求的影响因素分析

（1）经营资产销售百分比（同向变动）：经营资产销售百分比越高，外部融资需求越大。

（2）经营负债销售百分比（反向变动）：经营负债销售百分比越高，外部融资需求越小。

（3）销售增长率：

①当销售增长率>内含增长率时，企业需要外部融资。

②当销售增长率≤内含增长率时，企业不需要外部融资，且可能有多余资金。

（4）营业净利率：

①当股利支付率<1时，营业净利率越高，外部融资需求越少。

②当股利支付率=1时，营业净利率的高低不影响外部融资需求。

（5）股利支付率：当营业净利率>0时，股利支付率越高，外部融资需求越大。

（6）可动用的金融资产（反向变动）：可动用的金融资产越多，外部融资需求越少。

通关绿卡

命题角度：判断具体措施是否能够减少外部融资需求。

（1）定量分析：将数据代入公式，计算外部融资需求的变动方向。

（2）定性分析：能够提高资金利用效率的措施（如提高存货周转率）、能够提高盈利能力的措施（如提高产品毛利率）和能够增加内部融资额的措施（如提高利润留存率）都可以减少企业的外部融资需求。

第33记 内含增长率

2分

飞越必刷题：45

（一）含义

只靠内部积累（即增加留存收益）实现的销售增长，其销售增长率被称为“内含增长率”。

（二）基本假设

可动用金融资产和外部融资额均为0，经营资产（负债）销售百分比保持不变。

（三）计算公式

1.定义法

外部融资销售增长比=经营资产销售百分比－经营负债销售百分比－［（1+增长率）÷增长率］×预计营业净利率×（1－预计股利支付率）=0

解上述方程，即可得到内含增长率。

2.公式法

内含增长率

$$=\frac{\dfrac{\text{预计净利润}}{\text{预计净经营资产}}\times\text{预计利润留存率}}{1-\dfrac{\text{预计净利润}}{\text{预计净经营资产}}\times\text{预计利润留存率}}$$

$$=\frac{\text{预计营业净利率}\times\text{净经营资产周转次数}\times\text{预计利润留存率}}{1-\text{预计营业净利率}\times\text{净经营资产周转次数}\times\text{预计利润留存率}}$$

通关绿卡

命题角度：内含增长率的计算及应用。

计算内含增长率时，注意“三假设”前提，即需要同时满足外部融资额为0、无可动用的金融资产和经营资产（负债）销售百分比保持不变三个条件。此外，可以比较内含增长率和预计销售增长率，以评估企业是否需要外部融资：

（1）当实际增长率=内含增长率时，外部融资需求为零。

（2）当实际增长率>内含增长率时，外部融资需求为正数。

（3）当实际增长率<内含增长率时，外部融资需求为负数，即销售实现了实际增长率，资金还会有剩余，可用于发放股利或进行短期投资。

4分

第34记

可持续增长率

飞越必刷题：34、35、46

487 2-14

（一）含义

可持续增长率指不增发新股或回购股票，不改变经营效率（不改变营业净利率和资产周转率）和财务政策（不改变权益乘数和利润留存率）时，其下期销售所能达到的增长率。

（二）基本假设

假设条件		推导结果
不增发新股或回购股票		股东权益的增长只来源于留存收益增加额
经营效率不变	营业净利率不变	净利润增长率=收入增长率
	总资产周转率不变	总资产增长率=收入增长率
财务政策不变	资本结构不变	负债增长率=权益增长率=总资产增长率
	利润留存率（股利支付率）不变	利润留存增长率=股利增长率=净利润增长率

提示：当企业处于可持续增长状态时，销售增长率=总资产增长率=负债增长率=股东权益增长率=净利润增长率=股利增长率=利润留存增长率。

（三）计算

公式	特征
$\frac{\text{本期利润留存}}{\text{本期期末股东权益}-\text{本期利润留存}}$	计算方便，适用性强，可以根据期末报表直接计算
$\frac{\text{本期利润留存}}{\text{期初股东权益}}$	本期股本不变时适用，计算方便
期初权益净利率×本期利润留存率	本期股本不变时适用，理解记忆比较困难
$\frac{\text{期末权益净利率}\times\text{本期利润留存率}}{1-\text{期末权益净利率}\times\text{本期利润留存率}}$	适用性强，计算复杂，根据报表比率计算

（四）可持续增长率与实际增长率

情形	结论
经营效率和财务政策不变，且不增发新股或回购股票	下年实际增长率=本年可持续增长率=下年可持续增长率
4个财务比率中1个/多个提高，且不增发新股或回购股票	下年实际增长率＞本年可持续增长率 下年可持续增长率＞本年可持续增长率

续表

情形	结论
4个财务比率中1个/多个下降，且不增发新股或回购股票	下年实际增长率＜本年可持续增长率 下年可持续增长率＜本年可持续增长率
4个财务比率已达到极限	只有增发新股，才能提高销售增长率

通关绿卡

命题角度：比较内含增长率与可持续增长率。

对比	内含增长率	可持续增长率
是否发行股票	不发行	不发行
是否从外部举债融资	不从外部举债融资	从外部举债融资
是否改变资本结构	可能会改变资本结构	不改变资本结构
是否改变股利支付率	可以改变	不能改变

第35记 不同预算编制方法的对比

4分

飞越必刷题：36

对比	增量预算	零基预算
含义	以历史期实际经济活动及其预算为基础，结合预算期的变动情况，通过调整历史期经济活动项目及金额形成预算的预算编制方法	不以历史期经济活动及其预算为基础，以零为起点，从实际需要出发分析预算期经济活动的合理性，经综合平衡，形成预算的预算编制方法
评价	（1）优点：编制工作量小。 （2）缺点：当预算期的情况发生变化，预算数额会受到基期不合理因素的干扰，可能导致预算的不准确，不利于调动各部门达成预算目标的积极性	（1）优点：不受前期费用项目和费用水平的制约，能够调动各部门降低费用的积极性。 （2）缺点：编制工作量大。 （3）适用性：适用于企业各项预算编制，特别是不经常发生的或编制基础变化较大的预算项目

对比	固定预算	弹性预算（公式法/列表法）
含义	在编制预算时，只根据预算期内正常、可实现的某一固定的业务量水平作为唯一基础来编制预算的方法	在成本性态分析的基础上，依据本量利关系，按照预算期内相关的业务量水平计算其相应预算项目所消耗资源的预算编制方法
评价	适应性差和可比性差	适用范围较广，便于预算执行的评价和考核

对比	定期预算	滚动预算（逐月/逐季/混合）
含义	以固定不变的会计期间（如年度、季度、月份）作为预算期间编制预算的方法	在上期预算完成情况的基础上，调整和编制下期预算，并将预算期间逐期连续向后滚动推移，使预算期间保持一定的时期跨度
评价	（1）优点：保证预算期间与会计期间在时期上配比，便于依据会计报告的数据与预算的比较，考核和评价预算的执行结果。 （2）缺点：不利于前后各个期间的预算衔接，不能适应连续不断的业务活动过程的预算管理	（1）优点：能保持预算的持续性，有利于结合企业近期和长期目标考虑未来业务活动；使预算随时间推进不断调整和修订，与实际情况更相适应，有利于充分发挥预算的指导和控制作用。 （2）缺点：编制工作量大

记忆口诀

命题角度：对比辨析或要求简述不同预算编制方法的特征和优缺点。

根据以上不同预算编制方法的特征和优缺点，可以归纳总结出以下三组记忆口诀。

（1）增量预算与零基预算：增量简单靠历史，易受干扰不积极；零基复杂重分析，不受制约有动力。

（2）固定预算与弹性预算：固定不变不好比，弹性分析本量利，动态调整助考评。

（3）定期预算与滚动预算：定期便于报告比，固定编制难连续；滚动逐期向后移，充分发挥指控力。

第36记 4分 营业预算的编制

飞越必刷题：37、38

（一）营业预算的编制过程

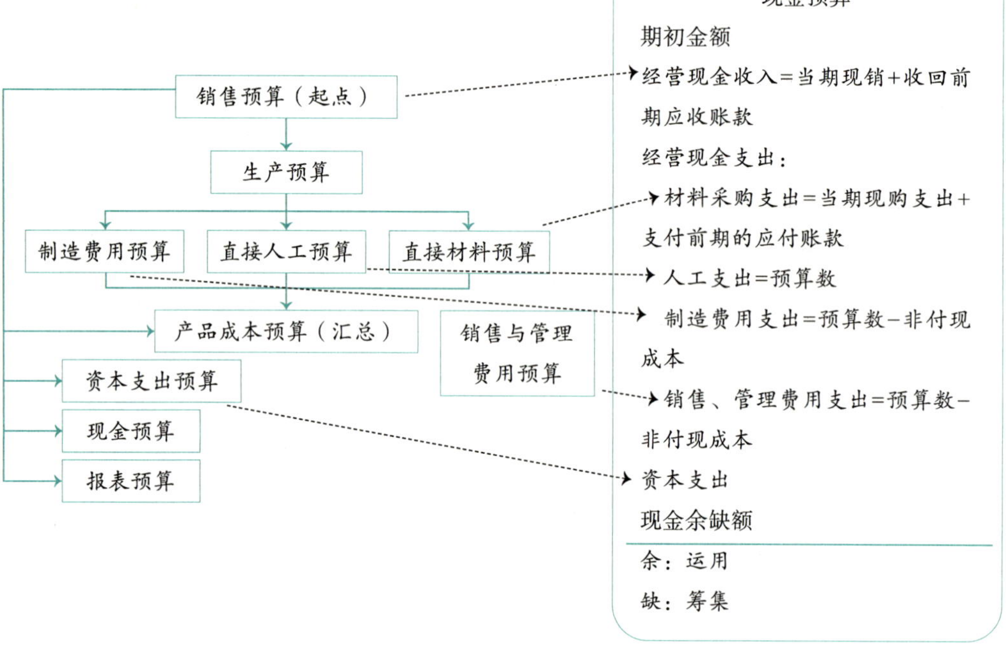

（二）营业预算编制过程中的要点提示

营业预算项目	编制要点提示
销售预算	销售预算的主要内容是销售数量、销售单价和销售收入
生产预算	生产预算是在销售预算的基础上编制的，包括销售量、期初和期末产成品存货、生产量，只是实物量预算，而非价值量预算
直接材料预算	直接材料预算是以生产预算为基础编制的，同时要考虑原材料存货水平
直接人工预算	直接人工预算也是以生产预算为基础编制的
制造费用预算	制造费用预算通常分为变动制造费用和固定制造费用两部分进行预算，其中：变动制造费用以生产预算为基础来编制；固定制造费用需要逐项进行预计，通常与本期产量无关，按每季度实际需要的支付额预计，然后求出全年数
产品成本预算	产品成本预算，是销售、生产、直接材料、直接人工和制造费用预算的汇总
销售和管理费用预算	销售费用预算，是指为了实现销售预算所需安排的费用预算，它以销售预算为基础，分析销售收入、销售利润和销售费用的关系，力求实现销售费用的最有效使用。 管理费用是企业管理业务所必需的费用，多属于固定成本，一般是以过去的实际开支为基础，按预算期的可预见变化予以调整

通关绿卡

命题角度1：根据各营业预算项目计算对当期现金收支的影响。

营业预算项目	对当期现金收支的影响
销售预算	当期现金收入=当期现销收入+收回前期赊销
生产预算	不涉及现金收支
直接材料预算	当期现金支出=当期现购支出+支付前期赊购
直接人工预算	当期现金支出=当期人工总成本
制造费用预算	当期现金支出=制造费用总额-非付现成本
产品成本预算	不涉及现金收支
销售费用和管理费用预算	当期现金支出=销售费用和管理费用总额-非付现成本

命题角度2：计算当期的材料采购量或生产量。

基本等式为“期初+本期增加-本期减少=期末”，求解“本期增加”。因此，做题时通常使用“本期增加=期末-期初+本期减少”完成计算。其中：期初数往往以上期期末数给出，本期减少为生产耗用量或销量，期末数往往为下期生产量或销量的一定比例。

第37记 现金预算的编制 4分

飞越必刷题：135

项目	描述
组成	可供使用现金、现金支出、现金多余或不足、现金筹措和运用
可供使用资金	可供使用现金=期初现金余额+预算期现金收入 （1）期初现金余额：第一期期初一般题目直接告知，或通过简单计算即得，以后各期期初余额，取上一期期末余额。 （2）预算期现金收入：销货产生的现金收入是其主要来源，数据来自销售预算
现金支出	包括预算期的各项现金支出；“直接材料”“直接人工”“制造费用”“销售及管理费用”的数据分别来自营业预算；此外，还包括所得税费用、购置设备、股利分配等现金支出，有关数据分别来自另行编制的专门预算

续表

项目	描述
现金多余或不足	可供使用资金-现金支出>最低现金余额，说明现金多余。 可供使用资金-现金支出<最低现金余额，说明现金不足
现金筹措和运用	现金有多余，可用于偿还过去向银行取得的借款，或者用于短期投资；现金不足，要向银行取得新的借款

通关绿卡

命题角度：现金预算如果产生现金缺口，如何计算借款额。

产生现金缺口后的借款额计算，可采用四步法。

(1) 补足现金缺口。

(2) 继续补足至题目给定的最低现金余额。

(3) 考虑是否存在需要支付的利息（往期债务+本期债务），其中本期债务在还款条件为分期付息时需要考虑利息支出所需资金，如有，则应当继续补足支付利息所需要的现金。

(4) 根据题目条件对最终借款额进行取整。

提示：需要注意的是，现金多余或不足的衡量标准不是0，而是最低现金余额。

第38记 作业预算的编制

2分

飞越必刷题：47

487 2-18

项目	描述
适用范围	主要适用有以下特征的企业： (1) 作业类型较多且作业链较长。 (2) 管理层对预算编制的准确性要求较高。 (3) 生产过程多样化程度较高。 (4) 间接或辅助资源费用占比较大

续表

项目	描述
编制程序	（1）确定作业需求量：根据预测期销售量或销售收入预测各产品（或服务）的产出量（或服务量）、批次数、品种类别数以及每类设施能力投入量，进而分别按单位级作业、批别级作业、品种级作业、设施级作业等的作业消耗率计算各类作业的需求量。例如：单位级作业需求量=Σ各产品（或服务）预测的产出量（或服务量）×该产品（或服务）作业消耗率。 （2）确定资源费用需求量：资源费用需求量=Σ各类作业需求量×资源消耗率。 （3）平衡资源费用需求量与供给量：如果没有达到基本平衡，需要通过增加或减少资源费用供给量或降低资源消耗率等方式，使两者的差额处于可接受的区间内。 （4）编制预算：资源费用预算=Σ各类资源需求量×该资源费用预算价格。企业应收集、积累多个历史期间的资源费用成本价、行业标杆价、预期市场价等，建立企业的资源费用价格库。 （5）审核最终预算：预算评审小组一般应由企业预算管理部门、运营与生产管理部门、作业及流程管理部门、技术定额管理部门等组成。评审小组应从业绩要求、作业效率要求、资源效益要求等多个方面对作业预算进行评审，评审通过后上报企业预算管理决策机构进行审批
优点	（1）基于作业需求量配置资源，避免资源配置的盲目性。 （2）通过总体作业优化实现最低的资源费用耗费，创造最大的产出成果。 （3）作业预算可以促进员工对业务和预算的支持，有利于预算的执行
缺点	预算的建立过程复杂，需要详细地估算生产和销售对作业和资源费用的需求量，并测定作业消耗率和资源消耗率，数据收集成本较高

第三模块 长期投资决策

● 本模块共涵盖了教材4章的内容，各年考查分值相对稳定，预计考查25分左右。本模块是价值评估基础和资本成本的具体应用，包括债券、股票、项目、期权、企业等的价值评估方法，每年一定会涉及主客观题的同时考查，且去年新增的实物期权相关内容尚未大面积考查，今年应重点把握！

这本书是横亘在现实与理想间的桥梁，每年都承载着无数像你一样探索者的足迹，你的每一步也会在上面留下意志的印记。

第39记 债券价值的评估及其影响因素 4分

飞越必刷题：48、62、63

（一）债券价值评估的基本步骤

债券价值是发行者按照合同规定从现在至债券到期日所支付的款项现值。具体计算可分为四个步骤。

第一步：确定评估时点。

第二步：确定未来现金流量，并将其准确定位在现金流量轴上。

第三步：找折现率，由于现金流的间隔期并不一定是一年，可能是半年或者几个月，因此要找到对应的期折现率。

第四步：将未来现金流量按照期折现率计算现值。

（二）债券价值评估的具体方法

计算模型	具体方法
基本模型	V_d=年利息×$(P/A, r_d, n)$+面值×$(P/F, r_d, n)$
平息债券	V_d=计息期利息×$[P/A, (1+r_d)^{1/m}-1, mn]$+面值×$[P/F, (1+r_d)^{1/m}-1, mn]$
纯贴现债券	V_d=到期本息支付额×$(P/F, r_d, n)$
流通债券	以最近一次付息时间为折算时间点，计算历次现金流量现值，然后将其折算到现在时点

（三）债券价值的影响因素

影响因素	债券价值具体影响
面值和票面利率	同向变化，即面值越大，债券价值越大；票面利率越高，债券价值越大
折现率	反向变化，即折现率越大，债券价值越小

续表

影响因素	债券价值具体影响
计息期	同向变化，不论债券是折价、平价或是溢价发行，付息频率提高，债券价值都会上升
到期时间	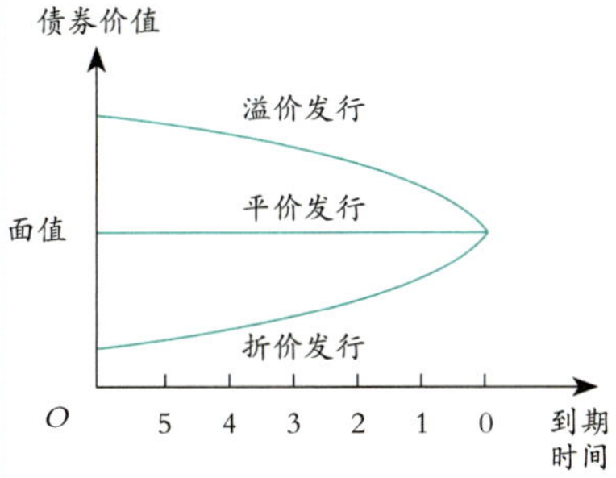 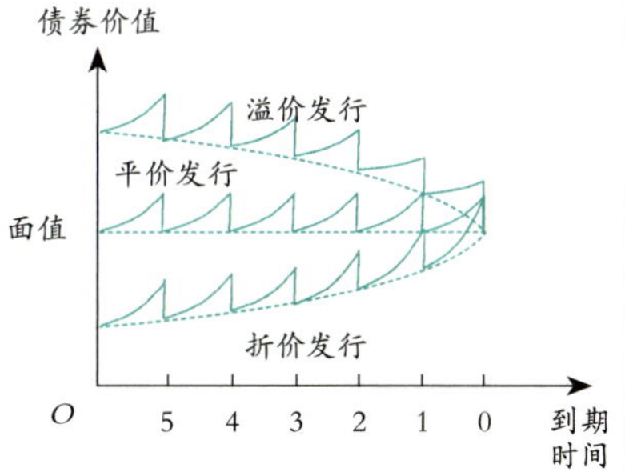

通关绿卡

命题角度1：债券价值的计算。

计算债券价值时需要理清以下四点。

（1）发行者支付的款项包括：

①债券每期利息=债券面值×票面利率/每年计息次数。

②到期支付的本金=债券面值。

（2）折现率取决于当前等风险投资的市场利率。该利率默认为有效年利率口径。题目中有可能描述为折现率、资本成本、当前市场利率、必要报酬率、现行市场报酬率等。

（3）折现方法：现金流和折现率统一按照计息期口径计算，且计息期折现率应参考以下有效年利率（市场利率）向计息期利率（计息期折现率）的公式换算。

报价利率 →（报价利率÷计息期数）→ 计息期利率 →（$(1+计息期利率)^{计息期数}-1$）→ 有效年利率

有效年利率 →（$\sqrt[计息期数]{1+有效年利率}-1$）→ 计息期利率 →（计息期利率×计息期数）→ 报价利率

（4）计算到期收益率，除了也需要关注上述问题外，还需熟练运用内插法/逐步测试法。

通关绿卡

命题角度2：各影响因素变化对债券价值的影响。

在上述影响因素中，到期时间对不同债券价值的影响也不同，分析时可遵循“三步法”。

第一步：判断债券的发行方式，属于折价发行、溢价发行还是平价发行。

第二步：判断债券利息的支付方式，属于连续付息还是间隔一段时间支付一次利息。

第三步：根据到期时间的变化方向得出对应的结论。

随着到期时间的逐渐缩短：

发行方式	连续付息债券	每间隔一段时间支付一次利息的债券
折价发行	逐渐上升	波动上升，到期日前债券价值可能高于、等于、低于债券面值
平价发行	一直等于面值	波动持平，到期日前债券价值可能高于、等于债券面值
溢价发行	逐渐下降	波动下降，到期日前债券价值一直高于债券面值

第40记 普通股价值评估 4分

飞越必刷题：64

评估模型	计算方法
零增长模型	假设未来股利保持不变，现金流量呈现为永续年金，则股票价值$V_0=D\div r_S$
固定增长模型	当公司进入可持续增长状态时，股利是不断增长的，且其增长率是固定的。当g为常数，并且$r_S>g$，$n\to\infty$时，固定增长股票的股价计算公式为$V_0=D_1\div(r_S-g)$
非固定增长模型	由于公司股利并不固定，则按照基本原则对不同阶段的股利现金流量进行折现

通关绿卡

命题角度：股票价值的计算。

计算股票价值的关键是要区分清题目中所表述的现金流是D_0还是D_1。

项目	D_0	D_1
常见表述	本期、本年、已经、实际支付了、最近一期	下一年、下一期、将要、预期、预计
本质	现金流量的发生时点与估值时点在同一时点	现金流量的发生时点比估值时点晚一期
具体处理	一般是已经支付的，不包含在股票价值中，需要转换为D_1才可带入公式计算	一般是尚未支付的，包含在股票价值中，可直接代入公式计算

第41记 2分

债券和普通股的期望报酬率

飞越必刷题：49

（一）债券的期望报酬率

债券的期望报酬率通常用到期收益率来衡量。到期收益率是指以特定价格购买债券并持有至到期日所能获得的报酬率，它是使未来现金流量现值等于债券购入价格的折现率，即$P_0=I\times(P/A,r_d,n)+M\times(P/F,r_d,n)$时的折现率，计算时需使用内插法/逐步测试法。

（二）普通股的期望报酬率

$r_S=D_1/P_0+g$，该报酬率可以分为两个部分。

（1）股利收益率D_1/P_0：它是根据预期现金股利除以当前股价计算出来的。

（2）股利增长率g：由于该模型下股利的增长速度也就是股价的增长速度，因此，g可解释为股价增长率或资本利得收益率，并可用公司的可持续增长率估计。

通关绿卡

命题角度：债券到期收益率的计算。

在计算债券的到期收益率时，需使用内插法/逐步测试法，很多同学往往不知道应该从何“测”起。根据题目条件，我们可以先找到债券的面值和价格，确定好债券的类型，即平价债券、折价债券或是溢价债券，进而判断折现率与票面利率的大小关系：

（1）折价发行债券：债券价值＜面值，计息期折现率＞债券计息期利率。

（2）平价发行债券：债券价值=面值，计息期折现率=债券计息期利率。

（3）溢价发行债券：债券价值＞面值，计息期折现率＜债券计息期利率。

例如：5年期的A债券面值1 000元，票面利率8%，每年付息一次，如果买价为1 105元，则我们可以确定该债券为溢价债券，折现率应低于票面利率8%。

判断好大小关系后，在选择第一个用于测试的折现率时，我们可以“越位”找，即在上例中，第一个用于测试的折现率可以选定为6%（而非7%）。如果计算出的债券价值小于买价，则接下来应该选择更低的折现率5%进行测试，以使计算出的债券价值大于买价，将买价“夹在中间”；如果计算出的债券价值大于买价，则接下来应该选择更高的折现率7%进行测试，以使计算出的债权价值小于买价，将买价“夹在中间”。

最后，根据内插法原理，求解出债券的到期收益率。

需要特别注意的是，到期收益率本质上是有效年利率的口径。如果债券是每年付息多次，则在上述计算中应使用期利息、计息期折现率和总计息期数，即计算出的折现率并不是到期收益率，还应当根据利率换算公式，将其转化为有效年利率口径。

第42记 独立项目的决策（4分）

飞越必刷题：59、72、73、143、159

方法	计算	决策	评价
净现值法	净现值*NPV*=未来现金净流量现值−原始投资额现值	*NPV*＞0，表明投资报酬率大于资本成本，该项目可以增加股东财富，应予采纳	优点：表明投资项目的预期收益率与必要收益率之间的关系，以及带给投资者的财富增量。 缺点：绝对值的可比性较差，即在比较投资额不同的项目和寿命期不同的互斥项目时有一定的局限性
现值指数法	现值指数*PI*=未来现金净流量现值÷原始投资额现值	*PI*＞1，表明投资报酬率大于资本成本，该项目可以增加股东财富，应予采纳	优点：现值指数是相对数，反映投资的效率，现值指数消除了投资额的差异。 缺点：没有消除项目期限的差异

续表

方法	计算	决策	评价
内含报酬率法	利用内插法，计算使项目“净现值=0”的折现率	内含报酬率＞项目资本成本或要求的最低报酬率，该项目可以增加股东财富，应予采纳	优点：内含报酬率反映了项目本身的盈利能力，相对数指标的可比性较好，且不必事先估计资本成本。 缺点：可能出现多解或无解的情况，以致结论无效或无法得出结论；项目现金流入的再投资报酬率与项目内含报酬率相同的假设不符合实际情况
回收期法	静态回收期不考虑货币时间价值，动态回收期需要考虑	回收期＜期望回收期，项目风险满足最低要求，可以采纳	优点：计算简便，容易为决策人所正确理解，可大体上衡量项目的流动性和风险。 缺点：静态回收期法忽略了时间价值，两种方法都无法衡量项目的盈利性，容易促使公司接受短期项目，放弃战略性长期项目
会计报酬率法	会计报酬率=年平均税后经营净利润/资本占用×100%	会计报酬率＞期望会计报酬率，项目盈利水平满足最低要求，可以采纳	优点：可以衡量项目盈利性，数据容易取得，揭示了采纳项目后的报表变化，便于后续评价。 缺点：使用账面利润而非现金流量，忽视了折旧对现金流量的影响，忽视了净利润的时间分布对于项目经济价值的影响

通关绿卡

命题角度：运用具体评价指标进行独立项目决策。

这部分指标通常有三种常见考查方式。

(1) 客观题考查决策原则：需要注意的是，在评价某一项目是否可行时，净现值法、现值指数法和内含报酬率法的结论一致，即净现值＞0，则现值指数＞1，内含报酬率＞资本成本，可以推导出静态/动态回收期＜项目寿命期，但无法得出会计报酬率＞资本成本的结论，回收期的反向推导也不一定成立。

（2）客观题考查指标优缺点：注意区分绝对数指标（净现值）和相对数指标（现值指数和内含报酬率），流量指标（现值指数）和利润指标（会计报酬率），短期流动性指标（回收期）和长期盈利性指标（会计报酬率）等。

（3）主观题考查指标计算和决策：通常结合投资项目的现金流量和折现率估计，完成净现值计算后，要求计算其他维度的评价指标，综合对项目投资决策做出分析。

第43记 互斥项目的决策和总量有限时的资本分配

4分

飞越必刷题：61、74

487 3-5

（一）互斥项目的决策

维度	要点提示	
基本原则	当利用净现值和内含报酬率进行选优有矛盾时： 若时间分布和项目期限相同，投资额不同，应当净现值法优先。 若投资额和项目期限相同，时间分布不同，应当净现值法优先。 若项目期限不同，需要通过共同年限法或者等额年金法解决	
共同年限法	计算	假设项目终止时可以重置，以各方案期限的最小公倍数作为比较方案期限，调整净现值指标，并据此进行互斥方案比较决策
	决策	应选择调整后净现值最大的方案
等额年金法	计算	假设项目可以无限重置，通过比较永续净现值的大小进行项目决策： 永续净现值=等额年金/资本成本（等额年金=净现值/年金现值系数）
	决策	应选择永续净现值最大的方案
局限性	（1）项目重置假设在部分技术进步较快的领域不成立。 （2）未考虑严重通货膨胀导致重置成本上升。 （3）未考虑长期竞争可能导致项目净利润下降，甚至被淘汰	

（二）总量有限时的资本分配

原则	有限资源的净现值最大化
方法	在资本总量约束下寻找净现值最大的组合
适用性	仅适用于单一期间的资本分配，不适用于多期间的资本分配问题

第44记 投资项目现金流量的估计（6分）

飞越必刷题：142、143、159

（一）新建项目的现金流量估计（独立项目决策）

1.建设期

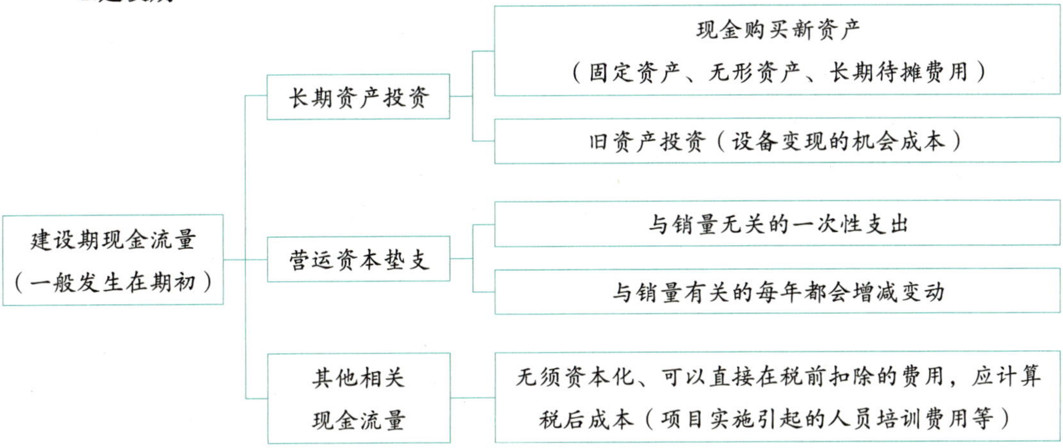

2.营业期

方法	公式
直接法	营业现金毛流量=营业收入-付现营业费用-所得税
间接法	营业现金毛流量=税后经营净利润+折旧与摊销
分算法	营业现金毛流量=税后营业收入-税后付现营业费用+折旧与摊销抵税额

3.终结期

现金流量类型	相关计算
垫支营运资本的收回或节约营运资本的恢复	假设没有提前收回营运资本，各年垫支营运资本的累计数通常在项目终结时全部收回
资产处置或残值变现净收入	指资产出售或报废时的出售价款或残值收入扣除清理费用后的净额
资产处置或残值变现净损益对现金净流量的影响	资产处置或残值变现净损益对现金净流量的影响=（账面价值-变现净收入）×所得税税率

（二）固定资产更新决策的现金流量估计（互斥项目决策）

1.延用旧设备

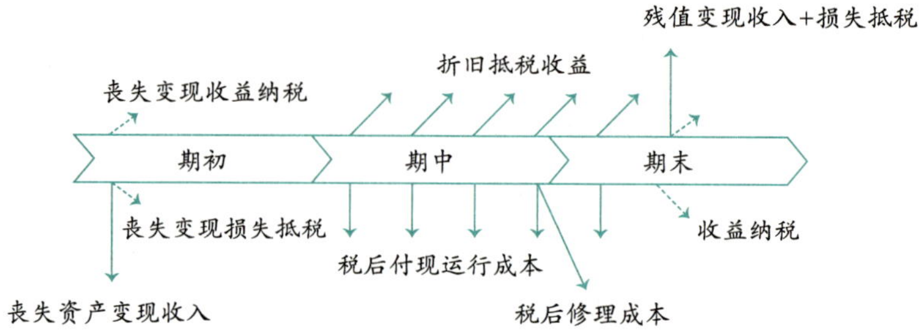

2.购置新设备

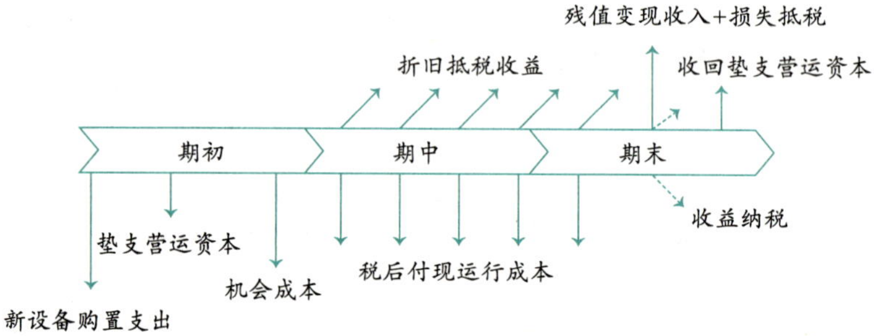

通关绿卡

命题角度1：新建项目各阶段的现金流量估计（3+3+3）。

归纳总结如下：

（1）初始期（3项）：长期资产投资、营运资本垫支或节约、其他相关现金流量。

【易错点】长期资产投资如果是占用旧设备，需要考虑是否有机会成本；不要忘记垫支的营运资本或节约的营运资本。

（2）营业期：营业现金毛流量有3种计算方法。

【易错点】精准记忆直接法、间接法和分算法的公式；不要忘记折旧要按税法要求重新算。

（3）终结期（3项）：垫支营运资本的收回或节约营运资本的恢复、资产处置或残值变现净收入、资产处置或残值变现净损益对现金流量的影响。

【易错点】不要忘记收回初始期垫支的营运资本或恢复期初节约的营运资本（初始期的"反向操作"）；计算处置损益时要考虑税法认可的折旧年限和残值，且不要忘记计算处置损益的税务影响。

（4）与租金相关的现金流量计算：根据题目要求，灵活作答。

租金收取方式	现金流量计算
每年年末收取	可直接确定每年年末丧失的税后租金
上年年末收取	可直接确定上年年末丧失的税后租金
本年年初收取	丧失的租金收入发生在本年年初，节约的租金纳税发生在本年年末，需分开计算

命题角度2：延用旧设备和购置新设备各阶段的现金流量估计。

归纳总结如下：

（1）延用旧设备（2+3+2）。

①期初（2项）：丧失资产变现收入、丧失变现利得纳税/损失抵税。

【易错点】不要忘记考虑上述机会成本，且一定要注意正负号。

②寿命期（3项）：税后付现运行成本、税后修理成本、折旧抵税收益。

【易错点】运行成本在项目寿命期内均需要考虑；修理成本需关注税法是否允许税前扣除，以及是否允许税前一次性扣除。各类成本费用的计算口径，均可参考以下原则：

税法规定		计算口径
不允许税前扣除		使用税前成本费用计算
允许税前扣除	允许税前一次性扣除	使用税后成本费用计算
	不允许税前一次性扣除	作为长期待摊费用，在摊销时计算抵税额

③期末（2项）：残值变现收入、变现利得纳税/处置损失抵税。

【易错点】不要忘记计算残值变现损益的税务影响。

（2）更新改造：购置新设备（3+2+3）。

①期初（3项）：新设备投资、营运资本垫支或节约、其他相关现金流量。

【易错点】不要忘记垫支的营运资本或节约的营运资本。

②寿命期（2项）：税后付现运行成本、折旧抵税收益。

【易错点】一般不需要考虑税后修理成本（新设备一般无须大修理支出），不要忘记折旧要按税法要求重新算。

③期末（3项）：残值变现收入、变现利得纳税/处置损失抵税、收回垫支的营运资本或恢复节约的营运资本。

【易错点】不要忘记计算残值变现损益的税务影响，不要忘记收回初始期垫支的营运资本或恢复节约的营运资本（期初的“反向操作”）。

第45记　4分

固定资产的经济寿命分析

飞越必刷题：60

最经济的使用年限是使固定资产的平均年成本最小的那一年限。

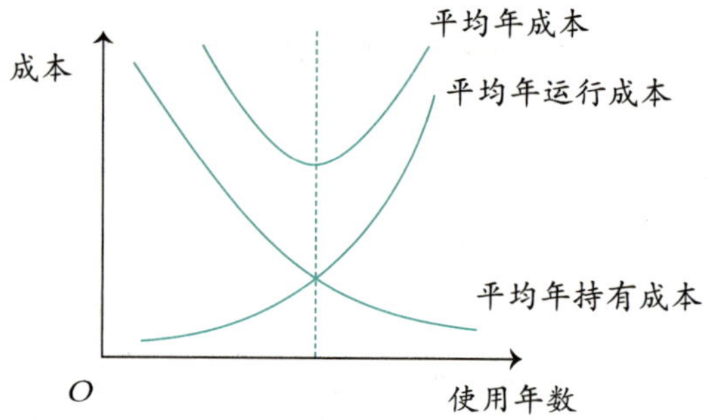

通关绿卡

命题角度：固定资产的经济寿命分析。

固定资产使用时间越久，因资产老化导致的运行成本逐渐增加，同时经过价值折摊剩余的持有成本却逐渐降低。所以，分析固定资产的经济寿命，就是寻找固定资产的最佳更新年限，即使用多少年后对固定资产进行更新改造，能够使固定资产的平均年成本最小。具体计算方法如下：

第一步 计算更新时的资产余值现值，即固定资产的持有成本。

第二步 计算更新时累计的运行成本现值，即截至更新时固定资产每年运行成本现值的累加。

第三步 计算更新时的现值总成本，现值总成本=资产原值+更新时运行成本现值-资产余值现值。

第四步 计算不同更新年限下的平均年成本，平均年成本=现值总成本÷年金现值系数。

第五步 找到使平均年成本最小的更新年限，就是固定资产的经济寿命。

第46记 投资项目折现率的估计（2分）

飞越必刷题：142、156

（1）如果同时满足等风险假设和等资本结构假设，可以使用企业当前的资本成本作为项目的资本成本。

（2）如果不能同时满足，则应使用可比公司法估计投资项目的资本成本，具体步骤如下：

第一步：卸载可比公司财务杠杆。

$\beta_{资产}=\beta_{权益}\div[1+(1-T)\times(净负债/股东权益)]$

第二步：加载目标公司财务杠杆。

$\beta_{权益}=\beta_{资产}\times[1+(1-T)\times(净负债/股东权益)]$

第三步：根据目标企业$\beta_{权益}$计算股东要求的报酬率。

股东要求的报酬率=股东权益资本成本=$R_f+\beta_{权益}(R_m-R_f)$

第四步：计算目标企业加权平均资本成本。

$WACC$=负债资本成本×（1−T）×w_d+股东权益资本成本×w_e

通关绿卡

命题角度：加载和卸载财务杠杆的计算。

折现率估计的计算中，需要特别注意以下内容：

（1）可比公司的选择：选择经营业务与待评价项目类似的上市公司作为可比公司，主要是为了将目标公司与可比公司的风险差异集中于财务风险。

（2）财务杠杆的调节：$\beta_{权益}$是含有财务风险的β值，而$\beta_{资产}$是不含财务风险的β值；卸载财务杠杆用除法，加载财务杠杆用乘法；卸载的是可比公司的财务风险，而加载的是目标公司的财务风险，所以务必注意第一步和第二步中的“净负债/股东权益”并不相等。

第47记 投资项目的敏感分析（2分）

飞越必刷题：143

（一）最大最小法

步骤	计算过程
第一步：给定预期值	给定计算净现值的每个变量（如原始投资、营业现金流入、营业现金流出等）的预期值，即最可能发生的数值
第二步：计算基准净现值	根据变量的预期值计算基准净现值
第三步：测定临界值	选择一个变量并假设其他变量不变，令净现值等于零，计算选定变量的临界值。如此往复，测定每个变量的临界值

（二）敏感程度法

步骤	计算过程
第一步：给定预期值	给定计算净现值的每个变量（如原始投资、营业现金流入、营业现金流出等）的预期值，即最可能发生的数值
第二步：计算基准净现值	根据变量的预期值计算基准净现值

续表

步骤	计算过程
第三步：重新计算净现值	选定一个变量（如每年税后营业现金流入），假设其发生一定幅度的变化，而其他因素不变，重新计算净现值
第四步：计算敏感系数	敏感系数=目标值变动百分比/选定变量变动百分比

通关绿卡

命题角度：根据题目要求的方法和变量，对投资项目进行敏感分析。

投资项目敏感分析，一般出现在综合题的最后一问，计算量非常大。同时，敏感分析对净现值计算的准确性要求很高，如果净现值计算错误，那么敏感分析就失去了得分基础。

如果你不是一个绝对完美主义者，不是必须要考满分，那么答题策略是非常重要的。有舍才有得，与其把大量精力花在敏感分析，不如争取在其他基础性或容易得分的题目上多拿分！

第48记 衍生工具的种类和交易目的

2分

飞越必刷题：52

（一）衍生工具的种类

种类	含义	标准化/定制化合约	单边/双边合约	场内/场外交易
远期合约	合约双方同意在未来日期按照事先约定的价格交换资产的合约	定制化	双边	场外
期货合约	在约定的将来某个日期按约定的条件（包括价格、交割地点、交割方式）买入或卖出一定标准数量、质量某种资产的合约	标准化	双边	主要在场内
互换合约	交易双方约定在未来某一期限相互交换各自持有的资产或现金流的交易形式	定制化	主要是双边	场外
期权合约	在某一特定日期或该日期之前的任何时间以固定价格购买或者出售某种资产的权利	标准化	单边	场内和场外

（二）衍生工具的交易目的

衍生工具可用于多种用途，包括套期保值、投机获利等。从目的上看，套期保值是为了降低风险，投机则是承担额外的风险以盈利；从结果上看，套期保值降低了风险，投机增加了风险；从方式上看，利用期货套期保值有两种方式：空头套期保值和多头套期保值。

1.空头套期保值

如果某公司要在未来某时出售某种资产，可以通过持有该资产期货合约的空头来对冲风险。如果到期日资产价格下降，现货出售资产亏损，则期货的空头获利；如果到期日资产价格上升，现货出售资产获利，则期货的空头亏损。

2.多头套期保值

如果要在未来某时买入某种资产，则可采用持有该资产期货合约的多头来对冲风险。如果到期日资产价格上升，现货购买资产亏损，则期货的多头获利；如果到期日资产价格下降，现货购买资产获利，则期货的多头亏损。

第49记 2分 单一期权的损益分析

飞越必刷题：53

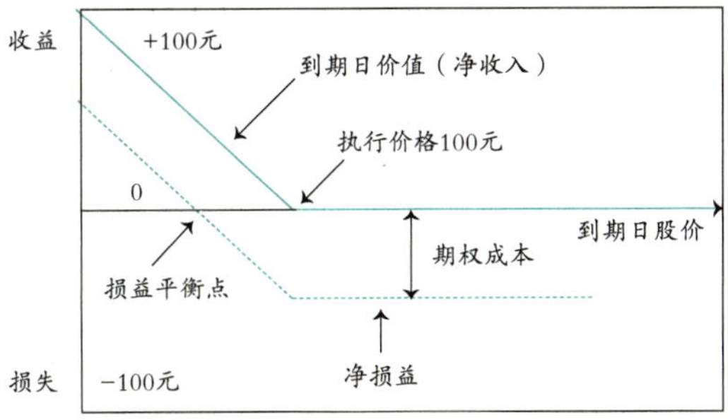

多头看跌期权

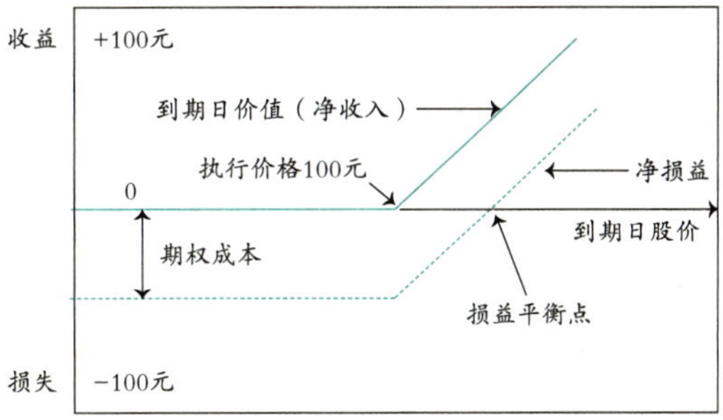

多头看涨期权

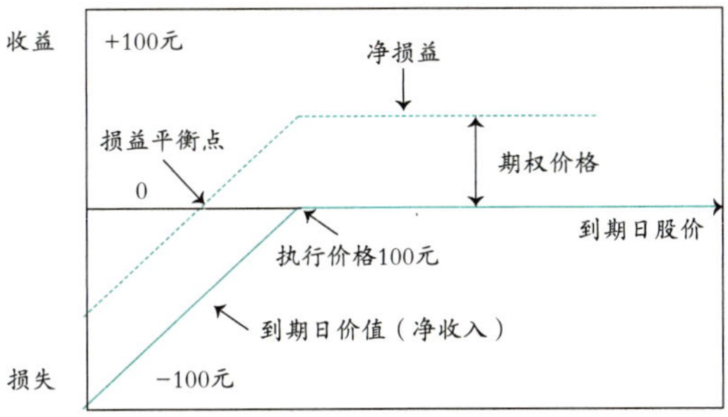

空头看跌期权

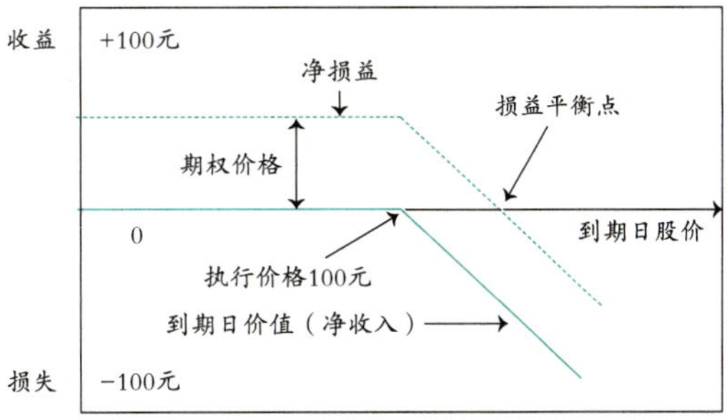

空头看涨期权

单一期权头寸	到期净收入	到期净损益
买入看涨期权	max（S_T−X，0）	到期净收入−期权价格
买入看跌期权	max（X− S_T，0）	
卖出看涨期权	−max（S_T−X，0）	到期净收入+期权价格
卖出看跌期权	−max（X− S_T，0）	

通关绿卡

命题角度：单一期权到期日净收入和净损益的计算。

到期日净收入的计算不需要考虑期权价格，而净损益的计算需要考虑期权价格。

记忆口诀

命题角度：判断期权投资行为对净收入和净损益的影响。

我们可以通过"低买高卖"的记忆口诀掌握期权的买入行为可以锁"最低"，而期权的卖出行为可以锁"最高"。

（1）买入期权可以锁定最低净收入（0）和最低净损益（−期权价格）。

（2）卖出期权可以锁定最高净收入（0）和最高净损益（期权价格）。

第50记 期权的投资策略 4分

飞越必刷题：54、55、138、139

487 3-12

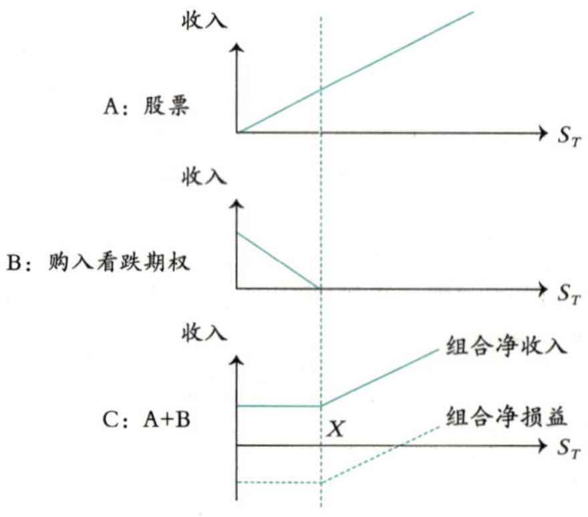

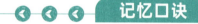

保护性看跌期权

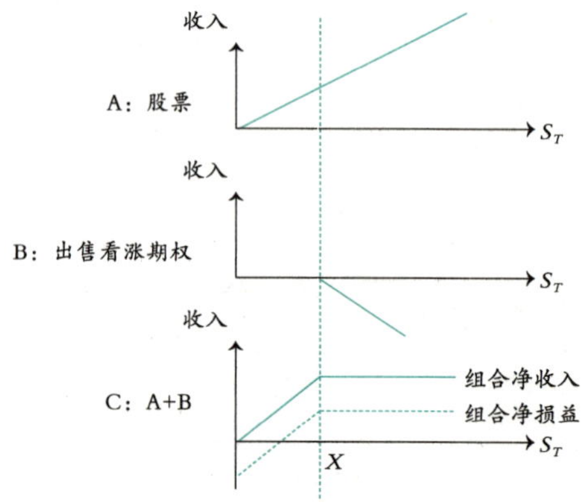

抛补性看涨期权

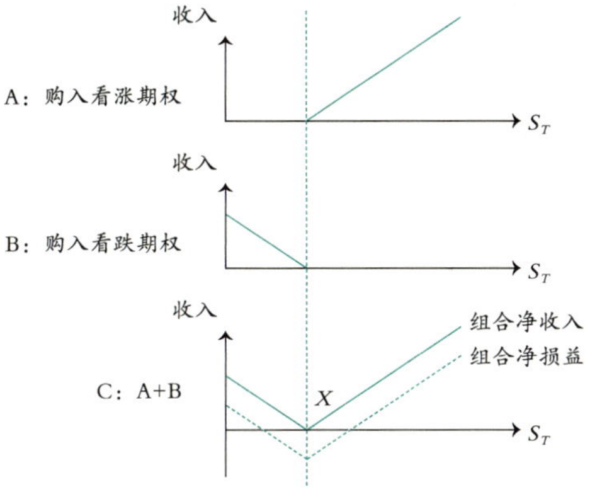

多头对敲

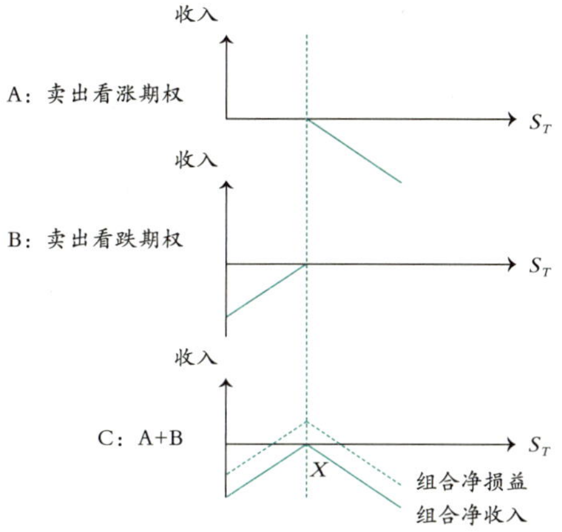

空头对敲

投资策略	什么组合?	什么效果?	什么场景?
保护性看跌期权	买股票+买看跌	锁定了最低净收入（X）和最低净损益（$X-S_0-P$）	单独投资股票的风险很大，为降低股票投资风险时使用
抛补性看涨期权	买股票+卖看涨	锁定了最高净收入（X）和最高净损益（$X-S_0+C$）	为锁定未来收益水平，该策略是机构投资者常用的投资策略
多头对敲	买看涨+买看跌	锁定了最低净收入（0）和最低净损益（$-C-P$）	预计市场价格将剧烈波动，但不确定变化方向时使用
空头对敲	卖看涨+卖看跌	锁定了最高净收入（0）和最高净损益（$C+P$）	预计市场价格将相对比较稳定时使用

通关绿卡

命题角度1：根据投资者的预期，选择合适的期权投资策略。

常见预期	投资策略
希望降低单独投资股票的风险	保护性看跌期权
希望净收益限定在有限区间内	抛补性看涨期权
预计未来股价大幅度波动	多头对敲
预计未来股价波动较小	空头对敲

命题角度2：计算期权投资策略到期日的净损益。

计算期权投资策略到期日的净损益有两种方法：

方法一：单独计算组合内各项目的到期日净损益，然后加总求和。

方法二：计算投资策略到期日总的净收入，然后扣除投资策略最初投资成本。

记忆口诀

命题角度：判断不同的期权组合如何影响损益。

我们仍然可以使用“低买高卖”的记忆口诀掌握组合中买入期权锁“最低”，组合中卖出期权锁“最高”。

（1）保护性看跌期权和多头对敲：多头及多头组合锁定最低净收入和净损益。

（2）抛补性看涨期权和空头对敲：空头及空头组合锁定最高净收入和净损益。

第51记 金融期权价值构成（2分）

飞越必刷题：70、138

（一）金融期权价值构成

期权价值=内在价值+时间溢价

价值构成	含义
内在价值	期权立即执行产生的经济价值，取决于标的资产的现行价格与期权执行价格的高低
时间溢价	期权价值超过内在价值的部分，期权的时间溢价是一种等待的价值，是寄希望于标的股票价格的变化可以增加期权的价值

（二）内在价值的计算

条件	现行市价>执行价格	现行市价=执行价格	现行市价<执行价格
看涨期权	现行市价-执行价格	0	0
	期权处于实值状态	期权处于平价状态	期权处于虚值状态
看跌期权	0	0	执行价格-现行市价
	期权处于虚值状态	期权处于平价状态	期权处于实值状态

（三）时间溢价的计算

时间溢价=期权价值-内在价值

不同于货币时间价值是时间“延续的价值”，时间溢价是时间带来的“波动的价值”，不确定性越强，期权的时间溢价越大。

通关绿卡

命题角度：期权内在价值和时间溢价的计算。

由于内在价值强调的是立即行权，即未来事项并不会影响期权的内在价值。所以，计算时只需关注资产的现行市价和执行价格，不需要关注期权价值未来的变动趋势。未来的不确定性只会影响时间溢价，因为时间溢价是一种等待的价值或者波动的价值，一般认为在到期日之前，时间溢价>0，在到期日，时间溢价=0。考试时，需注意以下两种错误理解：

（1）期权到期期限越长，期权的内在价值越大（错：立即行权无须考虑期限）。

（2）股价波动率越大，期权的内在价值越大（错：股价波动是未来事项）。

第52记 金融期权价值的影响因素

2分

飞越必刷题：56、71

影响金融期权价值的6大因素包括股票市价、执行价格、到期期限、股价波动率、无风险利率和预期红利，其具体影响总结如下。

影响因素	影响方向	
	看涨期权	看跌期权
股票市价	同向	反向
期权有效期内预计发放的红利	反向	同向
执行价格	反向	同向
无风险利率	同向	反向
到期期限	美式：同向	美式：同向
	欧式：不定	欧式：不定
股价波动率	同向	同向

第53记 金融期权价值的评估方法

4分

飞越必刷题：57、58、139

（一）复制原理和套期保值原理

第一步　算股价：计算可能的到期日股票价格。

第二步　算涨价：根据执行价格计算确定到期日看涨期权的价值。

第三步　建组合：建立对冲组合，计算套期保值比率$H=\frac{C_u-C_d}{S_u-S_d}$和借款金额$B=\frac{H\times S_d-C_d}{(1+r)}$。

第四步　算成本：计算投资组合成本（期权价值）。

购买股票支出=套期保值比率×股票现价=$H\times S_0$

投资组合成本=购买股票支出−借款=$H\times S_0-B$=期权价值

（二）风险中性原理

1.基本假设

投资者对待风险的态度是中性的，即所有证券的预期报酬率都应当是无风险利率。

2.计算步骤

第一步　算股价：计算可能的到期日股票价格（构建股价二叉树）。

第二步　算涨价：根据执行价格计算确定到期日看涨期权的价值（构建期权二叉树）。

第三步　算概率：计算上行概率和下行概率。

期望报酬率=无风险利率r=上行概率P_u×上行时报酬率+下行概率P_d×下行时报酬率

可得：

上行概率$P_u=\frac{1+r-d}{u-d}$，下行概率$P_d=1-P_u=\frac{u-1-r}{u-d}$

第四步　算价值：计算期权价值。

期权价格$C_0=(P_u\times C_u+P_d\times C_d)/(1+r)$

提示：r一定要使用与期权到期时间相同的计息期无风险利率。

（三）二叉树模型

关于单期二叉树定价模型，其计算就是风险中性原理的最基本应用，计算结果和过程完全一致。多期二叉树定价模型不过是单期模型的多次应用。

（四）BS模型

1.适用情形

寿命期内标的股票不发放股利的欧式看涨期权。

2.公式

$C_0=S_0[N(d_1)]-PV(X)[N(d_2)]$

3.派发股利的欧式看涨期权定价

在期权估值时要从股价中扣除期权到期日前所派发的全部股利现值，即把所有到期日前预期发放的未来股利视同已经发放，将这些股利的现值从现行股票价格中扣除。

4.美式期权估值

美式期权的价值应当至少等于相应欧式期权的价值，在某种情况下比欧式期权的价值更大。

（五）平价定理

1.基本等式

标的资产价格S+看跌期权价格P=看涨期权价格C+执行价格现值$PV(X)$

2.定理原理

构造两个损益相同的投资组合：

（1）买股票+买看跌（保护性看跌期权）——$S+P$。

（2）买看涨+买国债——$C+PV$（X）。

6分

第54记 扩张期权

飞越必刷题：65、140

扩张期权，是指项目持有人未来可以扩大项目投资规模的选择权，是一项看涨期权。因为净现值为负值，一些项目当前并不被看好，但公司投资这些项目后能够为将来投资其他项目或占领市场创造条件，则意味着这类项目中嵌入了扩张期权。如果公司判断未来市场需求会持续增长，投资这类项目后所获得的先发优势，就可以在市场需求增长后助力公司通过扩大投资规模快速提高市场占有，并获得高额回报，而当前负的净现值则可以理解为公司取得扩张期权的成本。

通关绿卡

命题角度：计算考虑扩张期权前后的项目净现值以及扩张期权价值。

考试时，扩张期权一般考查两期项目投资，在计算时需要注意以下内容。

（1）总体思路：

第一步 计算不含期权的项目净现值。

第二步 利用BS模型计算扩张期权价值，关键在于分别确定S_0、PV（X）和N（d）。

第三步 计算含有期权的项目净现值=不含期权的项目净现值+扩张期权价值。

（2）S_0的计算：在确定第二期项目未来现金流量的现值S_0时，由于投资项目是有风险的，未来现金流量具有不确定性，S_0的折现率应使用考虑风险的投资人要求的必要报酬率。

提示：S_0是第二期项目未来现金流量的现值，而不是计算净现值，因此千万不要多此一举地将投资额进行扣除。

（3）PV（X）的计算：在确定第二期项目投资额的现值PV（X）时，由于项目所需要的投资额是确定的现金流量，在第二期开始前并未投入风险项目，PV（X）的折现率应使用无风险报酬率。

（4）N（d）的计算：根据d求N（d）的数值时，可以查表“正态分布下的累计概率［N（d）］”。由于表格的数据是不连续的，N（d）的计算有时需要使用内插法求得更准确的数值。当d为负值时，对应的N（d）=1−N（−d），例如N（−0.35）=1−N（0.35）=1−0.6368=0.3632。

第55记 延迟期权

6分

飞越必刷题：65、141

延迟期权，是指为了解决当下投资项目所面临的不确定性，项目持有人可以推迟对项目进行投资的选择权，也是一项看涨期权。从时间选择来看，任何投资项目都具有期权的性质。

如果一个项目在时间上不能延迟，只能立即投资或者永远放弃，那么，它就是马上到期的看涨期权。项目的投资成本是期权执行价格，项目的未来营业现金流量的现值是期权标的资产的现行价格。如果该现值大于投资成本，项目的净现值就是看涨期权的收益。如果该现值小于投资成本，看涨期权不被执行，公司放弃该项投资。

如果一个项目在时间上可以延迟，那么，它就是未到期的看涨期权。项目具有正的净现值，并不意味着立即开始（执行）总是最佳的，也许等一等更好。对于前景不明朗的项目，大多值得观望，看一看未来是更好还是更差，再决定是否投资。

通关绿卡

命题角度：计算考虑延迟期权前后的项目净现值以及延迟期权价值。

使用二叉树模型对包含延迟期权的投资项目进行决策的思路，总结如下：

不含期权的项目净现值	常规净现值的计算思路	
含有期权的项目净现值	计算项目价值二叉树（S_u、S_d）	上行项目价值=上行现金流量/折现率 下行项目价值=下行现金流量/折现率
	计算项目净现值二叉树（S_u-X、S_d-X）	上行项目净现值=上行项目价值−投资成本 下行项目净现值=下行项目价值−投资成本
	计算期权价值二叉树（C_u、C_d）	上行时期权价值=max（上行项目净现值，0） 下行时期权价值=max（下行项目净现值，0）
	计算上行报酬率和下行报酬率	报酬率=（本年现金流量+期末项目价值）/期初项目价值−1
	计算上行概率P（风险中性原理）	无风险报酬率=上行概率×上行报酬率+下行概率×下行报酬率
	计算含有期权的项目净现值	含有期权的项目净现值=［$P\times C_u$+（$1-P$）×C_d］/（$1+r$）
决策原则	含有期权的项目净现值>不含期权的项目净现值，应延迟投资。 含有期权的项目净现值<不含期权的项目净现值，应立即投资或放弃投资	
期权价值	期权价值=含有期权的项目净现值−不含期权的项目净现值	

第56记 企业价值评估的对象

2分

飞越必刷题：66、67

企业价值评估的一般对象是企业整体的经济价值。企业整体的经济价值是指企业作为一个整体的公平市场价值。对企业价值评估对象的理解要分三步走：

理解整体价值的含义	理解经济价值的含义	理解整体经济价值的类别
整体不是各部分的简单相加，而是有机的结合	不是会计价值	实体价值与股权价值
整体价值来源于要素的结合方式	不是现时市场价值	持续经营价值与清算价值
部分只有在整体中才能体现出其价值	是公平市场价值	少数股权价值与控股权价值

通关绿卡

命题角度：辨析少数股权价值和控股权价值。

企业股权价值≠少数股权价值+控股权价值。少数股权价值与控股权价值，均属于企业股权价值。只不过由于评估方不同，导致企业股权价值有不同的体现方式。从少数股权投资者来看，企业股权价值=少数股权价值；从谋求控制权的投资者来看，企业股权价值=控股权价值。少数股权价值和控股权价值都是企业股票的公平市场价值。

第57记 企业价值评估——现金流量折现模型

6分

飞越必刷题：157、158

（一）基本思想

增量现金流量原则和时间价值原则。除了两项基本原则外，模型具体运用时还要注意：折现率是现金流量风险的函数，风险越大，折现率越大。因此，折现率和现金流量要相互匹配。

（二）基础模型

$$\times\times 价值=\sum_{t=1}^{n}\frac{\times\times 现金流量_t}{(1+资本成本)^t}$$

（三）参数估计

参数	估计方法
预测期间	详细预测期通常为5～7年，企业进入后续稳定期的标志包括： （1）稳定的销售增长率，大约等于宏观经济的名义增长率。 （2）稳定的净投资资本回报率，与资本成本相近
后续期流量增长率	稳定状态下，公司的经营效率和财务政策不变，实体现金流量、股权现金流量和销售增长率相同，大体等于宏观经济名义增长率。 后续期价值=［现金流量$_{m+1}$/（资本成本-现金流量增长率）］×（P/F，i，m），m表示预测期

（四）具体模型

具体模型	要点提示
股利现金流量模型	由于股利分配政策有较大变动，股利现金流量很难预计，所以股利现金流量模型在实务中很少被使用
股权现金流量模型	如果假设企业不保留多余的现金，而将股权现金流量全部作为股利发放，则股权现金流量等于股利现金流量，股权现金流量模型可以取代股利现金流量模型，避免对股利政策进行估计的麻烦
实体现金流量模型	实务中，大多使用实体现金流量模型，主要由于股权资本成本受资本结构影响较大，估计起来比较复杂，而加权平均资本成本对资本结构变化不敏感，估计起来较容易

通关绿卡

命题角度：运用两阶段现金流量折现模型计算企业价值。

在运用两阶段折现模型进行计算时，需要注意以下内容。

（1）现金流量与折现率相匹配：股利或股权流量搭配股权资本成本，实体流量搭配加权平均资本成本；名义流量搭配名义折现率，实际流量搭配实际折现率。

（2）运用股利增长模型计算后续期价值时，可以将详细预测期的最后一期流量看作D_0，进入稳定期的第一期流量看作D_1，D_0和D_1之间并不需要满足永续增长率的条件，此时在公式的选择上，只能用$D_1/(r_S-g)$，而不能用$D_0\times(1+g)/(r_S-g)$。

6分

第58记

企业价值评估——相对价值评估模型

飞越必刷题：50、51、68、69、137、158

（一）价值评估方法

类别	基本模型	驱动因素	修正模型
市盈率模型	目标企业每股价值=可比企业市盈率×目标企业每股收益 本期市盈率（静态市盈率） $=\frac{\text{股利支付率}\times(1+\text{增长率})}{\text{股权资本成本}-\text{增长率}}$ 内在市盈率（预期市盈率、动态市盈率） $=\frac{\text{股利支付率}}{\text{股权资本成本}-\text{增长率}}$	企业的增长潜力（关键因素）、股利支付率和风险（股权资本成本）	修正市盈率=可比企业市盈率÷（可比企业预期增长率×100） 目标企业每股价值=修正市盈率×目标企业每股收益×目标企业预期增长率×100
市净率模型	目标企业每股价值=可比企业市净率×目标企业每股净资产 本期市净率 $=\frac{\text{股利支付率}\times\text{权益净利率}\times(1+\text{增长率})}{\text{股权资本成本}-\text{增长率}}$ 内在市净率（或预期市净率） $=\frac{\text{股利支付率}\times\text{权益净利率}}{\text{股权资本成本}-\text{增长率}}$	权益净利率（关键因素）、增长潜力、股利支付率和风险（股权资本成本）	修正市净率=可比企业市净率÷（可比企业预期权益净利率×100） 目标企业每股价值=修正市净率×目标企业每股净资产×目标企业预期权益净利率×100
市销率模型	目标企业每股价值=可比企业市销率×目标企业每股营业收入 本期市销率 $=\frac{\text{股利支付率}\times\text{营业净利率}\times(1+\text{增长率})}{\text{股权资本成木}-\text{增长率}}$ 内在市销率（或预期市销率） $=\frac{\text{股利支付率}\times\text{营业净利率}}{\text{股权资本成本}-\text{增长率}}$	营业净利率（关键因素）、增长潜力、股利支付率和风险（股权资本成本）	修正市销率=可比公司市销率÷（可比公司预期营业净利率×100） 目标公司每股价值=修正市销率×目标公司每股营业收入×目标公司预期营业净利率×100

提示：

（1）基本模型的修正方法包括修正平均比率法和股价平均法，以市盈率为例。

①修正平均比率法（先平均后修正）。

第1步：

可比企业修正平均市盈率=可比企业平均市盈率/（可比企业平均预期增长率×100）

第2步：

目标企业每股股权价值=可比企业修正平均市盈率×目标企业预期增长率×100×目标企业每股收益

②股价平均法（先修正后平均）。

第1步：

可比企业i的修正市盈率=可比企业i的市盈率/（可比企业i的预期增长率×100）

第2步：

目标企业每股股权价值i=可比企业i的修正市盈率×目标企业预期增长率×100×目标企业每股收益

第3步：

目标企业每股股权价值=$\sum$目标企业每股股权价值i/n

（2）实务中，目标公司与可比公司可能存在多个影响因素的差异，因此，可将目标公司与可比公司的相关影响因素进行比较，计算调整系数，对可比公司的市价比率进行调整，最终得出适合目标公司的修正的市价比率，具体公式如下：

修正的市价比率=可比公司的市价比率×可比公司调整系数

=可比公司的市价比率×Π影响因素A_i的调整系数

式中，影响因素A_i的调整系数=目标公司系数÷可比公司系数。

（二）优缺点和适用性

类别	优点	缺点	适用性
市盈率模型	（1）数据容易取得，并且计算简单。 （2）把价格和收益联系起来，直观地反映投入和产出的关系。 （3）涵盖了风险、增长率、股利支付率的影响，具有很高的综合性	如果收益是0或负值，则市盈率没有意义	最适合连续盈利的企业

续表

类别	优点	缺点	适用性
市净率模型	（1）市净率极少为负值，可用于大多数企业。 （2）数据容易取得，并且容易理解。 （3）净资产账面价值比净利稳定，也不像利润那样经常被人为操纵。 （4）如果会计标准合理且各企业会计政策一致，市净率的变化可以反映企业价值的变化	（1）账面价值受会计政策选择的影响，继而影响市净率的可比性。 （2）固定资产很少的服务型企业和高科技企业，净资产与企业价值的关系不大，市净率的比较没有实际意义。 （3）净资产为0或负值的企业无法采用	需要拥有大量资产、净资产为正值的企业
市销率模型	（1）不会出现负值，亏损企业和资不抵债企业也可以使用。 （2）比较稳定、可靠，不容易被操纵。 （3）市销率对价格政策和企业战略变化敏感，可以反映这种变化的后果	不能反映成本的变化，而成本是影响企业现金流量和价值的重要因素之一	销售成本率较低的服务类企业，或者销售成本率趋同的传统行业的企业

第四模块

长期筹资决策

● 本模块共涵盖了教材3章的内容，预计考查分值18分左右，每年一定会涉及主客观题的同时考查，应重点把握！

冲刺不仅是速度的比拼，更是耐心与毅力的较量。

2分

第59记

资本结构理论

飞越必刷题：83、84

（一）无税MM理论

项目	内容（基于无税MM理论）
企业价值	无税有负债企业价值=无税无负债企业价值
加权平均资本成本	无税有负债企业的加权平均资本成本=无税无负债企业的加权平均资本成本
负债资本成本	无论借款多少，所有债务利率均为无风险利率
股权资本成本	无税有负债企业的权益资本成本=无税无负债企业的权益资本成本+风险溢价
风险溢价	与负债权益比成正比例变动，线性增加
最优资本结构	不存在最优资本结构

（二）有税MM理论

项目	内容（基于有税MM理论）
企业价值	有税有负债企业价值=有税无负债企业价值+债务利息抵税收益
加权平均资本成本	有税有负债企业的加权平均资本成本，随着债务筹资比例的增加而降低
负债资本成本	无论借款多少，所有债务利率均为税后无风险利率
股权资本成本	有税有负债企业的权益资本成本=有税无负债企业的权益资本成本+风险溢价
风险溢价	与负债权益比成正比例变动，线性增加；有税时增加的幅度<无税时增加的幅度
最优资本结构	当全部融资来源于负债时，企业价值最大，资本结构最优

（三）权衡理论

项目	内容
企业价值	有税有负债企业价值=有税无负债企业价值+利息抵税的现值-财务困境成本的现值
加权平均资本成本	随着负债的增加，加权平均资本成本先降低、后增加
最优资本结构	当债务利息抵税收益的现值的增量=财务困境成本的现值的增量时，企业价值最大，资本结构最优

（四）代理理论

$V_L=V_U+PV$（利息抵税）$-PV$（财务困境成本）$-PV$（债务的代理成本）$+PV$（债务的代理收益）

指标	要点提示	
代理成本	过度投资问题	企业采用不盈利项目或高风险项目而产生的损害股东以及债权人的利益并降低企业价值
	投资不足问题	企业放弃净现值为正的投资项目而使债权人利益受损并进而降低企业价值
代理收益	债务的代理收益将有利于减少企业的价值损失或增加企业价值，具体表现为债权人保护条款引入、对经理提升企业业绩的激励措施以及对经理随意支配现金流浪费企业资源的约束等	

（五）优序融资理论

先内后外，先债后股。

第60记 4分

资本结构决策分析

飞越必刷题：85、129

（一）资本成本比较法

维度	要点提示
方法	计算各种基于市场价值的长期融资组合方案的加权平均资本成本
决策	选择加权平均资本成本最小的融资方案
评价	（1）优点：测算过程简单，方法便捷。 （2）缺点：资本成本实际确定起来比较困难，并且如果仅比较资本成本，难以区别不同的融资方案间的财务风险因素差异

（二）每股收益无差别点法

维度	要点提示
方法	计算不同融资方案下企业每股收益（EPS）相等时所对应的息税前利润（$EBIT$），比较在企业预期盈利水平下的不同融资方案的每股收益。 $EPS=\frac{(EBIT-I_1)(1-T)-PD_1}{N_1}=\frac{(EBIT-I_2)(1-T)-PD_2}{N_2}$
决策	选择每股收益较大的融资方案。 提示：当预计公司总的息税前利润大于每股收益无差别点的息税前利润时，运用负债筹资可获得较高的每股收益；反之运用权益筹资可获得较高的每股收益
评价	（1）优点：每股收益无差别点法为管理层解决在某一特定预期盈利水平下的融资方式选择问题，提供了简单的分析方法。 （2）缺点：没有考虑风险因素，即只有在风险不变的情况下，每股收益的增长才会直接导致股东财富上升，但通常随着每股收益的增长，风险也会加大

（三）企业价值比较法

维度	要点提示
方法	计算企业的市场价值V，等于其股票的市场价值S加上长期债务的价值B再加上优先股的价值P，即：$V=S+B+P$，其中： $S=\frac{(EBIT-I)(1-T)-PD}{r_s}$
决策	选择能使企业价值最大的融资方案，此时加权平均资本成本也最小

通关绿卡

命题角度1：根据题目给出的筹资方案，计算两个方案的每股收益无差别点。

首先，一定要熟练掌握计算公式；其次，计算时注意公式中的普通股股数、债务利息或优先股股利，不仅要包括实施方案“新增”的普通股股数、利息或优先股股利，还要包括“现有”的普通股股数、利息或优先股股利。

命题角度2：根据每股收益无差别点，选择合适的筹资方案。

此类题目在主客观题中均可能考查，解题方式各有不同。

（1）针对客观题：记住三种融资方案图形的两个特征。

①长期债务线与优先股线平行，且长期债务线始终位于优先股线上方。

②普通股线从原点出发，先后穿过长期债务线和优先股线（这也是为什么计算两两比较的每股收益无差别点时，均选择与普通股方案进行比较）。在草稿纸上简单画出图形，标注两个交点（每股收益无差别点）对应的$EBIT$，进而根据题目条件中预期的$EBIT$水平，结合图形可快速选出融资方案。

（2）针对主观题：如果题目要求计算不同方案的每股收益无差别点，则需要通过联立等式求解；如果题目仅要求根据预期*EBIT*水平选择融资方案，也可以直接代入预期*EBIT*计算不同融资方案下的每股收益进行比较。

记忆口诀

命题角度：根据每股收益无差别点法选择合适的筹资方案。

由于长期债务线一直高于且平行于优先股线，因此，如果备选方案中长期债务、优先股、普通股仅各自存在一种，可直接比较预期*EBIT*水平是否高于长期债务与普通股方案的每股收益无差别点的*EBIT*水平。如果低于该*EBIT*水平，选择普通股方案；如果高于该*EBIT*水平，选择长期债务方案。我们可以通过记忆口诀“低股高债”掌握上述结论。

第61记 杠杆系数的衡量 2分

飞越必刷题：75、76、146

（一）经营杠杆系数

维度	要点提示
经营杠杆效应	固定经营成本是引发经营杠杆效应的根源，经营杠杆的大小由固定经营成本和息税前利润共同决定
定义式	$DOL=\frac{\text{息税前利润变化的百分比}}{\text{营业收入变化的百分比}}=\frac{\frac{\Delta EBIT}{EBIT}}{\frac{\Delta S}{S}}$ 经营杠杆系数越大，表明经营杠杆作用越大，经营风险也越大；经营杠杆系数越小，表明经营杠杆作用越小，经营风险也越小
推导式	（1）$DOL_Q=\frac{Q(P-V)}{Q(P-V)-F}=\frac{M}{M-F}$。 （2）$DOL_S=\frac{S-VC}{S-VC-F}=\frac{EBIT+F}{EBIT}$。 DOL_Q可用于计算单一产品的经营杠杆系数；DOL_S除用于单一产品外，还可用于计算多种产品的经营杠杆系数
影响因素	（1）同向变动：*V*、*F*、*VC*。 （2）反向变动：*Q*、*P*、*M*、*S*
控制方法	企业一般可以通过增加营业收入、降低单位变动成本、降低固定成本比重等措施使经营杠杆系数下降，降低经营风险，但这往往要受到条件的制约

（二）财务杠杆系数

维度	要点提示
财务杠杆效应	固定性融资成本是引发财务杠杆效应的根源，财务杠杆大小由固定性融资成本和息税前利润共同决定
定义式	$DFL=\frac{\text{每股收益变化的百分比}}{\text{息税前利润变化的百分比}}=\frac{\frac{\Delta EPS}{EPS}}{\frac{\Delta EBIT}{EBIT}}$ 财务杠杆系数越大，表明财务杠杆作用越大，财务风险也越大；财务杠杆系数越小，表明财务杠杆作用越小，财务风险也越小
推导式	（1）$DFL_1=\frac{M-F}{M-F-I-PD/(1-T)}$ （2）$DFL_2=\frac{EBIT}{EBIT-I-PD/(1-T)}$ DFL_1可用于计算单一产品的财务杠杆系数；DFL_2除用于单一产品外，还可用于计算多种产品的财务杠杆系数
影响因素	（1）同向变动：V、F、I、PD、T。 （2）反向变动：Q、P、M、S、$EBIT$
控制方法	企业可以通过合理安排资本结构，适度负债，使财务杠杆利益抵消风险增大所带来的不利影响

（三）联合杠杆系数

维度	要点提示
联合杠杆效应	经营杠杆效应和财务杠杆效应的叠加，称为联合杠杆效应
定义式	$DTL=\frac{\text{每股收益变化的百分比}}{\text{营业收入变化的百分比}}=\frac{\Delta EPS/EPS}{\Delta S/S}=DOL\times DFL$
推导式	（1）$DTL_1=\frac{M}{M-F-I-PD/(1-T)}$ （2）$DTL_2=\frac{EBIT+F}{EBIT-I-PD/(1-T)}$ DTL_1可用于计算单一产品的联合杠杆系数；DTL_2除用于单一产品外，还可用于计算多种产品的联合杠杆系数
影响因素	综合了经营杠杆系数和财务杠杆系数的影响因素
控制方法	经营杠杆和财务杠杆应当反向搭配

第62记 不同筹资方式的特点

2分

飞越必刷题：86

（一）债务筹资与普通股筹资

维度	债务筹资	普通股筹资
使用期限	需到期归还	无固定期限
资本成本	低	高
财务风险	大	小
控制权	不会分散控制权	会分散控制权
信息披露成本	低	高
筹资限制	多	少

（二）长期债务与短期债务

维度	长期债务	短期债务
筹资速度	慢	快
限制性条款	多	少
资本成本	高	低
财务风险	小	大

（三）长期借款筹资与其他长期负债筹资

（1）优点：筹资速度快，借款弹性好。

（2）缺点：财务风险较大，限制条件较多。

（四）债券筹资与其他债务筹资

（1）优点：筹资规模较大，具有长期性和稳定性，有利于资源优化配置。

（2）缺点：发行成本高，信息披露成本高，限制条件多。

第63记 增发和配股

2分

飞越必刷题：77、78

（一）增发

增发价格	财富影响
增发价格＞现行市价	老股东财富增加，新股东财富减少，总额不变
增发价格＜现行市价	老股东财富减少，新股东财富增加，总额不变

（二）配股

维度	要点提示
配股权	当股份公司为增加公司股本而决定发行新股时，原普通股股东享有的按其持股数量、以低于市价的某一特定价格优先认购一定数量新发行股票的权利
配股除权价格	通常配股股权登记日后要对股票进行除权处理： $\text{配股除权参考价}=\frac{\text{配股前股票市值}+\text{配股价格}\times\text{配股数量}}{\text{配股前股数}+\text{配股数量}}$ $=\frac{\text{配股前每股价格}+\text{配股价格}\times\text{股份变动比例}}{1+\text{股份变动比例}}$ 如果除权后股票交易市价高于该除权参考价，这种情形使得参与配股的股东财富较配股前有所增加，一般称之为“填权”；股价低于除权基准价格则会减少参与配股股东的财富，一般称之为“贴权”
配股权价值	一般来说，原股东可以以低于配股前股价的价格购买所配发的股票，即配股权的执行价格低于当前股价，此时配股权是实值期权，配股权的价值如下： $\text{每股配股权价值}=\frac{\text{配股除权参考价}-\text{配股价格}}{\text{购买一股新配股所需的原股数}}$

第64记 优先股筹资 2分

飞越必刷题：87

维度		要点提示
优先股的筹资成本		（1）优先股投资的风险比债券大：当企业面临破产时，优先股的求偿权低于债权人；在公司财务困难的时候，债务利息会被优先支付，优先股股利则其次。 （2）优先股投资的风险比普通股低：当企业面临破产时，优先股股东的求偿权优先于普通股股东；在公司分配利润时，优先股股息通常固定且优先支付，普通股股利只能最后支付
评价	优点	（1）与债券相比，不支付股利不会导致公司破产；没有到期期限，不需要偿还本金。 （2）与普通股相比，发行优先股一般不会稀释股东权益
	缺点	（1）优先股股利不可以税前扣除。 （2）优先股股利通常被视为固定成本，会增加公司财务风险并进而增加普通股成本
永续债		如果发行方出现破产重组等情形，从债务偿还顺序来看，大部分永续债偿还顺序在一般债券之后，普通股之前

6分

第65记 附认股权证债券筹资

飞越必刷题：79、88、156

（一）认股权证与股票看涨期权

项目	认股权证	股票看涨期权
期限	期限长，可以长达10年，甚至更长	期限短，通常只有几个月
估值模型	不能假设有效期限内不分红，不能应用BS模型估价	适用BS模型估价
股票来源	新发股票	二级市场
稀释问题	当认股权执行时，需要新发股票，稀释每股收益和股权	标准化的期权合约，在行权时根本不涉及股票交易，不存在稀释问题
股票交易	涉及股票交易	结清价差，不涉及股票交易

（二）优缺点、适用性及本质

项目	具体说明
优点	可以起到一次发行、两次（发行债券、发行股票）融资的作用，可以有效降低融资成本，代价是潜在的股权稀释
缺点	（1）灵活性较差，相对于可转换债券，发行人一直都有偿还本息的义务，因无赎回和强制转股条款，从而在市场利率大幅度降低时，发行人需要承担一定的机会成本。 （2）股票价格会大大超过执行价格，原股东也会受到较大损失。 （3）承销费用通常高于债务融资
适用性	高速增长的小公司，有较高的风险，直接发行债券需要较高的票面利率
本质	为了低成本发行债券，附带期权

（三）筹资成本

附认股权证债券的税前债务资本成本，可用投资者的内含报酬率来估计，即使得“债券利息现值+到期面值现值+每份债券附认股权证的行权净流入的现值=购买价格”的折现率；计算出的内含报酬率，必须处在债务市场利率和税前普通股成本之间，才可以被发行人和投资者同时接受。

通关绿卡

命题角度：判断投资者是否会接受附认股权证债券的方案以及如何调整。

做长期筹资类的题目时，从题目设问中往往找不到直接需要计算的指标。所以，需要先理清思路，找到解题突破口。投资者是否接受方案，其决策依据是该方案的资本成本是否落在了合理区间（必须处在债务市场利率和税前普通股成本之间），调整措施也应当围绕在影响资本成本的因素上展开。而附认股权证债券的资本成本可以用投资者要求的内含报酬率来衡量，因此接下来就是梳理各阶段现金流量，并使用内插法计算投资净现值为0时的折现率，就能得到决策依据。

在决策时，要特别注意资本成本的比较口径。如果是税前口径，则三个指标都应是税前的；如果是税后口径，则三个指标都应是税后的。

6分

第66记

可转换债券筹资

飞越必刷题：88、89、144

（一）主要条款

条款	含义
可转换性	可转换债券可以转换为特定公司的普通股；转换时只是负债转换为普通股，并不增加额外的资本；这种转换是一种期权，证券持有人可以选择转换，也可以选择不转换而继续持有债券
转换价格	转换价格指的是转换发生时投资者为取得普通股每股所支付的实际价格。 转换价格通常比发行时的股价高出20%～30%
转换比率	转换比率是债权人将一份债券转换成普通股可获得的普通股股数。 转换比率=债券面值÷转换价格
转换期	可转换债券转换为股份的起始日至结束日的期间，可以与债券期限相同，也可以短于债券期限，例如： （1）递延转换期：发行一定时间之后，才能行使转换权。 （2）有限转换期：只能在发行日后一定时间内行使转换权

续表

条款	含义
赎回条款（加速条款）	可转换债券的发行企业可以在债券到期日之前提前赎回债券的规定。包括以下内容： （1）不可赎回期：可转换债券从发行时开始，不能被赎回的那段期间，目的是保护债权人利益，防止发行企业滥用赎回权，促使债券持有人及早转换债券（不可赎回期末一般为转换日）。 （2）赎回期：可转换债券的发行公司可以赎回债券的期间，在不可赎回期结束之后。 （3）赎回价格：一般高于可转换债券面值，赎回溢价随到期日临近而减少。 （4）赎回条件：对可转换债券发行公司赎回债券的情况要求，即需要在什么情况下才能赎回债券，赎回条件分为无条件赎回和有条件赎回
回售条款	在可转换债券发行公司的股价达到某种程度时，债券持有人有权按照约定的价格将可转换债券卖给发行公司的有关规定（相当于债券持有人的“看跌期权”），目的是保护债券投资者的利益，以降低投资风险，使投资者具有安全感，有利于吸引投资者
强制性转换条款	在某些条件具备时，债券持有人必须将可转换债券转换为股票，无权要求偿还债券本金，目的是保证可转换债券顺利地转换成股票，实现发行公司扩大权益筹资的目的
总结：不可赎回期和回售条款有利于投资者；赎回条款和强制性转换条款有利于发行人	

（二）优点

对象	优势
与普通债券相比	可转换债券使得公司能够以较低的利率取得资金
与普通股相比	可转换债券使得公司取得了以高于当前股价出售普通股的可能性——转换价格一般高于可转换债券发行时的股票市场价格，在发行新股时机不佳时，可以先发行可转换债券，然后通过转换实现较高价格的股权筹资

（三）缺点

情形	劣势
股价上涨风险	如果转换时股价大幅上涨，公司只能以较低的固定转换价格转股，会降低股权筹资额
股价低迷风险	若股价没有达到转股所需水平，公司只能继续承担债务，订有回售条款时，短期偿债压力明显，筹集权益资本的发行目的在股价低迷时也无法实现
筹资成本高于普通债券	尽管可转换债券的票面利率比普通债券低，但是加入转股成本之后的总筹资成本比普通债券要高

（四）可转换债券价值和资本成本的计算

项目	计算
纯债券价值	纯债券价值=利息现值+本金现值
转换价值	转换价值=股价×转换比例
底线价值	Max（纯债券价值，转换价值）
资本成本	令：债券价格=利息现值+可转债底线价值的现值，求解：折现率

通关绿卡

命题角度1：辨析可转换债券和附认股权证债券。

项目	可转换债券	附认股权证债券
资本变化	转换时不增加新资本	认购股份时增加新资本
灵活性	灵活性强	灵活性差
适用情况	目的是发行股票，只是当前股价偏低，通过转股实现较高的发行价	目的是发行债券，只是利率偏高，希望捆绑期权以较低利率吸引投资者
发行费用	承销费用类似纯债券	承销费用介于债务与普通股之间
债务现金流	从发行开始到转换截止	认购不会改变债务现金流，现金流从发行开始，到债券到期日止

命题角度2：判断投资者是否会接受可转债方案以及如何调整。

在判断投资者是否会接受可转债方案以及如何调整时，整体思路与附认股权证的债权类似，但计算分析步骤会更繁琐些。具体如下：

（1）分析纯债券价值：直接运用债权价值评估方法，对利息和本金折现。

（2）分析转换价值和底线价值：根据转换价值和纯债券价值的对比，分析投资者是否选择行使转换权，从而确定底线价值（纯债券价值和转换价值孰高）。

（3）分析赎回价值：如果可转债设有可赎回条款，则需要判断赎回价值和转换价值，从而进一步确定投资者是否会以及何时会行使转换权。

（4）分析筹资成本：根据前面步骤所判断的投资者行为模式，可以确定该方案下的现金流量分布，从而完成内含报酬率的计算，并进一步分析投资者的决策判断以及方案修改措施。

6分 第67记

租赁决策

飞越必刷题：145

（一）租赁的税务处理

租赁费不能作为费用扣除，租入资产应当提取折旧费用，分期扣除。资产的计税基础确认方法如下。

（1）合同约定付款总额：计税基础=约定付款总额（租赁费+留购价款）+交易费用。

（2）合同未约定付款总额：计税基础=资产公允价值+交易费用。

（二）租赁决策分析

<table>
<tr><td colspan="2">决策原则</td><td>租赁决策的本质是为获得同一项资产中互斥方案（租赁与购买）的优选问题。一般方案的选择不会引起收入的变化，如果租赁取得资产的现金流出总现值小于借款购买的现金流出总现值，则应选择租赁方案。
租赁净现值=租赁的现金流量总现值−借款购买的现金流量总现值
租赁净现值>0，选租赁；租赁净现值<0，选购买</td></tr>
<tr><td rowspan="2">现金流量</td><td>购买方案</td><td>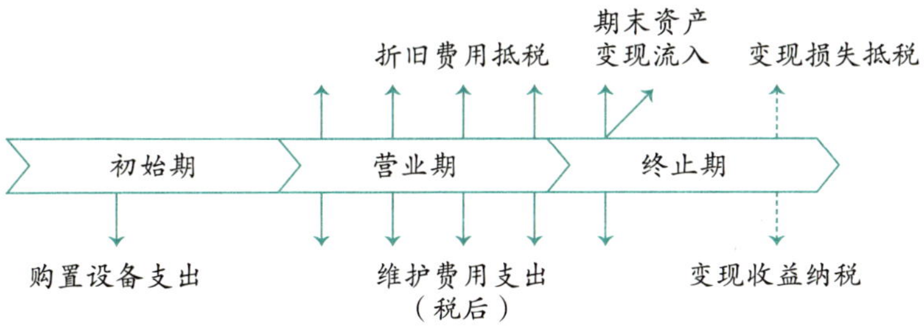
</td></tr>
<tr><td>租赁方案</td><td>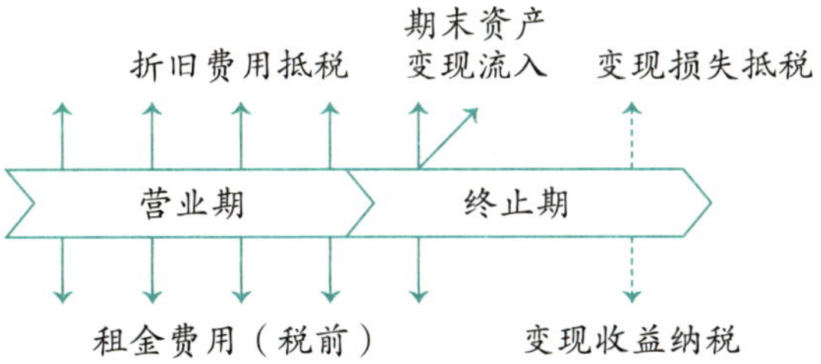
</td></tr>
<tr><td colspan="2">折现率</td><td>理论上，折现率应当体现现金流量的风险，租赁涉及的各种现金流风险并不同，应当使用不同的折现率；实务中，一般简化处理，统一使用有担保债券的利率作为折现率</td></tr>
<tr><td colspan="2">对投资决策的影响</td><td>有时一个投资项目按常规筹资有负的净现值，如果租赁的价值较大，抵补常规分析负的净现值后还有剩余，则采用租赁筹资可能使该项目具有投资价值。
项目的调整净现值=项目的常规净现值+租赁净现值</td></tr>
</table>

通关绿卡

命题角度：分析判断应选择购买方案还是租赁方案。

两个方案的对比，关键仍是确定不同方案各阶段的现金流量。

（1）自行购置（1+2+2）。

①初始期（1项）：购置设备支出。

②营业期（2项）：折旧费用抵税+维护费用支出（税后）。

【易错点】折旧费用按照税法要求计算，维护费用支出要算税后的。

③终止期（2项）：变现收入+变现损失抵税/收益纳税。

【易错点】不要忘记计算变现收益/损失的税务影响。

（2）租赁（2+2）。

①营业期（2项）：折旧费用抵税+租金费用（税前）。

【易错点】由于计税基础不同，折旧费用的计算和借款购买也不同，且租金费用无法抵扣，应计算税前的。

②终止期（2项）：

a.所有权不转移：变现收入（0）+变现损失抵税（机会收益）。

b.所有权转移：变现收入+变现损失抵税/收益纳税。

【易错点】所有权不转移时由于资产存在账面净残值，因此会产生变现损失的抵税效应。

2分 第68记

股利理论

飞越必刷题：90

487 4-10

具体理论	记忆要点
股利无关论	投资者不关心公司股利分配，股利支付率不影响公司价值
税差理论	（1）如果不考虑股票交易成本，股利支付率越高，股利收益税会明显高于资本利得税，企业应采取低现金股利支付率政策。 （2）如果存在股票交易成本，当资本利得税与交易成本之和大于股利收益税时，股东自然会倾向于企业采用高现金股利支付率政策
客户效应理论	客户效应理论是对税差效应理论的进一步扩展，研究处于不同税收等级的投资者对待股利分配态度的差异： （1）边际税率高的投资者会表现出偏好低股利支付率的股票。 （2）边际税率低的投资者会表现出偏好高股利支付率的股票

续表

具体理论	记忆要点
“一鸟在手”理论	企业应采用高股利支付率政策以实现股东财富最大化。现金股利为“在手之鸟”，资本利得为“林中之鸟”；投资者更偏好于现金股利而非资本利得，倾向于选择股利支付率高的股票
代理理论	（1）股东VS债权人：债权人希望企业采取低股利支付率，通常利用借款合同的约束性条款对企业发放股利水平进行制约。 （2）经理VS股东：股东希望企业采取高股利支付率政策，有利于抑制经理随意支配自由现金流的代理成本，也有利于满足股东的股利收益预期。 （3）控股股东VS中小股东：中小股东希望企业采用高股利支付率政策，以防控股股东的利益侵害
信号理论	（1）增发股利： ①管理层对未来业绩的良好预期； ②成熟期企业缺乏良好投资项目，成长性趋缓或下降。 （2）减少股利： ①管理层对未来发展前景的衰退预期； ②成熟期企业需要增加留存以支持新增投资项目，未来前景向好。 提示：股东与投资者对股利信号信息的理解不同，所做出的对企业价值的判断也不同

第69记 2分 股利政策及其影响因素

飞越必刷题：80、81

（一）各种股利政策的含义

股利政策	含义
剩余股利政策	在公司有着良好的投资机会时，根据一定的目标资本结构，测算出投资所需的权益资本，先从盈余当中留用，然后将剩余的盈余作为股利予以分配
固定股利或稳定增长股利政策	企业将每年派发的股利固定在某一特定水平或是在此基础上维持某一固定增长率从而逐年稳定增长
固定股利支付率政策	公司确定一个股利占净利润的比率，长期按此比率支付股利的政策

续表

股利政策	含义
低正常股利加额外股利政策	公司一般情况下每年只支付固定的、数额较低的股利，在盈余较多的年份，再根据实际情况向股东发放额外股利。但额外股利并不固定化，不意味着公司永久地提高了规定的股利支付率

（二）各种股利政策的优缺点

股利政策	优点	缺点
剩余股利政策	保持理想的资本结构，使加权平均资本成本最低	股利发放额每年随投资机会和盈利水平的波动而波动，不利于投资者安排收入与支出
固定股利或稳定增长股利政策	有利于树立公司良好的形象，增强投资者对公司的信心，从而使公司股价保持稳定或上升；有利于投资者安排股利收入和支出	股利支付与盈余相脱节；不能像剩余股利政策那样保持较低的资本成本
固定股利支付率政策	使股利与公司盈余紧密地配合，以体现多盈多分、少盈少分、无盈不分的原则	各年的股利变动较大，极易造成公司不稳定的感觉，对稳定股票价格不利
低正常股利加额外股利政策	具有较大灵活性；使一些依靠股利度日的股东每年至少可以得到虽然较低但比较稳定的股利收入，从而吸引住这部分股东	—

（三）股利政策的影响因素

（1）法律限制：资本保全、企业积累、净利润、超额累积利润、无力偿付的限制。

（2）股东因素：稳定的收入和避税要求、控制权的稀释。

（3）公司因素：盈余的稳定性、公司的流动性、举债能力、投资机会、资本成本、债务需要。

（4）其他限制：债务合同约束、通货膨胀。

通关绿卡

命题角度：在剩余股利政策下，计算公司应分配的股利。

运用剩余股利政策时，大家往往会陷入以下问题。

（1）分配股利时，可以动用以前年度未分配利润吗？

答：不可以。因为在剩余股利政策下，企业需要保持最佳资本结构，指的是企业目前资本结构已经是目标资本结构，企业筹资时也应当按照目标资本结构筹资。如果动用以前年度未分配利润用以分配股利，会导致当前的资本结构不满足目标资本结构要求，因此不能动用以前年度未分配利润。

（2）分配股利时，可以将本年净利润全部分给股东，然后按照目标资本结构比率增发股份和借款吗？

答：不可以，这么做不经济。出于经济有利的原则，企业如果需要补充权益资金，应当首先从净利润当中留存。

（3）剩余股利政策对年初未弥补亏损和提取公积金是如何考虑的？

答：根据法律规定，企业实现的净利润需要先弥补年初未弥补亏损，然后提取盈余公积之后，才能进行分配。年初未弥补亏损和提取盈余公积，是对本年利润“留存”最低数额的限制，而不是对股利分配的限制。

也就是说，法律约束的只是留存的下限，只要实际留存超过下限就是符合法律规定的，在此基础上多出来的利润就可以用于股利分配，而留存的利润（包括提取的盈余公积）也都是可以支出的，比如用于投资新项目等。

提示：弥补亏损只是会计上对所有者权益进行调整，并不会真的动用现金流去补亏。因此，我们通常先根据剩余股利政策计算出可用于发放的股利金额，然后比较利润留存与未弥补亏损，只要利润留存金额大于未弥补亏损，则不影响最终的股利发放。

第70记 股利的种类和支付

2分

飞越必刷题：82

（一）股利的种类

种类	含义
现金股利	以现金支付的股利，它是股利支付的主要方式，要求公司除了要有累计盈余外，还要有足够的现金
股票股利	公司以增发的股票作为股利的支付方式

续表

种类	含义
财产股利	以现金以外的资产支付的股利，主要是以公司所拥有的其他企业的有价证券，如债券、股票，作为股利支付给股东
负债股利	公司以负债支付的股利，通常以公司的应付票据支付给股东，在不得已的情况下也有发行公司债券抵付股利的。 提示：财产股利和负债股利实际上是现金股利的替代

（二）股利支付的重要日期

日期	要点提示
股权登记日	有权领取本期股利的股东其资格登记截止日期。 提示：只有在股权登记日这一天登记在册的股东（即在此日及之前持有或买入股票的股东）才有资格领取本期股利，而在这一天之后登记在册的股东，即使是在股利支付日之前买入的股票，也无权领取本期分配的股利
除息日： 通常是登记日的下个交易日	（1）股利所有权与股票本身分离的日期，将股票中含有的股利分配权利予以解除。 （2）由于在除息日之前的股价中包含了本次派发的股利，而自除息日起的股价中则不包含本次派发的股利，通常需要除权调整上市公司每股股票对应的股利价值，以便投资者对股价进行对比分析。 （3）股票的除权参考价=$\frac{\text{股权登记日收盘价-每股现金股利}}{\text{1+送股率+转增率}}$

第71记 2分 股票股利、现金股利、股票分割和股票回购

飞越必刷题：91、92

（一）股票股利

1.发放股票股利的影响

（1）有影响的项目包括：所有者权益各项目结构、股数、每股收益、每股市价。

（2）无影响的项目包括：公司现金流、股东财富、资本结构（资产/负债/权益总额）、股东持股比例、股东所持股票的市场价值总额、每股面值。

2.股票股利与转增资本

维度	股票股利	转增资本
相同点	都会使股东具有相同的股份增持效果，但并未增加股东持有股份的价值	
	都会增加股本数量，但每个股东持有股份的比例并未改变，结果导致每股价值被稀释，从而使股票交易价格下降	
不同点	影响利润分配和股本	影响资本公积和股本

（二）股票分割

1.目的

（1）通过增加股票股数降低每股市价，从而吸引更多的投资者。

（2）股票分割往往是成长中公司的行为，所以宣布股票分割后容易给人一种“公司正处于发展之中”的印象，有利于刺激未来股价提升。

2.股票分割与股票股利

内容	股票股利	股票分割
相同点	（1）股数增加。 （2）普通股股数增加会引起每股收益和每股市价（假定市盈率不变）的下降。 （3）股东持股比例和所持股份价值不变。 （4）资本结构不变（资产、负债、股东权益总额不变）。 （5）公司价值不变	
不同点	每股面值不变	每股面值变小
	股东权益结构变化	股东权益结构不变
	股价上涨幅度不大时采用	股价暴涨时采用
	属于股利支付方式	不属于股利支付方式

（三）股票反分割

若公司认为自己股票的价格过低，为了提高每股市价，会采取反分割（也称股票合并）的措施；反分割是股票分割的相反行为，即将数股面额较低的股票合并为一股面额较高的股票。

（四）股票回购

1.股票回购与现金股利

内容	股票回购	现金股利
不同点	（1）股东得到的资本利得，需交纳资本利得税，税负低。 （2）股票回购对股东利益具有不稳定的影响。 （3）不属于股利支付方式。 （4）可配合公司资本运作需要	（1）发放现金股利后股东则需交纳股利收益税，税负高。 （2）稳定到手的收益。 （3）属于股利支付方式
相同点	（1）所有者权益减少。 （2）现金减少	

2.股票回购与股票分割

维度	股票回购	股票分割
股数	减少	增加
每股收益和每股市价	提高	降低
资本结构	所有者权益减少，财务杠杆水平提高	不影响

第五模块

经营决策

● 本模块共涵盖了教材2章的内容，预计考查分值12分左右，内容较零散但难度适中，应多练习、多总结。

学习是一场没有终点的游戏，考试只是通关的小boss，战胜它，你就能解锁更多成长秘籍和冒险地图。

第72记 营运资本投资策略

2分

飞越必刷题：93

（一）营运资本投资决策的相关成本

相关成本	具体表现	变动趋势
短缺成本	随着流动资产投资水平降低而增加的成本。例如，因投资不足出现存货短缺，打乱原有生产进程，丧失销售机会；因投资不足发生现金短缺，而承担违约成本等	随流动资产投资水平上升而降低
持有成本	随着流动资产投资水平上升而增加的成本。与流动资产相关的机会成本。这些投资如果不用于流动资产，可用于其他投资机会并赚取收益	随流动资产投资水平上升而上升
总成本	短缺成本+持有成本	随流动资产投资水平上升，先降低而后上升

（二）具体策略

类型	流动资产与收入比	持有成本	短缺成本	总成本
保守型投资策略	较高	较高	较低	较高
适中型投资策略	适中	适中	适中	最小
激进型投资策略	较低	较低	较高	较高

第73记 营运资本筹资策略

4分

飞越必刷题：94、99、147

（一）流动资产和流动负债的重新划分

项目	分类	含义
流动资产	稳定性流动资产	即使在企业处于经营淡季也仍然需要保留的、用于满足企业长期、稳定运行的流动资产所需的资金
	波动性流动资产	受季节性、周期性影响的流动资产需要的资金
流动负债	临时性负债	短期金融负债、金融流动负债、短期借款
	自发性负债	经营性流动负债

（二）易变现率

营运资本的筹资政策，通常用经营性流动资产中长期筹资来源的比重来衡量，即易变现率，计算公式为：

$$易变现率=\frac{（股东权益+长期债务+经营性流动负债）-长期资产}{经营性流动资产}$$

易变现率高，资金来源的持续性强，偿债压力小，管理起来比较容易，称为保守型筹资策略；易变现率低，资金来源的持续性弱，偿债压力大，称为激进型筹资策略。

（三）具体策略

类型	特征
保守型筹资策略	稳定性流动资产＜股东权益+长期债务+经营性流动负债-长期资产 波动性流动资产＞短期金融负债
适中型筹资策略	稳定性流动资产=股东权益+长期债务+经营性流动负债-长期资产 波动性流动资产=短期金融负债
激进型筹资策略	稳定性流动资产＞股东权益+长期债务+经营性流动负债-长期资产 波动性流动资产＜短期金融负债

通关绿卡

命题角度1：判断企业的营运资本筹资策略。

利用淡旺季特征快速进行判断。

方法一：看经营淡季。

如果在淡季有闲置资金：保守型筹资策略。

如果在淡季有临时性负债：激进型筹资策略。

如果在淡季既没有闲置资金，也没有临时性负债：适中型筹资策略。

方法二：看经营旺季。

波动性流动资产>短期金融负债：保守型筹资策略。

波动性流动资产<短期金融负债：激进型筹资策略。

波动性流动资产=短期金融负债：适中型筹资策略。

命题角度2：考核易变现率与筹资策略之间的关系。

筹资策略	淡季	旺季
保守型	大于1	小于1
适中型	等于1	小于1
激进型	小于1	小于1

命题角度3：考核不同筹资策略下的风险收益特征。

筹资策略	风险	成本	收益
保守型	小	高	低
适中型	适中	适中	适中
激进型	大	低	高

第74记 2分

现金管理

飞越必刷题：95、100

（一）现金管理的方法

包括四种方法：力争现金流量同步、使用现金浮游量、加速收款、推迟应付账款的支付。

（二）存货模式

1.相关成本

（1）机会成本：现金持有量越大，机会成本越高。

（2）交易成本：企业以有价证券转换回现金所付出的代价（如经纪费用）；现金持有量越大，转换次数越少，交易成本越低。

2.最佳现金持有量——定性分析

使机会成本和交易成本之和最小的现金持有量。

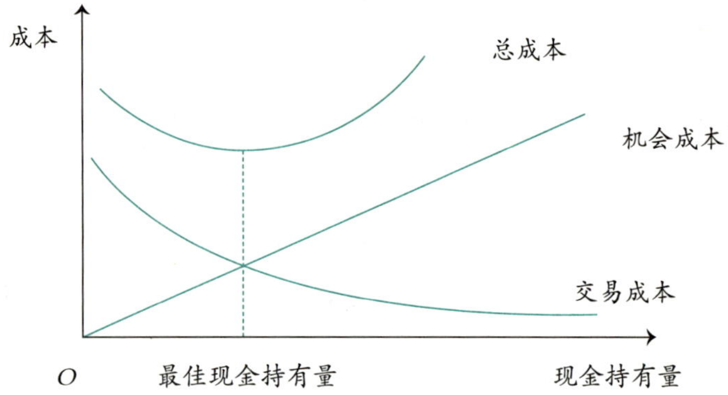

3.最佳现金持有量——定量分析

交易成本=（T/C）×F

机会成本=（$C/2$）×K

当“交易成本=机会成本”时，现金持有量为最佳持有量，则有：

最佳现金持有量$C^*=\sqrt{(2\times T\times F)/K}$

最小相关总成本=$\sqrt{2\times T\times F\times K}$

最佳交易次数$N^*=T/C^*$

最佳交易间隔期=$360/N^*$

（三）随机模式

根据历史经验和现实需要，测算出一个现金持有量的控制范围，即制定出现金持有量的上限和下限，将现金量控制在上下限之内。

$R=\sqrt[3]{\dfrac{3b\delta^2}{4i}}+L$，$H-R=2\times(R-L)$或$H=3R-2L$。

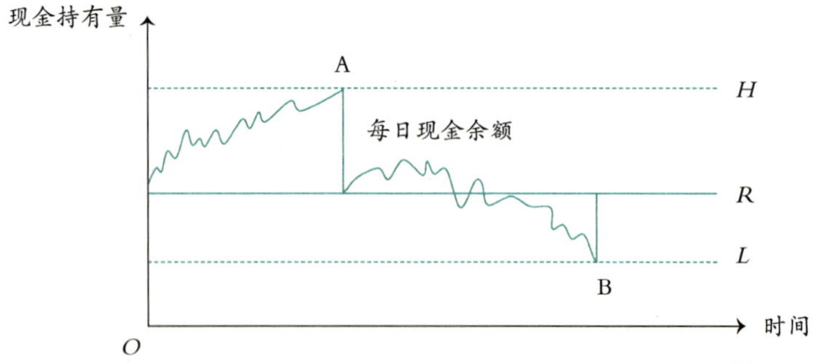

通关绿卡

命题角度：随机模式下，当现金余额不在上限和下限之间时，该如何操作。

情形	策略	金额
余额高于上限H	用现金购买有价证券	余额-R
余额低于下限L	出售有价证券换取现金	R-余额

6分 第75记

应收账款信用政策分析

飞越必刷题：129、148

（一）信用期间

分析改变现行信用期对收入和成本的影响。

提示：延长信用期，有利于促进销售额增加，但也会导致应收账款、收账费用和坏账损失增加；当前者收入大于后者成本时，可以延长信用期，否则不宜延长；如果缩短信用期，情况与此相反。

（二）信用标准

条件	含义
品质（character）	顾客的信誉，即履行偿债义务的可能性
能力（capacity）	顾客的（短期）偿债能力，即其流动资产的数量、质量以及与流动负债的比例
资本（capital）	顾客的财务实力和财务状况
抵押（collateral）	顾客拒付款项或无力支付款项时被用作抵押的资产，适用于不明底细或信用状况有争议的顾客
条件（conditions）	可能影响顾客付款能力的经济环境，需了解顾客在过去困难时期的付款历史

（三）现金折扣政策

当企业给予顾客某种现金折扣时，应当考虑折扣所能带来的收益与成本孰高孰低，权衡利弊，抉择决断。

提示：现金折扣能够吸引顾客为享受优惠而提前付款，缩短企业的平均收款期，也能招揽一些视折扣为减价出售的顾客前来购货，借此扩大销售量，但也增加了企业的成本，即价格折扣的损失。

通关绿卡

命题角度：分析判断企业是否应当改变信用政策。

决策原则：若改变信用政策后增加的收益大于增加的成本，则改变信用政策是有利的。

（1）增加的收益：主要指增加的边际贡献。

增加的边际贡献=增加的销售数量×单位边际贡献=增加的销售额×边际贡献率

提示：若销售增加，导致固定成本增加，则应当考虑固定成本增加对税前利润的影响。

（2）增加的成本。

①应收账款占用资金应计利息（机会成本）的增加：

应收账款占用资金的应计利息=日销售额×平均收现期×变动成本率×资本成本

②现金折扣成本的增加：

现金折扣成本的增加=新的销售收入×新的现金折扣率×新的享受现金折扣的顾客比例–旧的销售收入×旧的现金折扣率×旧的享受现金折扣的顾客比例

③存货占用资金应计利息的增加：

存货占用资金应计利息的增加=平均存货水平增加量×单位变动生产成本×资本成本

④收账费用和坏账损失的增加：计算相对简单，题目一般直接告知，或告知计算公式。

⑤应付账款节约资金应计利息的增加：

应付账款占用资金应计利息增加=平均应付账款增加额×资本成本

第76记 储备存货的成本

2分

分类			要点提示
取得成本	订货成本	订货变动成本	与订货次数（批次）成正比，每次发生额相等，为存货经济批量决策的相关成本，如差旅费、邮资等。 订货变动成本=每次订货变动成本×批次=每次订货变动成本K×存货年需要量D/每次进货量Q（即批量）
		订货固定成本	与订货次数（批次）无关，为存货经济批量决策的无关成本，如常设采购机构的基本开支等
	购置成本		存货本身的价值，年购置成本=年需要量×单价
储存成本	储存变动成本		与存货数量（平均储存量）成正比，为存货经济批量决策的相关成本，如存货占用资金的应计利息、存货的破损和变质损失、存货的保险费用等。 储存变动成本=单位储存变动成本K_c×平均库存量$\frac{Q}{2}$
	储存固定成本		与存货数量（平均储存量）无关，为存货经济批量决策的无关成本，如仓库折旧、仓库职工的固定月工资等
缺货成本			由于存货供应中断而造成的损失，包括停工损失、拖欠发货损失、丧失销售机会的损失、商誉损失，以及紧急额外购入成本等

4分 第77记

存货经济批量分析

飞越必刷题：101、149

（一）经济订货量的基本模型

维度	要点提示
假设条件	（1）企业能够及时补充存货（→提前订货）。 （2）货物能集中到货，而不是陆续入库（→陆续供应）。 （3）不允许缺货，即无缺货成本（→保险储备）。 （4）货物的年需求量稳定且能够预测，即D为已知常量。 （5）存货单价不变，即U为已知常量。 （6）企业现金充足，不会因现金短缺而影响进货。 （7）所需存货市场供应充足。 提示：（4）和（5）说明购置成本、订货固定成本和储存固定成本均为常数，（6）和（7）说明缺货成本为0
基本模型	相关成本包括： （1）订货变动成本=年订货次数（D/Q）×每次订货成本K （2）储存变动成本=年平均库存（$Q/2$）×单位年储存成本K_c （3）经济订货量$Q^*=\sqrt{\frac{2KD}{K_c}}$
模型变形	（1）每年最佳订货次数公式：$N^*=\frac{D}{Q^*}=\sqrt{\frac{DK_c}{2K}}$ （2）与批量有关的存货总成本公式：$TC(Q^*)=\sqrt{2KDK_c}$ （3）最佳订货周期公式：$t^*=\frac{1}{N^*}$ （4）经济订货量占用资金：$I^*=\frac{Q^*}{2}\times U$

（二）基本模型的扩展

模型	计算
订货提前期	再订货点（R）等于平均交货时间（L）和每日平均需用量（d）的乘积：$R=L\times d$
存货陆续供应和使用	（1）经济订货量$=\sqrt{\frac{2KD}{K_c(1-\frac{d}{P})}}$ （2）存货总成本$TC(Q^*)=\sqrt{2KDK_c\times(1-\frac{d}{P})}$
保险储备	（1）再订货点调整：$R=L\times d+B$ （2）保险储备量的决策原则：使缺货或供应中断损失和储备成本之和最小

通关绿卡

命题角度1：分析判断应选择存货外购方案还是自制方案。

在进行两种方案下的相关成本计算时，需注意：

（1）自制一般适用陆续供应和使用模型，而外购适用瞬时补充模型。

（2）由于外购和自制的单位变动成本不同，因此瞬时补充模型中需考虑的相关成本除了变动订货成本和变动储存成本以外，还要考虑购置成本。

命题角度2：计算确定最合理的保险储备量。

确定保险储备量的“三步法”：

（1）第一步：不设保险储备（即$B=0$时），计算再订货点R_0、缺货量S_0和总成本$TC(S、B)$。

（2）第二步：按照交货期内各种可能需要量的递增幅度递增，分别计算对应的缺货量S和总成本$TC(S、B)$。

（3）第三步：逐步测试直至无缺货成本（即$S=0$），寻找使总成本$TC(S、B)$最小的保险储备量B和再订货点R。

第78记 应付账款决策分析

2分

飞越必刷题：96、148

（一）应付账款的成本

（1）按单利计算：

$$\text{放弃现金折扣成本}=\frac{\text{折扣百分比}}{1-\text{折扣百分比}}\times\frac{360}{\text{信用期}-\text{折扣期}}$$

（2）按复利计算：

$$\text{放弃现金折扣成本}=\left(1+\frac{\text{折扣百分比}}{1-\text{折扣百分比}}\right)^{\frac{360}{\text{信用期}-\text{折扣期}}}-1$$

（二）决策原则

（1）放弃现金折扣成本>短期借款利率或短期投资收益率，应选择在折扣期内付款，即享受现金折扣。

（2）放弃现金折扣成本<短期借款利率或短期投资收益率，应选择在信用期内付款，即放弃现金折扣。

（3）展延付款所降低的折扣成本>展延付款的信用损失，应选择展期付款。

提示：如果面对两家以上提供不同信用条件的卖方，应通过衡量放弃折扣成本的大小，选择信用成本最小（或所获利益最大）的一家。

第79记 2分

短期借款筹资管理

飞越必刷题：97

（一）信用条件

信用条件	含义
信贷限额	银行对借款人规定的无担保贷款的最高额，一般不承担法律义务
周转信贷协定	银行具有法律义务的、承诺提供不超过某一最高限额的贷款协定，企业通常要就贷款限额的未使用部分付给银行一笔承诺费
补偿性余额	银行要求借款企业在银行中保持按贷款限额或实际借用额一定百分比的最低存款余额
借款抵押	银行向财务风险较大的企业发放贷款，要求提供抵押品担保，抵押借款的成本通常高于非抵押借款
偿还条件	贷款的偿还有到期一次偿还和在贷款期内定期（每月、季）等额偿还两种方式
其他承诺	银行有时还要求企业为取得贷款而作出其他承诺，如及时提供财务报表、保持适当的财务水平（如特定的流动比率）等

（二）借款利息的支付方法

类型	利息支付方式	有效年利率
收款法	借款到期时向银行支付利息的方法	有效年利率=报价利率
贴现法	发放贷款时先从本金中扣除利息，到期时偿还贷款全部本金（俗称砍头息）	有效年利率=报价利率/（1–报价利率）
加息法	分期等额偿还本息	有效年利率≈报价利率×2

通关绿卡

命题角度：根据信用条件，计算短期借款的有效年利率。

基本公式：有效年利率=全部融资成本/全部可使用资金。

式中，（1）全部融资成本需包含周转信贷协定中无法退还的承诺费，但可扣减补偿性余额存款利息。（2）全部可使用资金需扣除周转信贷协定中预先缴纳的承诺费、补偿性余额和贴现法预先扣除的利息。

第80记 短期经营决策的相关成本与不相关成本

2分

飞越必刷题：98、102、149、150

（一）相关成本

项目	含义
边际成本	产量增加或减少一个单位所引起的成本变动
机会成本	实行本方案的一种代价，即失去所放弃方案的潜在收益
重置成本	目前从市场上购置一项原有资产所需支付的成本，也可以称之为现时成本或现行成本
付现成本	需要在将来或最近期间支付现金的成本，是一种未来成本
可避免成本	当方案或者决策改变时，这项成本可以避免或其数额发生变化
可延缓成本	同已选定、但可延期实施而不会影响大局的某方案相关联的成本
专属成本	可以明确归属于某种、某批或某个部门的固定成本
差量成本	两个备选方案预期成本间的差异数，亦称差别成本或差额成本

（二）不相关成本

项目	含义
沉没成本	过去已经发生，现在和未来的决策无法改变的成本
不可避免成本	不能通过管理决策行动而改变数额的成本（如约束性固定成本）
不可延缓成本	相对于可延缓成本，该成本指即使财力有限也必须在企业计划期间发生，否则就会影响企业大局的已选定方案的成本
无差别成本	两个或两个以上方案之间没有差别的成本
共同成本	那些需由几种、几批或者有关部门共同分担的固定成本；共同成本具有共享性、基础性和无差别性等特征（如企业的管理人员工资、车间照明费等）

第81记 生产决策

6分

飞越必刷题：98、129、149、150、151

（一）决策方法

决策方法	决策指标	决策原则
差量分析法	差额利润=差额收入-差额成本	差额利润>0，选前者。 差额利润<0，选后者。 差额利润=0，两个方案无差别
边际贡献分析法	边际贡献=销售收入-变动成本	选择边际贡献额最大的备选方案
本量利分析法	息税前利润=销售收入-变动成本-固定成本	选择息税前利润最高的方案

（二）决策项目

决策项目	决策指标	决策原则
保留或关闭生产线或其他分部	边际贡献=销售收入-变动成本	在短期内，如果企业的亏损产品能够提供正的边际贡献，就不应该立即停产
零部件自制与外购	相关成本	从短期经营决策的角度，选择相关成本较低的方案
特殊订单是否接受	接受订单增加的相关损益=订单所提供的边际贡献-该订单所引起的相关成本	增加的相关损益>0时，可接受订单
约束资源最优利用	单位约束资源边际贡献=单位产品边际贡献/该单位产品耗用的约束资源量	优先安排“单位约束资源边际贡献”最大的方案
出售或深加工	差额利润=深加工的相关收入-深加工的相关成本	差额利润>0时，可以选择深加工

通关绿卡

命题角度：计算分析不同情况下生产经营应当如何决策。

计算时，有以下问题需要注意。

（1）注意题目条件中对“剩余生产能力是否能够转移”的表述：如果可以转移，则转移后利用剩余产能预计可获取的收益是相关机会成本，应予考虑。

（2）零部件自制与外购决策中，无须考虑收入端，因为该决策不会对收入产生影响，相关收入=0。

（3）特殊订单是否接受的决策中，要注意如果接受特殊订单是否会导致产能不足，影响正常销售；对正常销售的影响金额，也应作为相关成本考虑。

2分

第82记

定价决策

飞越必刷题：103、150、160

类型		要点提示
成本加成定价法	完全成本加成法	产品的目标价格=单位产品的制造成本+非制造成本及合理利润
	变动成本加成法	产品的目标价格=单位变动成本+固定成本和预期利润
市场定价法		可以根据市场价格来定价，或者根据市场上同类或者相似产品的价格来定价，有利于时刻保持对市场的敏感性、对同行的敏锐性
新产品的销售定价法	撇脂性定价	在新产品试销初期先定出较高的价格，以后随着市场的逐步扩大，再逐步把价格降低
	渗透性定价	在新产品试销初期以较低的价格进入市场，以期迅速获得市场份额，等到市场地位已经较为稳固的时候，再逐步提高销售价格
有闲置能力条件下的定价法		企业产品的价格应该在变动成本与目标价格之间进行选择： （1）变动成本=直接材料+直接人工+变动制造费用+变动销售和行政管理费用。 （2）目标价格=变动成本+成本加成

第六模块

成本计算

● **本模块共涵盖了教材3章的内容，考查题型和角度稳定，预计考查分值15分左右，从真题出发熟练运用各种方法计算产品成本。**

每一页翻过，是对未知的征服，每一题解开，是对自我极限的挑战。

第83记 辅助生产费用的归集和分配 2分

飞越必刷题：104、112、153

方法	含义
直接分配法	直接分配法是直接将各辅助生产车间发生的费用分配给辅助生产以外的各个受益单位或产品，即不考虑辅助生产内部相互提供的劳务量，不经过辅助生产费用的交互分配
一次交互分配法	一次交互分配法，是对各辅助生产车间的成本费用进行两次分配的方法。 第一步（对内分配）：根据各辅助生产车间相互提供的产品或劳务的数量和交互分配前的单位成本（对内分配率），在各辅助生产车间之间进行交互分配。 第二步（对外分配）：将各辅助生产车间交互分配后的实际费用（+对内分配转入-对内分配转出）按对外提供产品或劳务的数量和交互分配后的单位成本（对外分配率），在辅助生产车间以外的各受益单位进行一次对外分配

第84记 完工产品和在产品的成本分配 4分

飞越必刷题：105、152、153、154、155、160

方法	计算	适用情形
不计算在产品成本	月末在产品成本=0 本月完工产品成本=本月发生生产费用	月末有结存在产品，但月末在产品数量很少，价值很低，并且各月在产品数量比较稳定
在产品成本按年初数固定计算	月末在产品成本=年初固定数 本月完工产品成本=本月发生的生产费用	月末在产品数量很少，或者在产品数量虽多但各月之间在产品数量变动不大，月初、月末在产品成本的差额对完工产品成本影响不大

续表

方法	计算	适用情形
在产品成本按其所耗用的原材料费用计算	月末在产品成本=月末在产品数量×单位在产品材料耗用 本月完工产品成本=（月初在产品成本+本月发生的生产费用）-月末在产品成本	原材料费用在产品成本中所占比重较大，且原材料是在生产开始时一次全部投入
约当产量法	将月末结存的在产品，按其完工程度折合成约当产量，然后再将产品应负担的全部生产费用，按完工产品产量和在产品约当产量的比例进行分配	各工序在产品完工程度可事先制定，产品工时定额不变
在产品成本按定额成本计算	月末在产品成本=月末在产品数量×在产品定额单位成本 产成品总成本=（月初在产品成本+本月发生费用）-月末在产品成本	在产品数量稳定或数量较少，并且制定了比较准确的定额成本
定额比例法	材料费用按定额消耗量比例分配，而其他费用按定额工时比例分配	各月末在产品数量变动较大，但制定了比较准确的消耗定额

通关绿卡

命题角度：计算在产品的约当产量，并根据约当产量法计算完工产品成本。

（1）加权平均法。

在产品约当产量=在产品数量×完工程度

单位成本（分配率）=（月初在产品成本+本月发生生产费用）/（完工产品产量+月末在产品约当产量）

完工产品成本=单位成本×完工产品产量

月末在产品成本=单位成本×月末在产品约当产量

（2）先进先出法。

①月末在产品约当产量：

月末在产品约当产量（直接材料）=月末在产品数量×本月投料比例

月末在产品约当产量（转换成本）=月末在产品数量×月末在产品完工程度

②单位成本（分配率）：

分配率=本月发生生产费用/（月初在产品本月加工约当产量+本月投入本月完工产品数量+月末在产品约当产量）

③完工产品成本：

完工产品成本=月初在产品成本+月初在产品本月加工成本+本月投入本月完工产品数量×分配率=月初在产品成本+月初在产品本月加工约当产量×分配率+本月投入本月完工产品数量×分配率

2分 第85记 联产品和副产品的成本分配

飞越必刷题：106

（一）联产品的成本分配

1.分离点售价法

采用这种方法，要求每种产品在分离点时的销售价格能够可靠地计量。

联合成本分配率=待分配联合成本÷（A产品分离点的总售价+B产品分离点的总售价）

2.可变现净值法

如果这些联产品尚需要进一步加工后才可供销售，可采用可变现净值进行分配。

联合成本分配率=待分配联合成本÷（A产品可变现净值+B产品可变现净值）

3.实物数量法

通常适用于所生产的产品的价格很不稳定或无法直接确定的情况。

单位数量（或重量）成本=联合成本÷各联产品的总数量（或总重量）

（二）副产品的成本分配（扣除分配法）

由于副产品价值相对较低，而且在全部产品生产中所占的比重较小，因而可以采用简化的方法先确定其成本（如按预先规定的固定单价确定成本），然后从总成本中扣除，其余额就是主产品的成本。

2分 第86记 不同产品成本计算方法的对比

飞越必刷题：113

维度	品种法	分批法	分步法
适用情形	大量大批的单步骤生产、管理上不要求按照生产步骤计算产品成本	单件小批类型的生产	大量大批的多步骤生产，管理上要求按照生产步骤计算成本
成本计算对象	产品品种	产品批别	生产步骤
成本计算期	定期	不定期，与产品生产周期基本一致	定期
在完工产品与在产品之间分配费用的问题	如果企业月末有在产品，需要分配	一般不存在	月末需要分配，还需要计算和结转产品的各步骤成本

第87记 逐步结转分步法和平行结转分步法

6分

飞越必刷题：107、154、155

（一）逐步结转分步法

维度	要点提示
含义	按照产品加工的顺序，逐步计算并结转半成品成本，直到最后加工步骤才能计算出产成品成本的方法
特点	在完工产品与在产品之间分配费用，即各步骤完工产品与在产品之间的分配。其优点如下。 （1）能够提供各个生产步骤的半成品成本资料。 （2）能够为各生产步骤的在产品实物及资金管理提供资料。 （3）能够全面地反映各生产步骤的生产耗费水平，更好地满足各生产步骤成本管理的要求
适用情形	适用于大量大批连续式复杂生产的企业
分类	（1）综合结转法：上一步骤转入下一步骤的半成品成本以“直接材料”或专设的“半成品”项目综合列入下一步骤的成本计算单中。 （2）分项结转法：上一步骤半成品成本按原始成本项目分别转入下一步骤成本计算单中相应成本项目内

1.逐步综合结转分步法

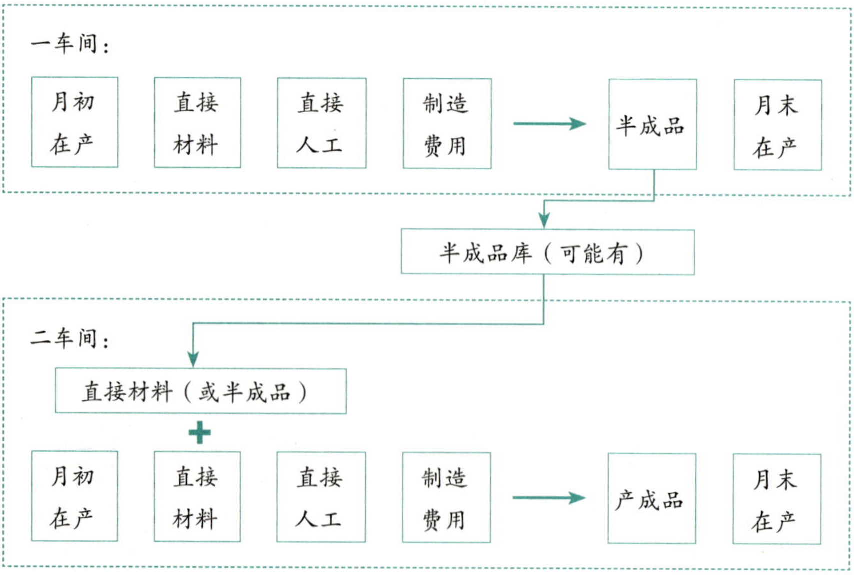

2.逐步分项结转分步法

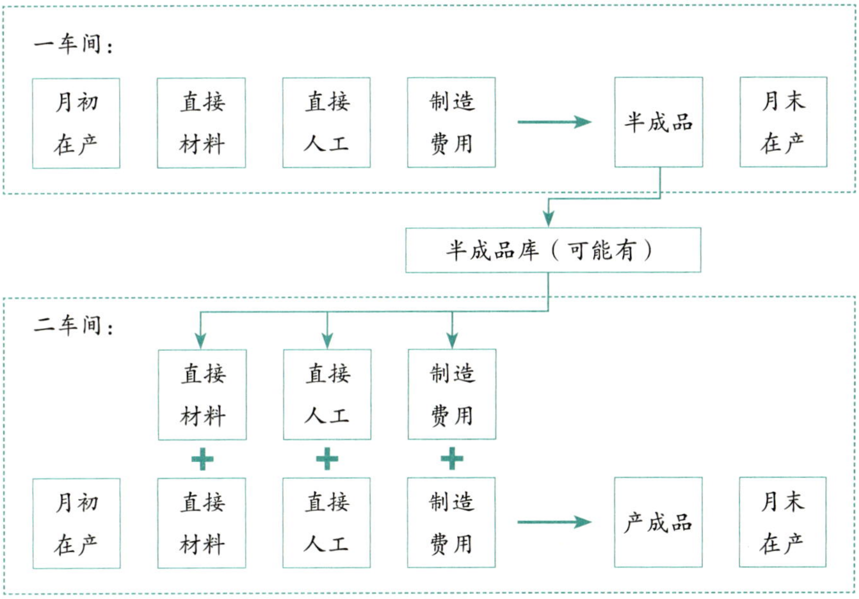

（二）平行结转分步法

维度	要点提示
含义	在计算各步骤成本时，不计算各步骤所产半成品成本，也不计算各步骤所耗用上一步骤的半成品成本，只计算本步骤发生的各项其他费用，以及这些费用中应计入产成品成本的份额，将相同产品各步骤成本明细账中的这些份额平行结转、汇总，即可计算出该种产品的产成品成本
特点	采用平行结转分步法的成本计算对象是各种产成品及其经过的各生产步骤中的成本份额，而各步骤的产品生产费用并不伴随着半成品实物的转移而结转。 提示：采用平行结转分步法，每一生产步骤的生产费用也要在其完工产品与月末在产品之间进行分配。但这里的完工产品是指企业最终完工的产成品；这里的某步骤在产品是指该步骤尚未加工完成的在产品和该步骤已完工但尚未最终完成的产品

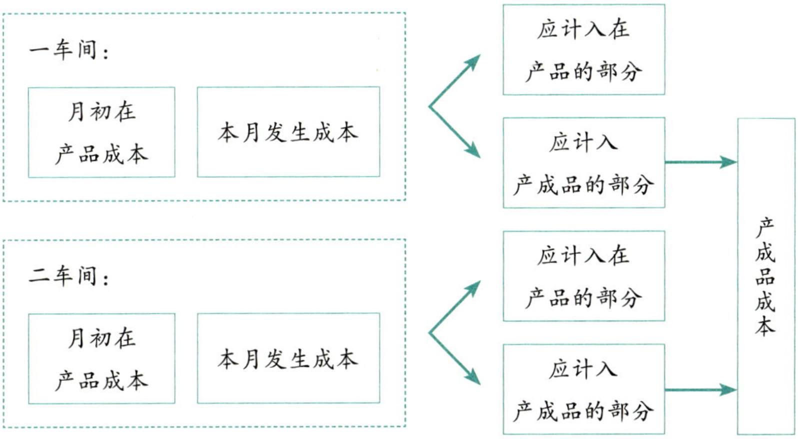

通关绿卡

命题角度：辨析逐步结转分步法和平行结转分步法。

（1）需要计算半成品成本吗?

逐步结转分步法需要计算半成品成本，而平行结转分步法则不需要。

（2）完工产品的核算口径是什么?

逐步结转分步法核算的是本步骤的完工产品，而平行结转分步法核算的是最终步骤的完工产品。

（3）在产品的核算口径是什么?

逐步结转分步法核算的是本步骤的在产品，而平行结转分步法核算的是广义在产品，即本步骤的在产品和后续步骤的在产品（计算时本步骤的在产品需要乘以完工程度，后续步骤的在产品相对于本步骤的完工程度为100%）。

（4）是否需要进行成本还原?

逐步综合结转分步法需要进行成本还原，逐步分项结转分步法和平行结转分步法均不需要进行成本还原。

（5）如何进行成本还原?

成本还原的核心是计算成本还原率，本质上也是计算分配率的过程。其中，分子的待分配费用即为需要还原的成本项目（产成品成本中的“半成品”或“直接材料”），分母的待分配标准之和往往是以前生产步骤该半成品的各项成本合计。比如，如果是两个生产步骤，则第二步骤产成品中的半成品成本，往往按照第一步骤该种半成品的成本构成（料、工、费）进行还原。值得注意的是，这里需要还原的“直接材料”其实并不是真正的直接材料，其中杂糅着以前生产步骤中的直接材料、直接人工和制造费用，所以需要按照原来的成本构成进行还原。

第88记 标准成本的概念和种类

2分

飞越必刷题：108

（一）标准成本的概念

“标准成本”一词在实际工作中有两种含义：一种是“成本标准”；另一种是“标准成本（总额）”。

项目	成本标准	标准成本
含义	单位产品的标准成本	实际产量的标准成本总额
计算依据	根据单位产品的标准消耗量和标准单价计算出来的	根据实际产品产量和单位产品成本标准计算出来的

续表

项目	成本标准	标准成本
计算公式	单位产品标准消耗量×标准单价	实际产量×单位产品标准成本
用途	讨论标准成本制定	讨论成本差异计算

（二）标准成本的分类

（1）按其制定所根据的生产技术和经营管理水平，分为理想标准成本和正常标准成本。

项目	理想标准成本	正常标准成本
含义	在最优条件下，利用现有的规模和设备能够达到的最低成本	在效率良好的条件下，制定出来的标准成本
制定依据	理论上的业绩标准、生产要素的理想价格、可能实现的最高生产经营能力利用水平	考虑了生产经营过程中难以避免的损耗和低效率，根据下期一般应该发生的生产要素消耗量、预计价格和预计生产经营能力利用程度制定出来的
用途	揭示实际成本下降的潜力，因提出的要求太高，不宜作为考核的依据	在标准成本系统中广泛使用正常的标准成本，大于理想标准成本，小于历史平均水平

（2）按其适用期，分为现行标准成本和基本标准成本。

项目	基本标准成本	现行标准成本
含义	一经制定，只要生产的基本条件无重大变化，就不予变动的一种标准成本	根据其适用期间应该发生的价格、效率和生产经营能力利用程度等预计的标准成本
用途	与各期实际成本进行对比，可以反映成本变动的趋势；但不宜用来直接评价工作效率和成本控制的有效性	可以作为评价实际成本的依据，也可以用来对存货和销货成本进行计价

通关绿卡

命题角度：判断生产条件发生变化之后，是否需要修订基本标准成本。

如果是生产的基本条件发生重大变化，就需要修订基本标准成本，否则就不需要修订基木标准成本。做题的关键是要区分清楚，哪些变化属于基本条件的重大变化，哪些条件属于非基本条件的重大变化。考试中常见情况举例如下。

基本条件的重大变化	非基本条件的重大变化
产品的物理结构变化	由于市场供求变化导致的售价变化
重要原材料和劳动力价格的重要变化	生产经营能力利用程度的变化
生产技术和工艺的根本变化	由于工作方法改变而引起的效率变化

第89记 2分 标准成本的制定

飞越必刷题：109

制定标准成本，通常首先确定直接材料和直接人工的标准成本；其次确定制造费用的标准成本；最后汇总确定单位产品的标准成本。制定一个成本项目的标准成本，一般需要分别确定其用量标准和价格标准，两者相乘后得出单位产品该成本项目的标准成本。

成本项目	用量标准	价格标准
直接材料	单位产品材料标准消耗量	原材料标准单价
直接人工	单位产品标准工时	标准工资率
制造费用	单位产品标准工时（或台时）	制造费用标准分配率

（一）直接材料标准成本

指标	含义
用量标准	单位产品的材料标准消耗量，是在现有技术条件下，生产单位产品所需的材料数量，包括必不可少的消耗以及各种难以避免的损失
价格标准	预计下一年度实际需要支付的进料单位成本，包括发票价格、运费、检验和正常损耗等成本，是取得材料的完全成本

（二）直接人工标准成本

指标	含义
用量标准	单位产品的标准工时，是指在现有生产技术条件下，生产单位产品所需要的时间，包括直接加工操作必不可少的时间、必要的间歇和停工、不可避免的废品耗用工时等
价格标准	标准工资率，可能是预定的工资率，也可能是正常的工资率

（三）制造费用标准成本——变动制造费用与固定制造费用分别制定

指标	含义
用量标准	单位产品直接人工工时标准，或机器工时等其他用量标准，变动制造费用与固定制造费用的用量标准要保持一致，以便进行差异分析
价格标准	标准分配率=（变动或固定）制造费用预算总数/直接人工标准总工时

第90记 变动成本差异分析（2分）

飞越必刷题：110、114、136

（一）一般分析方法

①实际数量×实际价格

②实际数量×标准价格

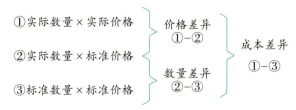

③标准数量×标准价格

价格差异 ①-②

数量差异 ②-③

成本差异 ①-③

提示：上述公式中的实际成本和标准成本都是实际产量下的成本；成本差异的计算结果，如是正数则是超支，属于不利差异，通常用U表示；如是负数则是节约，属于有利差异，通常用F表示。

（二）具体应用

分析对象	计算
直接材料差异分析	直接材料成本差异=实际成本-标准成本
	价差=实际数量×（实际价格-标准价格）
	量差=（实际数量-标准数量）×标准价格
直接人工差异分析	直接人工成本差异=实际直接人工成本-标准直接人工成本
	直接人工工资率差异（价差）=实际工时×（实际工资率-标准工资率）
	直接人工效率差异（量差）=（实际工时-标准工时）×标准工资率
变动制造费用差异分析	变动制造费用成本差异=实际变动制造费用-标准变动制造费用
	耗费差异（价差）=实际工时×（变动制造费用实际分配率-变动制造费用标准分配率）
	效率差异（量差）=（实际工时-标准工时）×变动制造费用标准分配率

（三）变动成本差异的责任归属

<table>
<tr><th>项目</th><th>量差</th><th>价差</th></tr>
<tr><td>直接材料</td><td rowspan="3">主要是生产部门的责任。
提示：有时用料量增多并非生产部门的责任，可能是由于购入材料质量低劣、规格不符使用料超过标准；也可能是由于工艺变更、检验过严使数量差异加大。对此，需要进行具体的调查研究才能明确责任归属</td><td>采购部门</td></tr>
<tr><td>直接人工</td><td>人力资源部门</td></tr>
<tr><td>变动制造费用</td><td>部门经理</td></tr>
</table>

第91记 固定制造费用差异分析

4分

飞越必刷题：111、115、116

分析方法	具体计算
二因素分析法	固定制造费用耗费差异=固定制造费用实际数-固定制造费用预算数
	固定制造费用能力差异=固定制造费用预算数-固定制造费用标准成本
三因素分析法	固定制造费用耗费差异=固定制造费用实际数-固定制造费用预算数
	固定制造费用闲置能力差异 =固定制造费用预算数-实际工时×固定制造费用标准分配率 =生产能力×固定制造费用标准分配率-实际工时×固定制造费用标准分配率 =（生产能力-实际工时）×固定制造费用标准分配率
	固定制造费用效率差异 =实际工时×固定制造费用标准分配率-固定制造费用标准成本 =实际工时×固定制造费用标准分配率-实际产量标准工时×固定制造费用标准分配率 =（实际工时-实际产量标准工时）×固定制造费用标准分配率

通关绿卡

命题角度：运用二因素分析法和三因素分析法进行固定制造费用差异分析。

快速掌握二因素法和三因素法的窍门：

A：实际成本=$Q_{实}\times P_{实}$。

B：预算成本=生产能力×固定制造费用标准分配率=$Q_{预}\times P_{标}$。

C：实际工时×固定制造费用标准分配率=$Q_{实}\times P_{标}$。

D：标准成本=实际产量标准工时×固定制造费用标准分配率=$Q_{标}\times P_{标}$。

其中：$Q_{预}$=预算产量×标准工时，$Q_{标}$=实际产量×标准工时。

（1）二因素分析法：耗费差异=$A-B$，能力差异=$B-D$。

（2）三因素分析法：耗费差异=$A-B$，闲置能力差异=$B-C$，效率差异=$C-D$。

2分 第92记

作业成本法的概念与特点

飞越必刷题：117

（一）基本指导思想

作业消耗资源、产品（服务或顾客）消耗作业。

（二）成本计算分为两个阶段

1.第一阶段

将作业执行中耗费的资源分配（包括追溯和间接分配）到作业，计算作业的成本。

2.第二阶段

将第一阶段计算的作业成本分配（包括追溯和动因分配）到各有关成本对象（产品或服务）。

（三）传统成本法与作业成本法

维度	传统成本法	作业成本法
计算步骤	间接成本的分配路径为“资源→部门→产品”，第二步骤以产量为基础进行分配	间接成本的分配路径为“资源→作业→产品”，第二步骤按照作业消耗与产品之间的因果关系进行分配
分配形式	追溯和分摊	追溯、动因分配和分摊
成本动因	产量被认为是能够解释产品成本变动的唯一动因，并以此作为分配基础进行全部间接费用的分配	把资源消耗首先追溯或分配到作业，然后使用不同层面和数量众多的作业动因将作业成本分配到产品，比采用单一分配基础更加合理

（四）成本分配强调因果关系

形式	含义	应用
成本追溯	将成本直接分配给相关的成本对象	强调尽可能扩大追溯到个别产品的成本比例，凡是能追溯到个别产品、批次、品种的成本就应追溯，而不应间接分配
动因分配	根据成本动因将成本分配到各成本对象	资源成本动因和作业成本动因
分摊	以产量作为分配基础，将其强制分摊给成本对象	既不能追溯，也不能合理、方便地找到成本动因

6分 第93记

作业成本计算

飞越必刷题：118

（一）作业成本库（第一步骤：资源成本分配到作业）

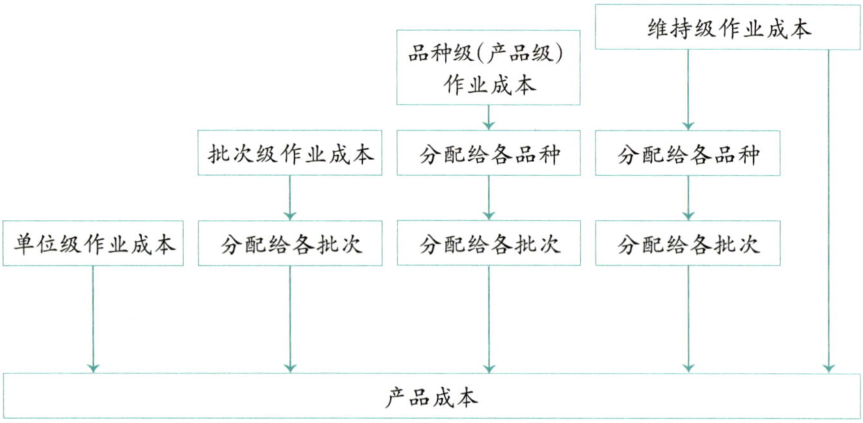

类型	含义
单位级作业	每一单位产品至少要执行一次的作业。例如，机器加工、组装。这类作业的成本包括直接材料、直接人工工时、机器成本和直接能源消耗等。 提示：单位级作业成本是直接成本，可以追溯到每个单位产品上，即直接计入成本对象的成本计算单
批次级作业	同时服务于每批产品或许多产品的作业。例如，生产前机器调试、成批产品转移至下一工序的运输、成批采购和检验等。它们的成本取决于批次，而不是每批产品中单位产品的数量
品种级（产品级）作业	服务于某种型号或样式产品的作业。例如，产品设计、产品生产工艺规程制定、工艺改造、产品更新等。 提示：这些作业的成本依赖于产品的品种数或规格型号数，而不是产品数量或生产批次。产品比品种更综合，一种产品可能包括多种规格型号的品种，但产品级作业与品种级作业具有相似特征
生产维持级作业	服务于整个工厂的作业，它们是为了维护生产能力而进行的作业，不依赖于产品的数量、批次和种类。这些成本首先被分配到不同产品品种，然后再分配到成本对象，最后分配给单位产品。例如，工厂保安、维修、行政管理等。 提示：这种分配顺序不是唯一的，也可以直接根据直接人工或机器小时分配给成本对象，这是一种不准确的成本分摊

（二）作业成本动因（第二步骤：作业成本分配到成本对象）

类型	含义	举例	适用条件	计算
业务动因	以执行次数作为作业动因	检验作业的次数（每次时间相等）	每次作业耗用时间相等，单位时间耗用的资源相等	分配率=归集期内作业总成本/归集期内总作业次数 某产品应分配的作业成本=分配率×该产品耗用的作业次数
持续动因	以执行一项作业所需的时间标准作为作业动因	检验作业的时间（每次时间不相等）	每次作业耗用时间不等，单位时间耗用的资源相等	分配率=归集期内作业总成本/归集期内总作业时间 某产品应分配的作业成本=分配率×该产品耗用的作业时间
强度动因	将作业执行中实际耗用的全部资源单独归集，并将该项单独归集的作业成本直接计入某一特定的产品	特殊订单、新产品试制	每次作业耗用时间不等，单位时间耗用的资源不等	单独归集

第94记 2分 作业成本法的优点、局限性与适用条件

飞越必刷题：119

（一）优点

优点	要点提示
成本计算更准确	作业成本法的主要优点是减少了传统成本信息对于决策的误导。一方面作业成本法扩大了追溯到个别产品的成本比例，减少了成本分配对于产品成本的扭曲；另一方面采用多种成本动因作为间接成本的分配基础，使得分配基础与被分配成本的相关性得到改善
成本控制与成本管理更有效	从成本动因上改进成本控制，包括改进产品设计和生产流程等，可以消除非增值作业、提高增值作业的效率，有助于持续降低成本和不断消除浪费
为战略管理提供信息支持	战略管理需要相应的信息支持。首先，作业成本法与价值链分析概念一致，可以为其提供信息支持；其次，为成本领先战略提供支持

（二）局限性

局限性	要点提示
开发和维护费用较高	作业成本法的成本动因多于完全成本法，成本动因的数量越大，开发和维护费用越高
不符合对外财务报告的需要	为了使对外财务报告符合会计准则的要求，需要重新调整作业成本法下的数据，工作量大，技术难度大，可能出现混乱
确定成本动因比较困难	间接成本并非都与特定的成本动因相关联。有时找不到成本驱动因素，或者驱动因素与成本的相关程度低，或者取得驱动因素数据的成本很高
不利于通过组织控制进行管理控制	完全成本法按部门建立成本中心，为实施责任会计和业绩评价提供了方便。作业成本法的成本库与企业的组织结构不一致，不利于提供管理控制信息。作业成本法改善了经营决策信息，牺牲了管理控制信息

（三）适用条件

关键词	具体条件
成本结构	制造费用在产品成本中占有较大比重
产品品种	产品多样性程度高（包括产量多样性，规模多样性，产品制造或服务复杂程度的多样性，原料多样性和产品组装多样性）
外部环境	面临的竞争激烈、传统成本系统增加了决策失误引起的成本
公司规模	公司规模比较大，有强大的信息沟通渠道和完善的信息管理基础设施，并且对信息的需求更为强烈

第七模块

业绩评价

● **本模块共涵盖了教材2章的内容，主要以客观题考查为主，预计考查5分左右，重点掌握评价指标对比和计算，其中投资中心（第96记）和经济增加值（第99记）有可能以主观题的形式进行考查。**

背后千百遍的复习，是为了走进考场那刻的从容和自信。最后一个模块了，加油！

第95记 2分 责任成本

飞越必刷题：124

（一）可控成本的条件

（1）成本中心有办法知道将发生什么样性质的耗费（可预测）。

（2）成本中心有办法计量它的耗费（可计量）。

（3）成本中心有办法控制并调节它的耗费（可调控）。

（二）判别责任归属的原则

（1）某责任中心通过自己的行动能有效地影响一项成本的数额，则应对这项成本负责（直接有效影响）。

（2）某责任中心有权决定是否使用某种资产或劳务，则应对这些资产或劳务的成本负责（有权决定）。

（3）某管理人员虽然不直接决定某项成本，但是上级要求他参与有关事项，从而对该项成本的支出施加了重要影响，则应对该成本负责（间接重要影响）。

（三）制造费用归属和分摊方法

（1）直接计入责任中心。

（2）按责任基础分配。

（3）按受益基础分配。

（4）归入某一个特定的责任中心。

（5）不能归属于任何责任中心的固定成本，不进行分摊。

通关绿卡

命题角度：责任成本、变动成本和制造成本计算的辨析。

维度	责任成本计算（责任成本法）	变动成本计算（变动成本法）	制造成本计算（完全成本法）
计算目的	评价成本控制业绩	经营决策	确定产品存货成本和销货成本
成本对象	责任中心	产品	产品
成本范围	各责任中心的可控成本	直接材料、直接人工和变动制造费用	直接材料、直接人工和全部制造费用
共同费用的分摊原则	按可控原则分配，谁控制谁负责，可控变动间接费用和可控固定间接费用都要分配给责任中心	按受益原则分配，谁受益谁承担，只分摊变动制造费用	按受益原则分配，谁受益谁承担，要分摊全部的制造费用

第96记 4分 成本中心、利润中心、投资中心

飞越必刷题：121、124、125、126

487 7-2

（一）成本中心的类型和考核指标

类型	特征	考核指标
标准成本中心	所生产的产品稳定而明确，并且已经知道单位产品所需要的投入量的责任中心。如制造业工厂、车间、工段、班组等	既定产品质量和数量条件下可控的标准成本。不对生产能力的利用程度负责，只对既定产量的投入量承担责任
费用中心	产出不能用财务指标来衡量，或者投入和产出之间没有密切关系的部门或单位	可控费用预算

（二）利润中心

1.含义

利润中心是指管理人员有权对其供货的来源和市场的选择进行决策的单位。

2.考核指标

指标	计算与评价
部门边际贡献	部门边际贡献=部门销售收入-部门变动成本总额 提示：以部门边际贡献考核利润中心不够全面
部门可控边际贡献	部门可控边际贡献=部门边际贡献-部门可控固定成本 提示：以可控边际贡献作为业绩评价依据可能是最好的，它反映了部门经理在其权限和控制范围内有效使用资源的能力
部门税前经营利润	部门税前经营利润=部门可控边际贡献-部门不可控固定成本 提示：以部门税前经营利润作为业绩评价依据，可能更适合评价该部门对公司利润的贡献，而不适合于部门经理的评价

（三）投资中心

1.含义

投资中心，指某些分散经营的单位或部门，其经理所拥有的自主权不仅包括制定价格、确定产品和生产方法等经营决策权，而且还包括投资规模和投资类型等投资决策权。

2.考核指标

指标	计算及评价	
部门投资报酬率	部门投资报酬率=部门税前经营利润÷部门平均净经营资产	
	优点	（1）部门投资报酬率是根据现有的会计资料计算的，比较客观。 （2）部门投资报酬率是相对数指标，可用于部门之间以及不同行业之间的业绩比较。 （3）部门投资报酬率可以分解为投资周转率和部门经营利润率两者的乘积，并可进一步分解为资产的明细项目和收支的明细项目，从而对整个部门的经营状况作出评价
	缺点	部门会放弃高于公司要求报酬率而低于目前部门投资报酬率的机会，或者减少现有的投资报酬率较低但高于公司要求的报酬率的某些资产，使部门的业绩获得较好评价，却损害了公司整体利益
部门剩余收益	部门剩余收益 =部门税前经营利润-部门平均净经营资产应计报酬 =部门税前经营利润-部门平均净经营资产×要求的税前投资报酬率 =部门平均净经营资产×（部门投资报酬率-要求的报酬率）	
	优点	（1）剩余收益与增加股东财富的目标一致，可以使业绩评价与公司的目标协调一致，引导部门经理采纳高于公司要求的税前投资报酬率的决策。 （2）剩余收益允许使用不同的风险调整资本成本
	缺点	（1）剩余收益指标是绝对数指标，不便于不同规模的公司和部门之间的比较。 （2）剩余收益指标依赖于会计数据的质量

（四）内部转移价格

类型	特征
市场型	以市场价格为基础、由成本和毛利构成的内部转移价格，一般适用于利润中心
成本型	以企业制造产品的完全成本或变动成本等相对稳定的成本数据为基础制定的内部转移价格，一般适用于成本中心
协商型	企业内部供求双方通过协商机制制定的内部转移价格，主要适用于分权程度较高的企业。协商价格的取值范围通常较宽，一般不高于市场价，不低于单位变动成本

通关绿卡

命题角度：辨析三大责任中心。

项目	应用范围	权利	考核范围	考核指标
成本中心	最广	可控成本的控制权	可控的成本、费用	（1）标准成本中心：既定产品质量和数量条件下的可控标准成本。 （2）费用中心：可控费用预算
利润中心	较窄	经营决策权	成本（费用）、收入、利润	（1）部门边际贡献。 （2）部门可控边际贡献。 （3）部门税前经营利润
投资中心	最小	经营决策权、投资决策权	成本（费用）、收入、利润、投资效果（率）	（1）部门投资报酬率。 （2）部门剩余收益

第97记 关键绩效指标法和平衡计分卡

2分

飞越必刷题：120、127

487 7-3

（一）关键绩效指标法

1. 应用对象

关键绩效指标法的应用对象可以是企业，也可以是企业所属的单位（部门）和员工。

2. 关键绩效指标体系

（1）三个层次：企业级关键绩效指标、所属单位（部门）级关键绩效指标、岗位（员工）级关键绩效指标。

（2）两个类别。

类别	指标举例
结果类指标	投资报酬率、权益净利率、经济增加值、息税前利润、自由现金流量等
动因类指标	资本性支出、单位生产成本、产量、销量、客户满意度、员工满意度等

3.优点

（1）使企业业绩评价与企业战略目标密切相关，有利于企业战略目标的实现。

（2）通过识别价值创造模式把握关键价值驱动因素，能够更有效地实现企业价值增值目标。

（3）评价指标数量相对较少，易于理解和使用，实施成本相对较低，有利于推广实施。

4.缺点

关键绩效指标的选取需要透彻理解企业价值创造模式和战略目标，有效识别企业核心业务流程和关键价值驱动因素，指标体系设计不当将导致错误的价值导向和管理缺失。

（二）平衡记分卡

1.四个维度

维度	解决问题	指标
财务维度	“股东如何看待我们？”	投资报酬率、权益净利率、经济增加值、息税前利润、自由现金流量、资产负债率、总资产周转率等
顾客维度	“顾客如何看待我们？”	市场份额、客户满意度、客户获得率、客户保持率、客户获利率、战略客户数量等
内部业务流程维度	“我们的优势是什么？”	交货及时率、生产负荷率、产品合格率、存货周转率、单位生产成本等
学习与成长维度	“我们是否能继续提高并创造价值？”	员工保持率、员工生产率、培训计划完成率、员工满意度、新产品开发周期等

2.四个平衡

维度	含义
外部与内部的平衡	外部评价指标（如股东和客户对企业的评价等）和内部评价指标（如内部经营过程、新技术学习等）的平衡
成果与驱动因素的平衡	成果评价指标（如利润、市场占有率等）和导致成果出现的驱动因素评价指标（如新产品投资开发等）的平衡
财务与非财务的平衡	财务评价指标（如利润等）和非财务评价指标（如员工忠诚度、客户满意程度等）的平衡
短期与长期的平衡	短期评价指标（如利润指标等）和长期评价指标（如员工培训成本、研发费用等）的平衡

3.优点和缺点

维度	要点提示
优点	(1) 战略目标逐层分解并转化为被评价对象的绩效指标和行动方案，使整个组织行动协调一致。 (2) 从财务、客户、内部业务流程、学习与成长四个维度确定绩效指标，使绩效评价更为全面、完整。 (3) 将学习与成长作为一个维度，注重员工的发展要求和组织资本、信息资本等无形资产的开发利用，有利于增强企业可持续发展的动力
缺点	(1) 专业技术要求高，工作量比较大，操作难度也较大，需要持续地沟通和反馈，实施比较复杂，实施成本高。 (2) 各指标权重在不同层级及各层级不同指标之间的分配比较困难，且部分非财务指标的量化工作难以落实。 (3) 系统性强，涉及面广，需要专业人员的指导、企业全员的参与和长期持续地修正完善，对信息系统、管理能力的要求较高

4分 第98记

经济增加值

飞越必刷题：122、123、128、129

（一）经济增加值的概念

经济增加值=调整后税后净营业利润-调整后平均资本占用×加权平均资本成本

类型	计算与评价
基本的经济增加值	(1) 含义：根据未经调整的经营利润和总资产计算的经济增加值。 (2) 计算：基本的经济增加值=税后净营业利润-报表平均总资产×加权平均资本成本。 (3) 评价：由于"经营利润"和"总资产"是按照会计准则计算的，歪曲了公司的真实业绩；相对于会计利润来说是个进步，它承认了股权资金的资本成本
披露的经济增加值	(1) 含义：利用公开会计数据进行调整计算出来的。这种调整是根据公布的财务报表及其附注中的数据进行的，通常对内部所有经营单位使用统一的资本成本。 (2) 计算：披露的经济增加值=调整后税后净营业利润-加权平均资本成本×调整后的平均资本占用

（二）简化的经济增加值

经济增加值=税后净营业利润-调整后资本×平均资本成本率

指标	计算方法
税后净营业利润	税后净营业利润=净利润+（利息支出+研究开发费用调整项）×（1–25%） 其中： （1）利息支出指企业财务报表中“财务费用”项下的“利息支出”。 （2）研究开发费用调整项指企业财务报表中“期间费用”项下的“研发费用”和当期确认为无形资产的开发支出： ①对于承担关键核心技术攻关任务而影响当期损益的研发投入，可以按照100%的比例，在计算税后净营业利润时予以加回。 ②对于勘探投入费用较大的企业，经国资委认定后，可以将其成本费用情况表中的“勘探费用”视同研究开发费用调整项予以加回。 ③企业经营业务主要在国（境）外的，25%的企业所得税税率可予以调整
调整后资本	调整后资本=平均所有者权益+平均带息负债–平均在建工程 其中： （1）带息负债是指企业带息负债情况表中带息负债合计。对从事银行、保险和证券业务且纳入合并报表的企业，将负债中金融企业专用科目从资本占用中予以扣除。基金、融资租赁等金融业务纳入国资委核定主业范围的企业，可约定将相关带息负债从资本占用中予以扣除。 （2）在建工程指财务报表中符合主业规定的“在建工程”
差异化资本成本率	平均资本成本率=债权资本成本率×平均带息负债/（平均带息负债+平均所有者权益）×（1–25%）+股权资本成本率×平均所有者权益/（平均带息负债+平均所有者权益）
	对主业处于充分竞争行业和领域的商业类企业，股权资本成本率原则上定为6.5%，对主业处于关系国家安全、国民经济命脉的重要行业和关键领域、主要承担重大专项任务的商业类企业，股权资本成本率原则上定为5.5%，对公益类企业股权资本成本率原则上定为4.5%；对军工、电力、农业等资产通用性较差的企业，股权资本成本率下浮0.5个百分点
	债权资本成本率=利息支出总额/平均带息负债 其中：利息支出总额是指带息负债情况表中“利息支出总额”，包括费用化和资本化利息
	资产负债率高于上年且在65%（含）至70%的科研技术企业、70%（含）至75%的工业企业或75%（含）至80%的非工业企业，平均资本成本率上浮0.2个百分点；资产负债率高于上年且在70%（含）以上的科研技术企业、75%（含）以上的工业企业或80%（含）以上的非工业企业，平均资本成本率上浮0.5个百分点

续表

指标	计算方法
其他重大调整	发生以下情况之一，对于企业经济增加值考核产生重大影响时，国资委酌情予以调整： （1）重大政策变化。 （2）严重自然灾害等不可抗力因素。 （3）企业重组、上市及会计准则调整等不可比因素。 （4）国资委认可的企业结构调整等其他事项

（三）经济增加值评价的优点和缺点

维度	要点提示
优点	经济增加值考虑了所有资本的成本，更真实地反映了企业的价值创造能力；实现了企业利益，经营者利益和员工利益的统一，激励经营者和所有员工为企业创造更多价值；能有效遏制企业盲目扩张规模以追求利润总量和增长率的倾向，引导企业注重价值创造
	经济增加值不仅仅是一种业绩评价指标，它还是一种全面财务管理和薪酬激励体制的框架。经济增加值的吸引力主要在于它把资本预算、业绩评价和激励报酬结合起来了
	在经济增加值的框架下，公司可以向投资者宣传他们的目标和成就，投资者也可以用经济增加值选择最有前景的公司。经济增加值还是股票分析家手中的一个强有力的工具
缺点	仅对企业当期或未来1～3年价值创造情况进行衡量和预判，无法衡量企业长远发展战略的价值创造情况
	经济增加值计算主要基于财务指标，无法对企业的营运效率与效果进行综合评价
	不同行业、不同发展阶段、不同规模等的企业，其会计调整项和加权平均资本成本各不相同，计算比较复杂，影响指标的可比性。此外，经济增加值是绝对数指标，不便于比较不同规模公司的业绩
	如何计算经济增加值尚存许多争议，不利于建立一个统一的规范

通关绿卡

命题角度1：不同类型经济增加值的对比。

针对不同类型的经济增加值，需注意如下内容。

（1）各类型经济增加值特点的总结。

类别	特点
基本的经济增加值	根据未经调整的经营利润和总资产计算的经济增加值
披露的经济增加值	两大类调整事项如下。 第一类 费用化项目资本化调整： ①研究与开发费用。 ②战略性投资。 ③为建立品牌、进入新市场或扩大市场份额发生的费用。 第二类 折旧调整：折旧费用按“沉淀资金折旧法”调整。 调整方法：按复式记账原理，同时调整税后净营业利润和平均资本占用
简化的经济增加值	三大类调整事项如下。 第一类 利润调整项：利息支出（“财务费用”项下的“利息支出”）、研究开发费用（包括费用化和资本化部分）。 第二类 资本调整项：无息负债、在建工程。 第三类 资本成本率调整项：债权资本成本率、股权资本成本率。 调整方法：分别调整，不采用复式记账法调整

（2）资本成本。

计算基本的经济增加值和披露的经济增加值时，通常对公司内部所有经营单位使用统一的资本成本；简化的经济增加值要对债权和股权分别确定差异化的资本成本率。

命题角度2：计算披露的经济增加值时，如何对报表项目进行调整。

针对披露的经济增加值的调整，需注意如下内容。

（1）调整项目。

项目	会计处理	经济增加值调整
研究与开发费用	作为费用立即从利润中扣除	将其作为投资并在一个合理期限内摊销
战略性投资	将投资的利息（或部分利息）计入当期财务费用	将其在一个专门账户中资本化并在开始生产时逐步摊销
为建立品牌、进入新市场或扩大市场份额发生的费用	作为费用立即从利润中扣除	把争取客户的营销费用资本化并在适当的期限内摊销
折旧费用	大多使用直线折旧法处理	对某些大量使用长期设备的公司，按照更接近经济现实的“沉淀资金折旧法”处理，前期折旧少，后期折旧多

（2）调整方法。

需要按照复式记账原理调整，不仅涉及利润表且还会涉及资产负债表的有关项目，如将研发费用从当期费用中减除，必须相应增加平均资本占用。

命题角度3：辨析经济增加值与剩余收益。

维度	经济增加值	剩余收益
评价对象	企业经营者为企业创造的价值，使股东财富最大化	投资中心部门业绩，防止部门利益伤害整体利益
取值口径	税后指标：税后净营业利润、加权平均资本成本	税前指标：部门税前经营利润、税前投资报酬率
资本成本	根据资本市场的机会成本计算资本成本，以实现经济增加值与资本市场的衔接	根据管理的要求，对不同部门要求不同的报酬率，带有一定主观性
数据调整	需要对税后净营业利润和资本占用进行一系列调整	不需要调整

第99记 绩效棱柱模型 2分

飞越必刷题：130

（一）含义

绩效棱柱模型，是指从企业利益相关者角度出发，以利益相关者满意为出发点，以利益相关者贡献为落脚点，以企业战略、业务流程、组织能力为手段，用棱柱的五个构面构建三维绩效评价体系，并据此进行绩效管理的方法。

（二）指标体系

绩效棱柱模型指标体系示例

评价指标	利益相关者				
	投资者	员工	客户	供应商	监管机构
利益相关者满意评价指标	总资产报酬率	员工满意度	客户满意度	逾期付款次数	社会贡献率
	净资产收益率	工资收入增长率	客户投诉率		资本保值增值率
	派息率	人均工资			
	资产负债率				
	流动比率				

续表

评价指标	利益相关者				
	投资者	员工	客户	供应商	监管机构
企业战略评价指标	可持续增长率	员工职业规划	品牌意识	供应商关系质量	政策法规认知度
	资本结构	员工福利计划	客户增长率		企业的环保意识
	研发投入比率				
业务流程评价指标	标准化流程比率	员工培训有效性	产品合格率	采购合同履约率	环保投入率
	内部控制有效性	培训费用支出率	准时交货率	供应商的稳定性	罚款与销售比率
组织能力评价指标	总资产周转率	员工专业技术水平	售后服务水平	采购折扣率水平	节能减排达标率
	管理水平评分	人力资源管理水平	市场管理水平	供应链管理水平	
利益相关者贡献评价指标	融资成本率	员工生产率	客户忠诚度	供应商产品质量水平	当地政府支持度
		员工保持率	客户毛利水平	按时交货率	税收优惠程度

（三）评价

1.优点

坚持主要利益相关者价值取向，使主要利益相关者与企业紧密联系，有利于实现企业与主要利益相关者的共赢，为企业可持续发展创造良好的内外部环境。

2.缺点

涉及多个主要利益相关者，对每个主要利益相关者都要从五个构面建立指标体系，指标选取复杂，部分指标较难量化，对企业信息系统和管理水平有较高要求，实施难度大、门槛高。

必备清单

必备公式大全
第二章 财务报表分析和财务预测

财务报表分析方法	公式
因素分析法	基期（计划）指标$R_0=A_0 \times B_0 \times C_0$ ① 第一次替代 $A_1 \times B_0 \times C_0$ ② 第二次替代 $A_1 \times B_1 \times C_0$ ③ 第三次替代 $R_1=A_1 \times B_1 \times C_1$ ④ ②-①→A的偏差对R的影响。 ③-②→B的偏差对R的影响。 ④-③→C的偏差对R的影响。 总差异：$\Delta R=R_1-R_0$

短期偿债能力比率	公式
营运资本	=流动资产-流动负债=长期资本-长期资产
营运资本配置比率	=营运资本÷流动资产
流动比率	=流动资产÷流动负债
速动比率	=速动资产÷流动负债
现金比率	=货币资金÷流动负债
现金流量比率	=经营活动现金流量净额÷流动负债

长期偿债能力比率	公式
资产负债率	=总负债÷总资产×100%
产权比率	=总负债÷股东权益
权益乘数	=总资产÷股东权益
长期资本负债率	=长期负债÷长期资本×100%
利息保障倍数	=（净利润+所得税费用+利息费用）÷利息支出
现金流量利息保障倍数	=经营活动现金流量净额÷利息支出
现金流量与负债比率	=经营活动现金流量净额÷负债总额×100%

营运能力比率	公式
××资产的周转次数（周转率）	=营业收入（或营业成本）÷××资产
××资产的周转天数	=365÷××资产的周转次数
	=365×××资产÷营业收入（或营业成本）
××资产与收入比	=××资产÷营业收入

盈利能力比率	公式
营业净利率	=净利润÷营业收入×100%
总资产净利率	=净利润÷总资产×100%
权益净利率	=净利润÷股东权益×100%

市价比率	公式
市盈率	=每股市价÷每股收益
市净率	=每股市价÷每股净资产
市销率	=每股市价÷每股营业收入
每股收益	=普通股股东净利润÷流通在外普通股加权平均股数
每股净资产	=普通股股东权益÷流通在外普通股股数
每股营业收入	=营业收入÷流通在外普通股加权平均股数

杜邦分析体系	公式
权益净利率	=总资产净利率×权益乘数
	=营业净利率×总资产周转次数×权益乘数

管理用资产负债表	公式
净经营资产	=经营资产-经营负债
净负债	=金融负债-金融资产
净经营资产	=净负债+所有者权益
经营营运资本	=经营性流动资产-经营性流动负债
净经营性长期资产	=经营性长期资产-经营性长期负债
净经营资产	=经营营运资本+净经营性长期资产

管理用利润表	公式
税后经营净利润	=净利润+税后利息费用
	=税前经营利润×（1-平均所得税税率）
税后利息费用	=利息费用×（1-平均所得税税率）
平均所得税税率	=所得税费用÷利润总额×100%

管理用现金流量表	公式
营业现金毛流量	=营业收入-付现营业费用-所得税
	=税后经营净利润+折旧与摊销
	=税后营业收入-税后付现营业费用+折旧与摊销抵税
营业现金净流量	=营业现金（毛）流量-经营营运资本增加
实体现金流量	=营业现金净流量-资本支出
	=税后经营净利润+折旧与摊销-经营营运资本增加-（净经营长期资产增加+折旧与摊销）
	=税后经营净利润-净经营资产增加
债务现金流量	=税后利息费用-净负债增加
股权现金流量	=净利润-股东权益增加

管理用杜邦分析体系	公式
权益净利率	=净经营资产净利率+（净经营资产净利率-税后利息率）×净财务杠杆
	=净经营资产净利率+经营差异率×净财务杠杆
	=净经营资产净利率+杠杆贡献率

融资需求	公式
融资总需求	=净经营资产增加=预计净经营资产合计-基期净经营资产合计
预计增加的留存收益	=预计营业收入×预计营业净利率×（1-预计股利支付率）
外部融资额	=融资总需求-可动用金融资产-预计增加的留存收益
外部融资销售增长比	=外部融资额/销售增长额

增长率测算	公式
内含增长率	$=\dfrac{\dfrac{\text{预计净利润}}{\text{预计净经营资产}}\times\text{预计利润留存率}}{1-\dfrac{\text{预计净利润}}{\text{预计净经营资产}}\times\text{预计利润留存率}}$
	$=\dfrac{\text{预计营业净利率}\times\text{净经营资产周转次数}\times\text{预计利润留存率}}{1-\text{预计营业净利率}\times\text{净经营资产周转次数}\times\text{预计利润留存率}}$
可持续增长率	=（本期净利润×本期利润留存率）/期初股东权益
	=营业净利率×总资产周转次数×期末总资产期初权益乘数×本期利润留存率
	$=\dfrac{\text{营业净利率}\times\text{期末总资产周转次数}\times\text{期末总资产权益乘数}\times\text{本期利润留存率}}{1-\text{营业净利率}\times\text{期末总资产周转次数}\times\text{期末总资产权益乘数}\times\text{本期利润留存率}}$

第三章　价值评估基础

货币时间价值	公式
复利终值	$F=P\times(1+i)^n=P\times(F/P, i, n)$
复利现值	$P=F\times(1+i)^{-n}=F\times(P/F, i, n)$
普通年金终值	$F=A\times\frac{(1+i)^n-1}{i}=A\times(F/A, i, n)$
普通年金现值	$P=A\times\frac{1-(1+i)^{-n}}{i}=A\times(P/A, i, n)$
预付年金终值	$F=A\times(F/A, i, n)\times(1+i)$
预付年金现值	$P=A\times(P/A, i, n)\times(1+i)$
递延年金现值	（1）两次折现法。 （2）做差法
永续年金现值	$P=A\times\frac{1}{i}$
年偿债基金系数	与普通年金终值系数互为倒数
年投资回收系数	与普通年金现值系数互为倒数
有效年利率	$r=\left(1+\frac{\text{报价利率}}{m}\right)^m-1$

风险与报酬	公式
变异系数	变异系数=标准差÷期望值
两项资产组合的标准差	$\sigma_p=\sqrt{a^2+b^2+2abr_{ab}}$
资本市场线	总期望报酬率=$Q\times$风险组合的期望报酬率+$(1-Q)\times$无风险报酬率 总标准差=$Q\times$风险组合的标准差 其中：Q代表投资者投资于风险组合M的资金占自有资本总额的比例
β系数	$\beta_J=\frac{\text{cov}(K_J, K_M)}{\sigma_M^2}=\frac{r_{JM}\sigma_J\sigma_M}{\sigma_M^2}=r_{JM}\left(\frac{\sigma_J}{\sigma_M}\right)$
资本资产定价模型	$R_i=R_f+\beta(R_m-R_f)$

第四章　资本成本

资本成本	公式
债务资本成本	到期收益率法：使未来现金流量现值等于债券购入价格的折现率
	风险调整法： 税前债务资本成本=政府债券的市场回报率+企业的信用风险补偿率
普通股资本成本	资本资产定价模型：$r_S=r_{RF}+\beta\times(r_m-r_{RF})$
	股利增长模型：$r_S=\frac{D_1}{P_0}+g$
	债券收益率风险调整模型： 普通股资本成本=税后债券资本成本+股东比债权人承担更大风险所要求的风险溢价
优先股资本成本	$r_p=\frac{D_p}{P_p(1-F)}$
永续债资本成本	$r_{pd}=\frac{I_{pd}}{P_{pd}(1-F)}$
加权平均资本成本	$WACC=r_d\times w_d\times(1-T)+r_e\times w_e$

债券价值评估	公式
基本模型	V_d=年利息×$(P/A, r_d, n)$+面值×$(P/F, r_d, n)$
平息债券	V_d=计息期利息×$[P/A, (1+r_d)^{1/m}-1, mn]$+面值×$[P/F, (1+r_d)^{1/m}-1, mn]$
纯贴现债券	V_d=到期本息支付额×$(P/F, r_d, n)$

普通股价值评估	公式
零增长股票的价值	$V_0=D\div r_S$
固定增长股票的价值	$V_0=\frac{D_0(1+g)}{r_S-g}=\frac{D_1}{r_S-g}$
普通股的期望报酬率	$r_S=D_1/P_0+g$

混合筹资工具价值评估	公式
优先股价值	=优先股股息÷折现率
优先股的期望报酬率	=优先股股息÷优先股当前股价

第五章 投资项目资本预算

投资项目评价指标	公式
净现值	=未来现金净流量现值-原始投资额现值
现值指数	=未来现金净流量现值÷原始投资额现值
内含报酬率	使项目“净现值=0”的折现率
静态回收期	不考虑货币时间价值的情况下，投资引起的未来现金净流量累计到与原始投资额相等所需要的时间
动态回收期	在考虑货币时间价值的情况下，投资引起的未来现金流量累计到与原始投资额相等所需要的时间
会计报酬率	=年平均税后经营净利润÷原始投资额×100%
	=年平均税后经营净利润÷［（原始投资额+投资净残值）/2］×100%
等额年金	=净现值÷（P/A，i，n）
固定资产平均年成本	=未来现金流出量总现值÷（P/A，i，n）

投资项目折现率的估计	公式
$\beta_{资产}$	$=\beta_{权益}$÷［1+（1−T）×（净负债/股东权益）］
$\beta_{权益}$	$=\beta_{资产}$×［1+（1−T）×（净负债/股东权益）］

第六章 期权价值评估

期权到期日损益状态	公式
买入看涨期权	到期日价值=max（S_T-X，0）
	到期日净损益=max（S_T-X，0）−期权价格
卖出看涨期权	到期日价值=−max（S_T-X，0）
	到期日净损益=−max（S_T-X，0）+期权价格
买入看跌期权	到期日价值=max（$X-S_T$，0）
	到期日净损益=max（$X-S_T$，0）−期权价格
卖出看跌期权	到期日价值=−max（$X-S_T$，0）
	到期日净损益=−max（$X-S_T$，0）+期权价格

金融期权价值计算	公式
金融期权价值构成	期权价值=内在价值+时间溢价
复制原理和套期保值原理	套期保值率$H=\frac{C_u-C_d}{S_u-S_d}=\frac{C_u-C_d}{S_0\times(u-d)}$
	借款数额$B=\frac{H\times S_d-C_d}{(1+r)}$
	期权价值$=H\times S_0-B$
风险中性原理	期望报酬率=无风险利率r=上行概率$P_u\times$上行时报酬率+下行概率$P_d\times$下行时报酬率
	上行概率$P_u=\frac{1+r-d}{u-d}$
	下行概率$P_d=1-P_u=\frac{u-1-r}{u-d}$
	期权价格$C_0=(P_u\times C_u+P_d\times C_d)/(1+r)$
平价定理	标的资产价格S+看跌期权价格P=看涨期权价格C+执行价格现值$PV(X)$

第七章　企业价值评估

现金流量折现模型	公式
股利现金流量模型	股权价值$=\sum_{t=1}^{\infty}\frac{股利现金流量_t}{(1+股权资本成本)^t}$
股权现金流量模型	永续增长模型： 股权价值$=\frac{下期股权现金流量}{股权资本成本-永续增长率}$
	两阶段增长模型： 股权价值= $\sum_{t=1}^{n-1}\frac{股权现金流量_t}{(1+股权资本成本)^t}+\frac{股权现金流量_n/(股权资本成本-永续增长率)}{(1+股权资本成本)^{n-1}}$

续表

现金流量折现模型	公式
实体现金流量模型	永续增长模型： $$实体价值=\frac{下期实体现金流量}{加权平均资本成本-永续增长率}$$
	两阶段增长模型： 实体价值= $$\sum_{t=1}^{n-1}\frac{实体现金流量_t}{(1+加权平均资本成本)^t}+\frac{实体现金流量_n/(加权平均资本成本-永续增长率)}{(1+加权平均资本成本)^{n-1}}$$
	股权价值=实体价值–净债务价值

市盈率模型	公式
基本模型	本期市盈率=股利支付率×（1+增长率）/（股权资本成本–增长率）
	内在市盈率=股利支付率/（股权资本成本–增长率）
	目标企业每股价值=市盈率×目标企业每股收益
修正模型	修正市盈率=市盈率/（预期增长率×100）
	目标企业每股价值=目标企业每股收益×目标企业预期增长率×100×修正市盈率

市净率模型	公式
基本模型	本期市净率=权益净利率×股利支付率×（1+增长率）/（股权资本成本–增长率）
	内在市净率=权益净利率×股利支付率/（股权资本成本–增长率）
	目标企业每股价值=市净率×目标企业每股净资产
修正模型	修正市净率=市净率/（预期权益净利率×100）
	目标企业每股价值=目标企业每股净资产×目标企业预期权益净利率×100×修正市净率

市销率模型	公式
基本模型	本期市销率=营业净利率×股利支付率×（1+增长率）/（股权资本成本–增长率）
	内在市销率=营业净利率×股利支付率/（股权资本成本–增长率）
	目标企业每股价值=市销率×目标企业每股收入
修正模型	修正市销率=市销率/（预期营业净利率×100）
	目标企业每股价值=目标企业每股收入×目标企业预期营业净利率×100×修正市销率

第八章 资本结构

资本结构理论	公式
无税MM理论	有负债企业价值=无负债企业价值
	有负债企业的权益资本成本=无负债企业的权益资本成本+风险溢价
有税MM理论	有负债企业价值=无负债企业价值+债务利息抵税收益的现值
	有负债企业的权益资本成本=无负债企业的权益资本成本+风险溢价
权衡理论	$V_L=V_U+PV$（利息抵税）$-PV$（财务困境成本）
代理理论	$V_L=V_U+PV$（利息抵税）$-PV$（财务困境成本）$-PV$（债务代理成本）$+PV$（债务代理收益）

第九章 长期筹资

配股	公式
配股除权参考价	$=\dfrac{配股前股票市值+配股价格\times配股数量}{配股前股数+配股数量}$ $=\dfrac{配股前每股价格+配股价格\times股份变动比例}{1+股份变动比例}$
每股配股权价值	$=\dfrac{配股除权参考价-配股价格}{购买一股新股所需的原股数}$

可转换债券	公式
纯债券价值	=利息现值+本金现值
转换价值	=股价×转换比例
底线价值	=max（纯债券价值，转换价值）
税前资本成本	使“债券价格=利息现值+可转债底线价值的现值”的折现率

租赁筹资	公式
租赁净现值	=租赁的现金流量总现值−借款购买的现金流量总现值
项目的调整净现值	=项目的常规净现值+租赁净现值
融资租赁计税基础	合同约定付款总额的： 计税基础=约定付款总额（租赁费+留购价款）+交易费用
	合同未约定付款总额的： 计税基础=资产公允价值+交易费用

第十一章　营运资本管理

营运资本管理策略	公式
易变现率	$=\frac{（股东权益+长期债务+经营性流动负债）-长期资产}{经营性流动资产}$

现金管理	公式
存货模式	最佳现金持有量$C^*=\sqrt{(2\times T\times F)/K}$ 最小相关总成本$=\sqrt{2\times T\times F\times K}$
随机模式	$R=\sqrt[3]{\frac{3b\delta^2}{4i}}+L$ $H-R=2\times(R-L)$，或$H=3R-2L$

应收账款管理	公式
增加的收益	=销售量的增加×单位边际贡献
应收账款占用资金应计利息	=日销售额×平均收现期×变动成本率×资本成本
存货占用资金应计利息	=存货平均占用资金×资本成本
应付账款占用资金应计利息	=应付账款平均余额×资本成本
现金折扣成本	=销售收入×现金折扣率×享受现金折扣的顾客比例

存货管理	公式
基本模型	经济批量：$Q^*=\sqrt{\frac{2KD}{K_c}}$
	每年最佳订货次数公式：$N^*=\frac{D}{Q^*}=\frac{D}{\sqrt{\frac{2KD}{K_c}}}=\sqrt{\frac{DK_c}{2K}}$
	与批量有关的存货总成本公式：$TC(Q^*)=\frac{KD}{\sqrt{\frac{2KD}{K_c}}}+\frac{\sqrt{\frac{2KD}{K_c}}}{2}\times K_c=\sqrt{2KDK_c}$
	最佳订货周期公式：$t^*=\frac{1}{N^*}=\frac{1}{\sqrt{\frac{DK_c}{2K}}}$
	经济订货量占用资金：$I^*=\frac{Q^*}{2}\cdot U=\frac{\sqrt{\frac{2KD}{K_c}}}{2}\cdot U=\sqrt{\frac{KD}{2K_c}}\cdot U$
订货提前期	再订货点=平均交货时间×每日平均需用量
陆续供应和使用模型	经济批量：$Q^*=\sqrt{\frac{2KD}{K_c(1-\frac{d}{P})}}$
	与经济批量相关的总成本：$TC(Q^*)=\sqrt{2KDK_c\times(1-\frac{d}{P})}$
保险储备	再订货点=平均交货时间×平均日需求+保险储备

短期债务管理	公式
放弃现金折扣成本	$=\frac{折扣百分比}{1-折扣百分比}\times\frac{360}{信用期-折扣期}$

第十二章　产品成本计算

约当产量法	公式
加权平均法	在产品约当产量=在产品数量×完工程度 单位成本（分配率）=（月初在产品成本+本月发生生产费用）/（完工产品产量+月末在产品约当产量） 完工产品成本=单位成本×完工产品产量

续表

约当产量法	公式
先进先出法	月初在产品本月加工约当产量： 月初在产品本月加工约当产量（直接材料）=月初在产品数量×（1-已投料比例） 月初在产品本月加工约当产量（直接人工+制造费用，即转换成本或加工成本）=月初在产品数量×（1-月初在产品完工程度）
	本月投入本月完工产品数量： 本月投入本月完工产品数量=本月全部完工产品数量-月初在产品数量
	月末在产品约当产量： 月末在产品约当产量（直接材料）=月末在产品数量×本月投料比例 月末在产品约当产量（转换成本）=月末在产品数量×月末在产品完工程度
	分配率=本月发生生产费用/（月初在产品本月加工约当产量+本月投入本月完工产品数量+月末在产品约当产量）
	完工产品成本=月初在产品成本+月初在产品本月加工成本+本月投入本月完工产品数量×分配率=月初在产品成本+月初在产品本月加工约当产量×分配率+本月投入本月完工产品数量×分配率
	月末在产品成本=月末在产品约当产量×分配率

第十三章　标准成本法

变动成本差异分析	公式
直接材料	价差=实际数量×（实际价格-标准价格）
	量差=（实际数量-标准数量）×标准价格
直接人工	工资率差异=实际工时×（实际工资率-标准工资率）
	效率差异=（实际工时-标准工时）×标准工资率
变动制造费用	耗费差异=实际工时×（变动制造费用实际分配率-变动制造费用标准分配率）
	效率差异=（实际工时-标准工时）×变动制造费用标准分配率

固定制造费用差异分析	公式
二因素分析法	固定制造费用耗费差异=固定制造费用实际数-固定制造费用预算数
	固定制造费用能力差异=固定制造费用预算数-固定制造费用标准成本
三因素分析法	固定制造费用耗费差异=固定制造费用实际数-固定制造费用预算数
	固定制造费用闲置能力差异=固定制造费用预算数-实际工时×固定制造费用标准分配率=（生产能力-实际工时）×固定制造费用标准分配率
	固定制造费用效率差异=实际工时×固定制造费用标准分配率-实际产量标准工时×固定制造费用标准分配率=（实际工时-实际产量标准工时）×固定制造费用标准分配率

第十五章　本量利分析

指标	计算公式
边际贡献	=销售收入-变动成本
	=固定成本+息税前利润
	=单位边际贡献×销量
	=销售收入×边际贡献率
单位边际贡献	=单价-单位变动成本
边际贡献率	=单位边际贡献÷单价×100%
	=边际贡献÷销售收入×100%
	=1-变动成本率
变动成本率	=单位变动成本÷单价×100%
	=变动成本÷销售收入×100%
保本量	=固定成本÷单位边际贡献
保本额	=固定成本÷边际贡献率
	=保本量×单价
盈亏临界点作业率	=盈亏临界点销售量÷实际或预计销售量×100%
安全边际额（量）	=实际或预计销售额-盈亏临界点销售额
	=实际或预计销售量-盈亏临界点销售量

续表

指标	计算公式
安全边际率	=安全边际额÷实际或预计销售额×100%
	=安全边际量÷实际或预计销售量×100%
	=1-盈亏临界点作业率
息税前利润	=安全边际额×边际贡献率
	=安全边际量×单位边际贡献
	=安全边际率×边际贡献
经营杠杆系数	=边际贡献÷息税前利润=1÷安全边际率
息税前利润率	=安全边际率×边际贡献率
保利量	=（固定成本+目标利润）÷单位边际贡献
保利额	=保利量×单价
敏感系数	=目标值变动百分比÷参量值变动百分比
加权平均边际贡献率	$=\frac{\sum 各产品边际贡献}{\sum 各产品销售收入}\times 100\%$
	=∑（各产品边际贡献率×各产品占总销售比重）
加权平均保本销售额	=固定成本总额÷加权平均边际贡献率
某产品的盈亏平衡销售额	=加权平均保本销售额×该产品的销售百分比
某产品的盈亏平衡销售量	=该产品的盈亏平衡销售额÷该产品的单价

杠杆系数	公式
经营杠杆系数	=息税前利润变化的百分比÷营业收入变化的百分比 =边际贡献÷息税前利润
财务杠杆系数	=每股收益变化的百分比÷息税前利润变化的百分比 =息税前利润÷（息税前利润-利息-税前优先股股利）
联合杠杆系数	=每股收益变化的百分比÷营业收入变化的百分比 =经营杠杆系数×财务杠杆系数

第十六章　短期经营决策

决策项目	公式
约束资源的最优利用	单位约束资源边际贡献=单位产品边际贡献/该单位产品所需约束资源量
完全成本加成法	产品的目标价格=单位产品的制造成本+非制造成本及合理利润
变动成本加成法	产品的目标价格=单位变动成本+固定成本和预期利润

第十七章　全面预算

现金预算	公式
可供使用现金	=期初现金余额+预算期现金收入
现金的多余或不足	=可供使用现金-现金支出
期末现金余额	=现金多余或不足-现金运用+现金筹措+投资收益-利息支出

第十八章　责任会计

责任中心	公式
利润中心	部门边际贡献=部门销售收入-部门变动成本总额
	部门可控边际贡献=部门边际贡献-部门可控固定成本
	部门税前经营利润=部门可控边际贡献-部门不可控固定成本
投资中心	部门投资报酬率=部门税前经营利润 ÷ 部门平均净经营资产
	部门剩余收益=部门税前经营利润-部门平均净经营资产 × 要求的税前投资报酬率

第十九章　业绩评价

经济增加值	公式
经济增加值	=调整后税后净营业利润-调整后平均资本占用 × 加权平均资本成本
基本经济增加值	=税后净营业利润-报表平均总资产 × 加权平均资本成本

续表

经济增加值	公式
披露的经济增加值	=调整后税后净营业利润–加权平均资本成本×调整后的平均资本占用
简化经济增加值	=税后净营业利润–调整后资本×平均资本成本率
	税后净营业利润=净利润+（利息支出+研究开发费用调整项）×（1–25%）
	调整后资本=平均所有者权益+平均带息负债–平均在建工程
	平均资本成本率=债权资本成本率×平均带息负债/（平均带息负债+平均所有者权益）×（1–25%）+股权资本成本率×平均所有者权益/（平均带息负债+平均所有者权益）

飞越必刷题篇

必刷客观题

第一模块　基础理论

一、单项选择题

1　与个人独资企业相比，下列各项中，属于公司制企业优点的是（　　）。

A.组建成本低

B.不存在代理问题

C.有限存续期

D.有限债务责任

第1记 99记 知识链接

2　下列关于财务管理目标的说法中，正确的是（　　）。

A.每股收益最大化克服了利润最大化没有考虑风险的局限性

B.假设股东投资资本不变，企业价值最大化与增加股东财富具有同等意义

C.股东财富的增加可以用股东权益的市场增加值衡量

D.股价上升可以反映股东财富的增加

第2记 99记 知识链接

3　公司的下列行为中，不会侵害债权人利益的是（　　）。

A.提高股利支付率

B.进行高风险的衍生工具交易

C.定向增发股票

D.加大为其他企业提供的担保

第3记 99记 知识链接

4　下列金融资产中，属于固定收益证券的是（　　）。

A.优先股　　B.普通股

C.可转换公司债券　　D.认股权证

第4记 99记 知识链接

5 下列关于资本市场效率研究过程中，表述正确的是（　　）。

A.在有效资本市场中，管理者不能通过改变会计方法提升股票价值

B.只有资本市场所有投资人都是理性的，市场才会有效

C.如果有关证券的历史信息能够对证券的现在的价格变动产生影响，则资本市场达到弱式有效

D.投资者利用公开信息不能获得超额收益，则资本市场达到强式有效

第5记 99记 知识链接

6 甲公司平价发行5年期的公司债券，债券每半年付息一次，到期一次偿还本金。若债券的有效年利率是8.16%，该债券的票面利率是（　　）。

A.8%　　B.8.05%

C.8.16%　　D.8.32%

第7记 99记 知识链接

7 甲公司2022年初拟购置一条生产线，付款条件为从2024年至2028年每年年初支付20万元。假设甲公司的资本成本为10%，则该方案相当于甲公司于2022年初一次性付款的金额为（　　）万元。

A.52.34　　B.57.64

C.62.65　　D.68.92

第8记 99记 知识链接

8 下图列示了M、N两种证券在相关系数为-1、0.3、0.6和1时投资组合的机会集曲线，其中代表相关系数为0.6机会集曲线是（　　）。

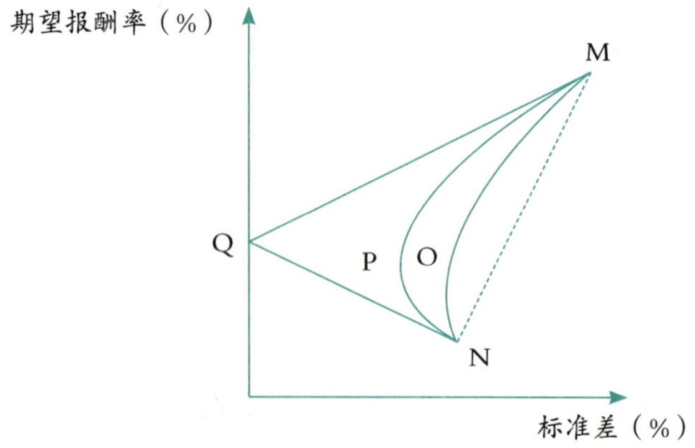

A.曲线MON　　B.曲线MPN

C.折线MQN　　D.直线MN

第9记 99记 知识链接

9 甲公司是一家传统制造业企业，拟投资新能源汽车项目，预计期限10年。乙公司是一家新能源汽车制造企业，与该项目具有类似的商业模式、规模、负债比率和财务状况。下列各项中，最适合作为该项目债务资本成本的是（　　）。

A.刚刚发行的10年期政府债券的票面利率为5%

B.刚刚发行的10年期政府债券的到期收益率为5.5%

C.乙公司刚刚发行的10年期债券的票面利率为6%

D.乙公司刚刚发行的10年期债券的到期收益率为6.5%

第12记 99记 知识链接

10 甲公司拟发行新债券N调换旧债券M，1份N调换1份M。M债券将于1年后到期，每份票面价值为1 000元，刚发放当期利息，市价为980元。N债券期限2年，每份票面价值为1 000元，票面利率为6%，每半年付息一次，到期还本。N债券的税前资本成本为（　　）。

A.5.36%　　B.7.14%

C.7.23%　　D.9.64%

第12记 99记 知识链接

11 甲公司当前股价为55元/股，股利历史信息如下：

项目	2年前	1年前	刚支付
每股股利（元）	2	2.3	2.42

假设股利未来稳定增长，增长率等于按几何平均计算的股利历史增长率，采用股利增长模型估计的股权资本成本是（　　）。

A.10%　　B.14.4%

C.14.84%　　D.14.95%

第13记 99记 知识链接

12 在采用债券收益率风险调整模型估计普通股资本成本时，风险溢价是（　　）。

A.目标公司普通股相对长期国债的风险溢价

B.目标公司普通股相对短期国债的风险溢价

C.目标公司普通股相对可比公司长期债券的风险溢价

D.目标公司普通股相对目标公司债券的风险溢价

第13记 99记 知识链接

13 甲公司拟通过发行优先股筹集资金，计划发行30万股，每股面值为100元，平价发行，固定股息率为7.76%，筹资费用率为3%。甲公司将该优先股分类为权益工具，适用的所得税税率为25%，则该优先股的税后资本成本为（　　）。

A.8%　　B.7.76%

C.6%　　D.5.82%

第14记 99记 知识链接

14 下列关于计算加权平均资本成本的说法中，错误的是（　　）。

A.为反映未来的资本结构，理想的做法是按照以市场价值计量的目标资本结构的比例计量每种资本要素的权重

B.计算加权平均资本成本时，每种资本要素的相关成本是未来增量资金的机会成本，而非已经筹集资金的历史成本

C.计算加权平均资本成本时，需要考虑发行费用的债务应与不需要考虑发行费用的债务分开，分别计量资本成本和权重

D.为反映企业当前的资本结构，应使用企业资产负债表上显示的会计价值来衡量每种资本的比例

第15记 99记 知识链接

15 甲运输企业负责冷链运输，目前共有10辆运输车，20名驾驶员，每辆运输车配2名驾驶员。运输车按平均年限法计提折旧，驾驶员每月底薪0.4万元，按运输里程每公里支付工资0.2元。按照成本性态分类，甲运输企业的车辆折旧费和驾驶员工资分别属于（　　）。

A.变动成本和固定成本

B.半变动成本和固定成本

C.固定成本和半变动成本

D.固定成本和延期变动成本

第16记 99记 知识链接

16 已知甲公司本年变动成本率为30%，盈亏临界点作业率为80%，则甲公司本年的销售息税前利润率为（　　）。

A.14%

B.24%

C.56%

D.6%

第18、19记 99记 知识链接

二、多项选择题

17 下列关于利益相关者要求的说法中，正确的有（　　）。

A.对经营者实行固定年薪制，可以防止经营者背离股东目标

B.企业提高股利支付率，有可能损害债权人的利益

C.要求经营者定期披露信息，可以防止经营者背离股东目标

D.债权人为了防止其利益被损害，可以在借款合同中加入限制性条款

第3记 99记 知识链接

18 下列金融工具在货币市场中交易的有（　　）。

A.股票　　B.商业票据

C.长期公司债券　　D.期限为6个月的国债

第4记 99记 知识链接

19 如果资本市场半强式有效，投资者（　　）。

A.通过技术分析不能获得超额收益

B.运用估值模型不能获得超额收益

C.通过基本面分析不能获得超额收益

D.利用非公开信息不能获得超额收益

第5记 99记 知识链接

20 下列关于利率影响因素的说法中，正确的有（　　）。

A.在确定市场利率时，需要考虑通货膨胀溢价、违约风险溢价、流动性风险溢价和期限风险溢价

B.对于公司债券来说，公司评级越高，违约风险越小，违约风险溢价越低

C.流动性风险溢价指债券因面临存续期内市场利率上升导致价格下跌的风险而给予债权人的补偿

D.期限风险溢价指债券因存在不能短期内以合理价格变现的风险而给予债权人的补偿

第6记 99记 知识链接

21 下列各项说法中，符合无偏预期理论的有（　　）。

A.资金在长期资金市场和短期资金市场之间的流动完全自由

B.每类投资者固定偏好于收益率曲线的特定部分

C.投资者为了减少风险偏好于流动性好的短期债券

D.长期即期利率是短期预期利率的无偏估计

第6记 99记 知识链接

22 A证券的期望报酬率为12%，标准差为15%；B证券的期望报酬率为18%，标准差为20%。投资于两种证券组合的机会集是一条曲线，有效边界与机会集重合，以下结论中正确的有（　　）。

A.最小方差组合是全部投资于A证券

B.最高期望报酬率组合是全部投资于B证券

C.两种证券构成的投资组合不存在风险分散化效应

D.两种证券构成的投资组合能够分散掉一部分系统风险

第9记 99记 知识链接

23 投资组合由证券X和证券Y各占50%构成。证券X的期望收益率为12%，标准差为12%，β系数为1.5。证券Y的期望收益率为10%，标准差为10%，β系数为1.3。下列说法中，正确的有（　　）。

A.投资组合的期望收益率等于11%

B.投资组合的β系数等于1.4

C.投资组合的变异系数等于1

D.投资组合的标准差等于11%

第9记 99记 知识链接

24 下列关于资本市场线和证券市场线的说法中，正确的有（　　）。

A.根据资本市场线的观点，当存在无风险资产并可按无风险报酬率自由借贷时，最有效风险资产组合是风险资产机会集上最小方差点对应的组合

B.无风险报酬率越大，证券市场线在纵轴的截距越大

C.当投资者的风险厌恶感普遍减弱时，会导致证券市场线的斜率下降

D.投资者个人的风险偏好可以影响资本市场线中市场均衡点的位置

第10记 99记 知识链接

25 下列关于资本成本的说法中，正确的有（　　）。

A.资本成本是指投资资本的机会成本

B.资本成本也称为投资项目的取舍率

C.资本结构、投资政策和税率属于影响资本成本的内部因素

D.市场利率上升会导致公司债务资本成本下降

第11记 99记 知识链接

26 下列关于债务资本成本估计的说法中，正确的有（　　）。

A.在进行投资决策时，需要估计的是现有债务的成本

B.如果公司发行“垃圾债券”，债务资本成本应是考虑违约可能后的期望收益

C.在进行资本预算时，通常只考虑长期债务，而忽略各种短期债务

D.用债务的承诺收益率作为债务成本，可能导致高估债务成本

第12记 99记 知识链接

27 下列关于资本资产定价模型参数估计的说法中，错误的有（　　）。

A.当预测周期特别长时，不能忽略通货膨胀的累积影响，应使用名义无风险利率

B.无风险利率一般使用长期政府债券的票面利率

C.实务中，一般使用历史的β值估计股权成本，并且应当选择较长的历史期间

D.估计市场风险溢价时，无须剔除经济繁荣时期或经济衰退时期的数据

第13记 99记 知识链接

28 下列各项中，通常属于约束性固定成本的有（　　）。

A.培训费　　B.折旧费

C.广告费　　D.取暖费

第16记 99记 知识链接

29 下列关于变动成本法的说法中，正确的有（　　）。

A.在变动成本法下，产品成本只包括直接材料、直接人工和变动制造费用

B.在变动成本法下，产品成本包括变动销售和管理费用

C.变动成本法克服了完全成本法下全部按照产量基础分配制造费用，产生误导决策的成本信息的缺点

D.在变动成本法下，固定制造费用与期间费用一起一次计入当期损益

第17记 99记 知识链接

30 甲公司销售收入50万元，边际贡献率为30%。该公司仅设K和W两个部门，其中K部门的变动成本为30万元，边际贡献率为25%。下列说法中，正确的有（　　）。

A.K部门边际贡献为10万元

B.W部门边际贡献率为50%

C.W部门销售收入为10万元

D.K部门变动成本率为70%

第18、19记 99记 知识链接

31 甲公司只生产销售一种产品，单价为100元，单位变动成本为50元，年固定成本为10 000元，年正常销售量为500件。不考虑其他情况，下列说法中正确的有（　　）。

A.保本点销售量为200件

B.保本点销售额为20 000元

C.盈亏临界点作业率为40%

D.安全边际额为30 000元

第19、20记 99记 知识链接

第二模块　报表分析和财务预测

一、单项选择题

32 甲公司2022年净利润为90万元，所得税费用为20万元，费用化利息为10万元，资本化利息为10万元，年末产权比率为3/2，经营活动现金流量净额为80万元。下列指标计算中，错误的是（　　）。

A.现金流量利息保障倍数为4

B.利息保障倍数为6

C.资产负债率为40%

D.权益乘数为2.5

第24记 99记 知识链接

33 甲公司2022年末流通在外的普通股500万股，优先股50万股；2022年流通在外的普通股的加权平均数为400万股。2022年年末资产合计6 000万元，负债合计3 500万元，优先股每股清算价值10元，无拖欠的累计优先股股息。2022年末甲公司普通股每股市价为24元，市净率是（　　）。

A.4　　B.4.8

C.5　　D.6

第26记 99记 知识链接

34 甲公司2021年营业收入为200万元，经营负债销售百分比为20%，营业净利率为10%，股利支付率为60%。假设甲公司计划2022年采用内含增长率的方式增长，内含增长率为10%，经营资产和经营负债与销售收入的百分比保持不变，营业净利率与股利支付率维持2021年的水平不变，没有可动用的金融资产，不打算进行股票回购，则预计甲公司2022年的经营资产为（　　）万元。

A.140.8　　B.128

C.120　　D.132

第34记 99记 知识链接

35 甲公司处于可持续增长状态。2022年初总资产为1 000万元，总负债为200万元。2022年营业收入为2 000万元，营业净利率为10%，股利支付率为20%。甲公司2022年的可持续增长率是（　　）。

A.5%　　B.4.76%　　C.16.67%　　D.20%

第34记 99记 知识链接

36 下列关于预算编制方法的说法中，正确的是（　　）。

A.零基预算不以历史时期经济活动及预算为基础，不利于调动各部门降低费用的积极性

B.弹性预算法一般适用于经营业务稳定，产品需求及成本能够准确预测的企业

C.定期预算法的编制与会计期间相配比，有利于各个期间的预算衔接

D.滚动预算法有利于结合企业近期和长期目标，发挥预算的指导和控制作用

第35记 99记 知识链接

37 甲公司正在编制直接材料预算，预计单位产成品材料耗量为10千克，材料价格为50元/千克。第一季度期初、期末材料存货分别为500千克和550千克；第一季度、第二季度产成品销量分别为200件和250件；期末产品存货按下季度销量10%安排。预计第一季度材料采购金额是（　　）元。

A.100 000　　B.102 500　　C.105 000　　D.130 000

第36记 99记 知识链接

38 甲公司正在编制直接材料消耗与采购预算。预计生产单位产成品的材料领用量为20千克，第三季度期初、期末材料存量分别为800千克和1 000千克，第三季度、第四季度的产成品销量分别为280件和320件。材料采购单价为每千克15元，期末产成品存货按下季度销量的20%安排。材料采购货款有25%于当季付清，其余75%在下季付清，则第三季度采购材料形成的“应付账款”期末余额预计为（　　）元。

A.65 250　　B.67 050　　C.87 000　　D.89 400

第36记 99记 知识链接

二、多项选择题

39 下列关于企业短期偿债能力分析的说法中，正确的有（　　）。

A.在计算年度现金流量比率时，通常使用流动负债的年末余额而非平均余额

B.营运资本增加，说明企业短期偿债能力提高

C.速动资产包括货币资金、交易性金融资产和各种应收款项

D.流动比率与营运资本配置比率呈反向变动关系

第23记 99记 知识链接

40 下列各项影响因素中，能够增强公司短期偿债能力的有（　　）。

A.良好的公司声誉　　B.可动用的银行授信额度

C.可快速变现的非流动资产　　D.公司股价上涨

第23记 99记 知识链接

41 下列关于企业营运能力分析的说法中，正确的有（　　）。

A.在计算存货周转率时，如果为了分析企业的短期偿债能力，应使用“营业收入”作为周转额

B.在计算存货周转率时，如果为了评估企业的存货管理业绩，应使用“营业成本”作为周转额

C.在计算应收账款周转天数时，从使用赊销额改为使用销售收入进行计算，会使应收账款周转天数增加

D.在计算应收账款周转率时，如果坏账准备的金额较大，应使用计提坏账准备之后的应收账款进行计算

第25记 99记 知识链接

42 甲公司是一家制造业企业，在编制管理用资产负债表时，下列项目中，属于金融负债的有（　　）。

A.应付账款　　B.应付利息

C.应付普通股股利　　D.应付优先股股利

第28记 99记 知识链接

43 甲公司2022年的净利润为300万元，税后利息费用为60万元，折旧和摊销为80万元，经营营运资本增加50万元，分配股利45万元，净负债增加75万元，公司当年没有发行和回购权益证券。下列说法中，正确的有（　　）。

A.公司2022年的实体现金流量为60万元

B.公司2022年债务现金流量为15万元

C.公司2022年股权现金流量为45万元

D.公司2022年的营业现金净流量为390万元

第30记 99记 知识链接

44 假设其他因素不变，下列变动中会导致企业增加外部融资额的有（　　）。

A.提高应收账款周转天数

B.提高经营负债销售百分比

C.提高营业净利率

D.提高股利支付率

第32记 99记 知识链接

45 假设其他因素不变，下列变动中会导致企业内含增长率提高的有（　　）。

A.预计营业净利率的增加

B.预计股利支付率的增加

C.经营资产销售百分比的增加

D.经营负债销售百分比的增加

第33记 99记 知识链接

46 甲公司2021年保持2020年的经营效率（营业净利率、总资产周转率）和财务政策（权益乘数、股利支付率）不变，不发行新股或回购股票。那么下列关于2020年、2021年的可持续增长率和实际增长率之间关系的表述正确的有（　　）。

A.2021年可持续增长率等于2021年实际增长率

B.2020年可持续增长率等于2021年实际增长率

C.2020年实际增长率等于2020年可持续增长率

D.2020年实际增长率等于2021年可持续增长率

第34记 99记 知识链接

47 下列关于作业预算编制的表述中，正确的有（　　）。

A.作业预算适用于直接人工较少、制造费用比重较大的企业

B.资源费用需求量取决于预测期销售量和各类作业消耗率

C.企业的资源费用价格库包含资源费用成本价、行业标杆价、预期市场价等

D.企业作业预算分析主要包括资源动因分析和作业动因分析

第38记 99记 知识链接

第三模块　长期投资决策

一、单项选择题

48 某两年期债券，面值为1 000元，票面利率为8%，每半年付息一次，到期还本。假设有效年折现率是8.16%，该债券刚刚支付过上期利息，其价值是（　　）元。

A.997.10

B.994.14

C.1 002.85

D.1 000

第39记 99记 知识链接

49 甲、乙公司已进入稳定增长状态，股票信息如下：

项目	甲	乙
期望报酬率	10%	14%
股利稳定增长率	6%	10%
股票价格	30元	40元

下列关于甲、乙股票投资的说法中，正确的是（　　）。

A.甲、乙股票预期股利相同

B.甲、乙股票股利收益率相同

C.甲、乙股票预期资本利得相同

D.甲、乙股票资本利得收益率相同

第41记 99记 知识链接

50 甲公司是一家制造业企业，每股收益为0.5元，预期增长率为4%，与甲公司可比的4家制造业企业的平均市盈率是25倍，平均预期增长率为5%，用修正平均市盈率法估计的甲公司每股价值是（　　）元。

A.10

B.13

C.12.5

D.13.13

第58记 99记 知识链接

51 甲连锁酒店集团预计每股营业收入为68元，每股收益为8.16元，固定股利支付率为40%。该公司的β值为0.7，假设无风险利率为5%，平均风险股票报酬率为12%，预期净利润和股利保持6%的长期增长率。乙连锁酒店集团与甲公司具有可比性，预计每股营业收入为60元，根据市销率模型估计其股票价值为（　　）元。

A.38.9　　B.41.3

C.73.8　　D.78.3

第58记 99记 知识链接

52 下列关于衍生工具的说法中，正确的是（　　）。

A.远期合约和期货合约都属于定制化合约

B.互换合约和期权合约都属于标准化合约

C.期货合约和期权合约都属于单边合约

D.远期合约和互换合约都在场外交易

第48记 99记 知识链接

53 甲公司股票目前市价为20元，有1份以该股票为标的资产的看跌期权，期限为6个月，执行价格为24元，期权价格为4元。若到期日股价为30元，则下列各项中不正确的是（　　）。

A.多头看跌期权到期日价值为0元

B.空头看跌期权到期日价值为-6元

C.多头看跌期权净损益为-4元

D.空头看跌期权净损益为4元

第49记 99记 知识链接

54 甲公司是一家制造业上市公司，当前每股市价为20元。投资者预期未来股价将大幅波动，采用多头对敲的组合进行投资。以甲公司股票为标的资产的看涨期权为每份3元，看跌期权为每份5元，两种期权的执行价格均为30元，到期时间为6个月。假设6个月后甲公司股票价格下跌50%，不考虑货币时间价值，多头对敲组合的净损益为（　　）元。

A.-20　　B.-12

C.12　　D.20

第50记 99记 知识链接

55 下列情形中，最适合采用空头对敲投资策略的是（　　）。

A.预计未来标的资产价格将大幅上涨

B.预计未来标的资产价格将大幅下跌

C.预计未来标的资产价格将在执行价格附近小幅波动

D.预计未来标的资产价格将发生剧烈波动，但不知道升高还是降低

第50记 99记 知识链接

56 在其他因素不变的情况下，下列变动中能够引起看跌期权价值上升的是（　　）。

A.股价波动率下降　　B.执行价格下降

C.股票价格上升　　D.预期红利上升

第52记 99记 知识链接

57 甲公司股票当前价格为60元，以该股票为标的资产的看涨期权执行价格为65元。每份看涨期权可买入1股股票。预计未来甲公司股价或者上涨20元，或者下跌10元。下列投资组合中，可复制1份多头该看涨期权投资效果的是（　　）。

A.购入0.5股甲公司股票，同时借入必要的款项

B.购入2股甲公司股票，同时借入必要的款项

C.购入0.5股甲公司股票，同时贷出必要的款项

D.购入2股甲公司股票，同时贷出必要的款项

第53记 99记 知识链接

58 甲公司股票的现行价格为15元，以该股票为标的资产的欧式看涨期权和欧式看跌期权的执行价格均为12.24元，都在3个月后到期。年无风险利率为8%，如果看涨期权的价格为5元，看跌期权的价格应为（　　）元。

A.2　　B.3

C.7　　D.8

第53记 99记 知识链接

59 甲公司有X、Y两个项目组，分别承接不同的项目类型。X项目组资本成本为10%，Y项目组资本成本为14%，甲公司资本成本为12%。下列项目中，甲公司可以接受的是（　　）。

A.报酬率为9%的X类项目

B.报酬率为11%的X类项目

C.报酬率为12%的Y类项目

D.报酬率为13%的Y类项目

第42记 99记 知识链接

60 甲公司于2022年初购置一台设备，成本为500万元，根据税法规定，该设备按照直线法计提折旧，折旧年限为3年，残值率为10%。若甲公司计划使用该设备2年，运行成本分别为100万元和120万元，均发生在各年年末。2年后的变现价值为200万元，甲公司加权平均资本成本为10%，企业所得税税率为25%，则该设备的平均年成本为（　　）万元。

A.275.01　　B.218.76

C.264.90　　D.237.51

第45记 99记 知识链接

61 甲公司有两个互斥的投资项目M和N，投资期限和投资风险都不同，但都可以重置。下列情况下，可以判定M项目优于N项目的是（　　）。

A.M的等额年金＞N的等额年金

B.M的永续净现值＞N的永续净现值

C.M的内含报酬率＞N的内含报酬率

D.M的动态投资回收期＜N的动态投资回收期

第43记 99记 知识链接

二、多项选择题

62 债券A和债券B是两支刚发行的平息债券，债券的面值和票面利率相同，票面利率均高于必要报酬率，以下说法中，正确的有（　　）。

A.如果两债券的必要报酬率和利息支付频率相同，偿还期限长的债券价值低

B.如果两债券的必要报酬率和利息支付频率相同，偿还期限长的债券价值高

C.如果两债券的偿还期限和必要报酬率相同，利息支付频率高的债券价值低

D.如果两债券的偿还期限和利息支付频率相同，必要报酬率与票面利率差额大的债券价值高

第39记 99记 知识链接

63 关于连续付息的债券，下列说法中正确的有（　　）。

A.当折现率等于票面利率时，债券价值一直等于票面价值

B.当折现率大于票面利率时，债券价值到期前一直低于票面价值

C.当折现率小于票面利率时，债券价值到期前一直高于票面价值

D.随着到期时间的缩短，折现率变动对债券价值的影响越来越小

第39记 99记 知识链接

64 甲公司已进入稳定增长状态，可持续增长率为5%。2019年度的利润分配方案是每10股派发现金股利15元，流通在外普通股加权平均股数5 000万股，股东必要报酬率为10%。下列说法中，正确的有（　　）。

A.股东权益的增长率为5%

B.预计下一年的股票价格为33.08元

C.于股权登记日的股票预期价格为31.5元

D.如果通过回购150万股股票的方式向股东支付等额现金，则回购价格为每股50元

第40记 99记 知识链接

65 下列关于实物期权的说法中，正确的有（　　）。

A.相较于传统现金流量折现法，考虑实物期权是一种动态的投资分析方法

B.未来不确定性特别大的项目中，往往可能含有值得重视的实物期权

C.扩张期权和延迟期权都属于看涨期权

D.放弃期权是一项看跌期权，其标的资产价值是项目的当前售价，而执行价格是项目的原始投资成本

第54、55记 99记 知识链接

66 甲上市公司目前普通股市价每股20元，净资产每股5元。如果资本市场是有效的，下列关于甲公司价值的说法中，正确的有（　　）。

A.清算价值是每股5元　　B.会计价值是每股5元

C.少数股权价值是每股20元　　D.现时市场价值是每股20元

第56记 99记 知识链接

67 下列关于企业价值评估对象的说法中，不正确的有（　　）。

A.企业的经济价值是指按现行市场价格计量的资产总价值

B.企业的公平市场价值应当反映其持续经营产生的未来现金流量的现值

C.企业的整体价值是指少数股权价值与控股权价值的价值总和

D.企业的整体价值与部分价值间的关系反映了不同企业资源组合的效率

第56记 99记 知识链接

68 甲公司处于可持续增长状态，可持续增长率为10%，2020年的每股净资产为5元，每股净利润为2元，利润留存率为60%，股票的β值为1.4，无风险利率为5%，市场平均风险股票必要报酬率为10%。在利用市净率模型计算每股市价的过程中，下列指标计算正确的有（　　）。

A.股权资本成本为12%　　B.权益净利率为40%

C.本期市净率为8.8　　D.当前每股市价为44元

第58记 99记 知识链接

69 下列关于相对价值评估模型说法中，正确的有（　　）。

A.市盈率模型不适用于亏损的企业

B.修正市净率的关键因素是营业净利率

C.修正市销率的关键因素是增长率

D.市销率模型适用于销售成本率较低的服务类企业

第58记 99记 知识链接

70　现有一份甲公司股票的欧式看涨期权，1个月后到期，执行价格50元。目前甲公司股票市价为60元，期权价格为12元。下列说法中，正确的有（　　）。

A.期权时间溢价为2元　　B.期权属于实值状态

C.期权到期时应被执行　　D.期权目前应被执行

第51记　99记 知识链接

71　在其他因素不变的情况下，下列事项中，会导致欧式看涨期权价值增加的有（　　）。

A.期权执行价格提高

B.期权到期期限延长

C.股票价格的波动率增加

D.无风险利率提高

第52记　99记 知识链接

72　甲公司拟投资一个采矿项目，经营期限10年，资本成本14%，假设该项目的初始现金流量发生在期初，营业现金流量均发生在投产后期末，该项目现值指数大于1。下列关于该项目的说法中，正确的有（　　）。

A.净现值大于0

B.折现回收期大于10年

C.会计报酬率大于14%

D.内含报酬率大于14%

第42记　99记 知识链接

73　下列各项指标中，改变项目资本成本会影响其计算结果的有（　　）。

A.净现值

B.内含报酬率

C.会计报酬率

D.动态回收期

第42记　99记 知识链接

74　下列关于互斥项目优选问题的说法，正确的有（　　）。

A.对于期限相同，投资额不同的互斥项目，应当选择内含报酬率大的项目

B.对于期限不同的互斥项目，可以通过共同年限法或等额年金法解决

C.在设备更换不改变生产能力且新旧设备未来使用年限不同的情况下，固定资产更新决策可以选择平均年成本法

D.等额年金法与共同年限法均考虑了竞争因素对于项目净利润的影响

第43记　99记 知识链接

第四模块　长期筹资决策

一、单项选择题

75 甲公司只生产一种产品，产品单价为6元，单位变动成本为4元，产品销量为10万件/年，固定成本为5万元/年，利息支出为3万元/年。甲公司的财务杠杆系数为（　　）。

A.1.18　　B.1.25　　C.1.33　　D.1.66

第61记 99记 知识链接

76 甲公司的经营杠杆系数为1.5，财务杆系数为2。如果该公司销售额增长80%，每股收益增长（　　）。

A.120%　　B.160%　　C.240%　　D.280%

第61记 99记 知识链接

77 甲公司采用配股方式进行融资，拟每10股配1股，配股前价格每股9.1元，配股价格每股8元。假设所有股东均参与配股，则配股除权价格是（　　）元。

A.8　　B.10.1　　C.9　　D.8.8

第63记 99记 知识链接

78 甲公司股票每股10元，以配股价格每股8元向全体股东每10股配售10股。拥有甲公司80%股权的投资者行使了配股权。乙持有甲公司股票1 000股，未行使配股权，配股除权使乙的财富（　　）。

A.增加220元　　B.减少890元

C.减少1 000元　　D.不发生变化

第63记 99记 知识链接

79 甲公司拟发行附认股权证债券，当前等风险普通债券的市场利率为6%，股东权益资本成本为9%。甲公司的企业所得税税率为25%。要使发行方案可行，附认股权证的税后资本成本的区间为（　　）。

A.6%～9%　　B.4.5%～9%

C.6%～12%　　D.4.5%～12%

第65记 99记 知识链接

80 目前，甲公司有累计未分配利润为1 000万元，其中上年实现的净利润为500万元。公司正在确定上年利润的具体分配方案。按法律规定，净利润要提取10%的盈余公积金。预计今年需增加长期资本为800万元。公司的目标资本结构是债务资本占40%、权益资本占60%。公司采用剩余股利政策，应分配的股利是（　　）万元。

A.20　　B.0　　C.540　　D.480

第69记 99记 知识链接

81 下列关于股利政策的说法中，正确的是（　　）。

A.采用剩余股利政策，公司盈余应首先用于满足投资方案所需资本，若有剩余再将其作为股利发放给股东

B.采用固定股利或稳定增长的股利政策，有利于稳定公司股价，维持较低的资本成本

C.采用固定股利支付率政策，使股利与公司盈余紧密地配合，但对稳定股价不利

D.采用低正常股利加额外股利政策，额外股利的发放受盈余影响，不利于稳定股价和吸引投资者

第69记 99记 知识链接

82 甲公司是一家上市公司，2021年的利润分配方案如下：每10股送2股并派发现金红利10元（含税），资本公积每10股转增3股。如果股权登记日的股票收盘价为每股25元，除权（息）日的股票参考价格为（　　）元。

A.10　　B.15　　C.16　　D.16.67

第70记 99记 知识链接

二、多项选择题

83 下列关于资本结构代理理论的说法中，正确的有（　　）。

A.当企业经理与股东产生利益冲突时，经理的自利行为可能导致过度投资问题

B.当企业股东与债权人产生利益冲突时，债权人的要求可能导致投资不足问题

C.债权人保护条款的引入将导致企业价值的损失

D.最优资本结构不仅要平衡债务利息抵税和财务困境成本，还要平衡代理成本和代理收益

第59记 99记 知识链接

84 下列关于MM理论的说法中，正确的有（　　）。

A.在不考虑企业所得税的情况下，企业价值与资本结构无关，仅取决于经营风险大小

B.在不考虑企业所得税的情况下，有负债企业的权益成本随负债比例的增加而增加

C.在考虑企业所得税的情况下，企业价值与资本结构有关，随负债比例的增加而增加

D.一个有负债企业在有企业所得税情况下的权益资本成本要比无企业所得税情况下的权益资本成本高

第59记 99记 知识链接

85 甲公司因扩大经营规模需要筹集长期资本，有发行长期债券、发行优先股、发行普通股三种筹资方式可供选择。经过测算，发行长期债券与发行普通股的每股收益无差别点为130万元，发行优先股与发行普通股的每股收益无差别点为210万元。如果采用每股收益无差别点法进行筹资方式决策，下列说法中，正确的有（　　）。

A.当预期的息税前利润为100万元时，甲公司应当选择发行普通股

B.当预期的息税前利润为150万元时，甲公司应当选择发行优先股

C.当预期的息税前利润为200万元时，甲公司可以选择发行普通股

D.当预期的息税前利润为250万元时，甲公司应当选择发行长期债券

第60记 99记 知识链接

86 与债务筹资相比，下列属于普通股筹资缺点的有（　　）。

A.财务风险大

B.筹资限制多

C.可能会分散公司的控制权

D.资本成本高

第62记 99记 知识链接

87 下列有关优先股的说法中，正确的有（　　）。

A.当公司选举董事会成员时，优先股股东优先于普通股股东当选

B.当公司破产清算时，优先股股东优先于普通股股东求偿

C.同一公司优先股的筹资成本比普通股筹资低

D.发行优先股一般不会稀释股东权益

第64记 99记 知识链接

88 下列关于可转换债券和附认股权证债券的说法中，正确的有（　　）。

A.两者都能起到一次发行，两次融资的作用

B.两者的发行公司都是希望通过捆绑期权吸引投资者以降低利率

C.附认股权证债券的发行费用比可转换债券的发行费用更高

D.可转换债券的灵活性比附认股权证债券的灵活性更好

第65、66记 99记 知识链接

89 与其他债券发行方式相比，发行可转换债券的优点有（　　）。

A.通过捆绑转股权可以实现降低债券发行利率的目的，适用于规模较小的新公司

B.使公司取得了以高于当前股价出售普通股的可能性

C.允许发行者规定可赎回条款、强制转换条款等，灵活性较好

D.票面利率低于同一条件下的普通债券利率，降低了公司的筹资成本

第66记 99记 知识链接

90　下列关于股利理论的说法中，正确的有（　　）。

A.税差理论认为，当股票资本利得税与股票交易成本之和大于股利收益税时，应采用高现金股利支付率政策

B.客户效应理论认为，对于高收入阶层和风险偏好投资者，应采用高现金股利支付率政策

C.“一鸟在手”理论认为，由于股东偏好当期股利收益胜过未来预期资本利得，应采用高现金股利支付率政策

D.代理理论认为，为解决控股股东和中小股东之间的代理冲突，应采用高现金股利支付率政策

第68记 99记 知识链接

91　甲公司盈利稳定，有多余现金，拟进行股票回购用于将来奖励本公司职工，在其他条件不变的情况下，股票回购产生的影响有（　　）。

A.每股收益提高

B.每股面额下降

C.资本结构变化

D.自由现金流减少

第71记 99记 知识链接

92　下列关于股票回购和股票分割的说法中，正确的有（　　）。

A.股票回购提高每股收益和每股市价，股票分割反之

B.两者均会导致所有者权益和现金的减少

C.两者均有利于刺激公司股票价格提升

D.股票回购导致财务杠杆水平提高，而股票分割不影响资本结构

第71记 99记 知识链接

第五模块 经营决策

一、单项选择题

93 与保守型营运资本投资策略相比，适中型营运资本投资策略的（ ）。

A.持有成本和短缺成本均较低

B.持有成本和短缺成本均较高

C.持有成本较高，短缺成本较低

D.持有成本较低，短缺成本较高

第72记 99记 知识链接

94 甲公司是一家生产和销售电暖气的企业，夏季是其生产经营淡季，应收账款、存货和应付账款处于正常状态。根据如下甲公司资产负债表，该企业的营运资本筹资策略是（ ）。

甲公司资产负债表

2022年6月30日 单位：万元

资产	金额	负债及所有者权益	金额
货币资金（经营）	30	应付账款	100
交易性金融资产	50	长期借款	200
应收账款	120	股东权益	300
存货	150	—	—
固定资产	250	—	—
资产总计	600	负债及股东权益总计	600

A.保守型筹资策略

B.适中型筹资策略

C.激进型筹资策略

D.无法判断

第73记 99记 知识链接

95 存货模式和随机模式是确定最佳现金持有量的两种方法。下列关于这两种方法的表述中，不正确的是（ ）。

A.两种方法都考虑了现金的交易成本和机会成本

B.存货模式简单、直观，比随机模式有更广泛的适用性

C.随机模式可以在企业现金未来需要总量和收支不可预测的情况下使用

D.随机模式确定的现金持有量，更易受到管理人员主观判断的影响

第74记 99记 知识链接

96 供应商向甲公司提供的信用条件是“1/10，n/30”。一年按360天计算，不考虑复利，甲公司放弃现金折扣的成本是（　　）。

A.12.12%　　B.12%

C.18.18%　　D.18%

第78记 99记 知识链接

97 甲公司与乙银行签订了一份周转信贷协定，周转信贷限额为1 000万元，借款利率为6%，承诺费率为0.5%，甲公司需按照实际借款额维持10%的补偿性余额。甲公司年度内使用借款600万元，则该笔借款的实际税前资本成本是（　　）。

A.6%　　B.6.33%　　C.6.67%　　D.7.04%

第79记 99记 知识链接

98 甲公司是一家电视机生产商，每年生产电视机需要液晶屏50 000块，外购成本为每块600元，公司的生产车间有能力生产液晶屏，单位生产成本为560元，其中单位变动成本为480元。如果甲公司目前只有25 000块液晶屏的生产能力，且无法转移，若自制50 000块，需租用一条生产线，月租金为21万元，租期1年，使液晶屏的生产能力达到50 000块。下列关于甲公司应该自制还是外购液晶屏的结论中正确的是（　　）。

A.应该选择自制，自制液晶屏的年成本较外购低348万元

B.应该选择外购，外购液晶屏的年成本较自制低52万元

C.应该选择自制，自制液晶屏的年成本较外购低579万元

D.应该选择自制，自制液晶屏的年成本较外购低179万元

第80、81记 99记 知识链接

二、多项选择题

99 甲公司稳定性流动资产和长期资产的所需资金，一方面来源于长期资本，一方面来源于临时性负债。相较于其他营运资本筹资策略，下列关于甲公司营运资本筹资策略的说法中，正确的有（　　）。

A.甲公司波动性流动资产的所需资金，全部来源于临时性负债

B.甲公司在营业低谷时的易变现率小于1

C.甲公司在生产经营淡季，可以将闲置资金投资于短期有价证券

D.甲公司短期金融负债在全部资金来源中的占比较大，风险较高，收益也较高

第73记 99记 知识链接

100 甲公司采用随机模式进行现金管理。最低现金持有量150万元，现金返回线200万元，下列操作正确的有（ ）。

A.当现金余额为240万元时，应用现金购入40万元有价证券

B.当现金余额为80万元时，应抛售有价证券换回现金70万元

C.当现金余额为380万元时，应用现金购入180万元有价证券

D.当现金余额为160万元时，不必进行现金和有价证券间的转换操作

第74记 99记 知识链接

101 根据存货经济批量基本模型，下列各项中，导致存货经济订货批量减少的情况有（ ）。

A.单位储存变动成本增加

B.订货固定成本减少

C.存货年需求量减少

D.缺货成本减少

第77记 99记 知识链接

102 甲企业计划生产M产品。现有旧设备一台，原值5 000万元，已提折旧3 500万元，账面价值1 500万元。如使用旧设备生产M产品，需对其进行技术改造，追加支出1 000万元。企业也可购入新设备生产M产品，新设备市价2 000万元，可将旧设备作价1 200万元以旧换新。假设不考虑所得税等相关税费的影响，下列关于企业改造旧设备或购买新设备的决策中，正确的有（ ）。

A.旧设备的已提折旧与决策无关

B.旧设备的账面价值属无关成本

C.旧设备的以旧换新作价与决策无关

D.改造旧设备比购买新设备多支出200万元

第80记 99记 知识链接

103 下列关于产品销售定价方法的说法中，错误的有（ ）。

A.完全成本加成定价法下，成本基数包括直接材料、直接人工、变动制造费用、固定制造费用

B.变动成本加成法下，成本基数不包括变动销售及管理费用

C.成本加成定价法，有利于时刻保持对市场的敏感性

D.撇脂性定价法是在新产品试销初期先定出较高的价格

第82记 99记 知识链接

第六模块　成本计算

一、单项选择题

104 甲公司生产X产品，设有供电和锅炉两个辅助生产车间。2021年7月，供电车间发生生产费用315 000元，供电450 000度，其中锅炉车间30 000度、X产品320 000度、基本生产车间60 000度、行政管理部门40 000度；锅炉车间发生生产费用119 000元，提供热力蒸汽150 000吨，其中供电车间10 000吨、X产品100 000吨、基本生产车间25 000吨、行政管理部门15 000吨。甲公司采用直接分配法分配辅助生产成本，供电车间的分配率是（　　）元/度。

A.0.70　　B.0.72　　C.0.75　　D.0.85

第83记 99记 知识链接

105 甲企业基本生产车间生产乙产品，依次经过三道工序，工时定额分别为40小时、35小时和25小时。月末完工产品和在产品成本采用约当产量法分配。假设制造费用随加工进度在每道工序陆续均匀发生，各工序月末在产品平均完工程度为60%，第三道工序月末在产品数量为6 000件。分配制造费用时，第三道工序在产品约当产量是（　　）件。

A.3 660　　B.3 450　　C.6 000　　D.5 400

第84记 99记 知识链接

106 甲公司生产联产品A和B。2019年8月A和B在分离前发生联合加工成本为600万元。A在分离后可以直接对外出售，A产品售价为每件200元；B在分离后仍需进一步加工，尚需发生的加工成本为40元/件，完工后B产品售价为每件240元。假定A产品30万件，B产品50万件，使用可变现净值法分配联合成本，则A产品和B产品分别应分配的成本为（　　）。

A.200万元和400万元　　B.225万元和375万元

C.273万元和327万元　　D.300万元和300万元

第85记 99记 知识链接

107 下列关于平行结转分步法的说法中，正确的是（　　）。

A.平行结转分步法下，本步骤已完工，但尚未最终完成的产品也属于本步骤的在产品

B.平行结转分步法适用于经常对外销售半成品的企业

C.平行结转分步法有利于考察在产品存货资金占用情况

D.平行结转分步法有利于各步骤在产品的实物管理和成本管理

第87记 99记 知识链接

108 下列各项中，不需要修订基本标准成本的是（　　）。

A.生产工艺发生根本性变化

B.产品的物理结构变化

C.需求导致价格变化

D.重要原材料价格发生重大变化

第88记 99记 知识链接

109 甲公司是一家模具制造企业，正在制定某模具的标准成本。加工一件该模具需要的必不可少的加工操作时间为90小时，设备调整时间为1小时，必要的工间休息为5小时。正常的废品率为4%。该模具的直接人工标准工时是（　　）小时。

A.93.6

B.96

C.99.84

D.100

第89记 99记 知识链接

110 甲公司生产A产品，单位产品耗用的直接材料的价格标准为每千克0.5元，用量标准为每件8千克。直接材料实际购进量为4吨，单价为每千克0.6元，本月生产A产品400件，使用材料2.5吨。下列关于A产品耗用直接材料的说法中，正确的是（　　）。

A.实际成本1 500元

B.成本超支100元

C.价格超支400元

D.数量超支350元

第90记 99记 知识链接

111 甲公司本月发生固定制造费用15 800元，实际产量为 1 000件，实际工时为1 200小时。企业生产能力为1 500小时；每件产品标准工时为1小时，标准分配率为10元/小时，即每件产品固定制造费用标准成本为10元。固定制造费用闲置能力差异是（　　）。

A.800元不利差异

B.2 000元不利差异

C.3 000元不利差异

D.5 000元不利差异

第91记 99记 知识链接

二、多项选择题

112 甲公司有供电、锅炉两个辅助生产车间，公司采用一次交互分配法分配辅助生产成本，分别为基本生产车间和行政管理部门提供动力和蒸汽，同时也相互提供服务。本月供电车间供电40万度，成本费用为20万元，其中锅炉车间耗用1万度电，基本生产车间耗用35万度电，行政管理部门耗用4万度电；锅炉车间提供蒸汽10万吨，成本费用为40万元，其中供电车间耗用0.5万吨蒸汽，基本生产车间耗用9万吨蒸汽，行政管理部门耗用0.5万吨蒸汽。下列计算中，正确的有（　　）。

A.供电车间分配给锅炉车间的成本费用为0.5万元

B.锅炉车间分配给供电车间的成本费用为0.5万元

C.供电车间对外分配的成本费用为21.5万元

D.锅炉车间对外分配的成本费用为41.5万元

第83记 99记 知识链接

113 下列关于产品成本计算方法的说法中，正确的有（　　）。

A.品种法适用于大量大批单步骤生产的企业

B.分批法主要适用于单件小批生产的企业

C.分步法的成本计算期与产品生产周期基本一致

D.分步法以生产步骤为成本计算对象

第86记 99记 知识链接

114 下列关于直接人工标准成本制定及其差异分析的说法中，正确的有（　　）。

A.直接人工标准工时包括调整设备时间

B.直接人工效率差异受工人经验影响

C.直接人工效率差异=（实际工时-标准工时）× 实际工资率

D.直接人工工资率差异受使用临时工影响

第90记 99记 知识链接

115 甲公司月生产能力为10 400件，单位产品标准工时为1.5小时，固定制造费用标准分配率为1 200元/小时。本月实际产量为8 000件，实际工时为10 000小时，实际发生固定制造费用为1 900万元。下列各项表述中，正确的有（　　）。

A.固定制造费用耗费差异为有利差异28万元

B.固定制造费用效率差异为有利差异240万元

C.固定制造费用能力差异为不利差异432万元

D.固定制造费用成本差异为不利差异460万元

第91记 99记 知识链接

116 关于固定制造费用差异分析，下列说法正确的有（　　）。

A.实际工时偏离生产能力而形成的差异属于固定制造费用闲置能力差异

B.实际费用与预算费用之间的差异属于固定制造费用的能力差异

C.实际工时脱离实际产量标准工时形成的差异属于固定制造费用的效率差异

D.实际产量标准工时偏离生产能力形成的差异属于固定制造费用的耗费差异

第91记 99记 知识链接

117 下列关于作业成本法与传统的成本计算方法（以产量为基础的完全成本计算方法）比较的说法中，正确的有（　　）。

A.传统的成本计算方法对全部生产成本进行分配，作业成本法只对变动成本进行分配

B.传统的成本计算方法按部门归集间接费用，作业成本法按作业归集间接费用

C.作业成本法的直接成本计算范围要比传统的成本计算方法的计算范围小

D.与传统的成本计算方法相比，作业成本法不便于实施责任会计和业绩评价

第92记 99记 知识链接

118 甲公司采用作业成本法，下列选项中，属于品种级作业成本库的有（　　）。

A.生产前机器调试

B.生产工艺改造

C.市场推广方案设计

D.半成品的质量检验

第93记 99记 知识链接

119 甲公司生产经营的产品品种繁多，间接成本比重较高，成本会计人员试图推动本公司采用作业成本法计算产品成本。下列理由中，适合用于说服管理层的有（　　）。

A.使用作业成本法可提高成本分配准确性

B.通过作业管理可以提高成本控制水平

C.使用作业成本法开发维护成本较低

D.使用作业成本信息可以为战略管理提供信息支持

第94记 99记 知识链接

第七模块　业绩评价

一、单项选择题

120 下列关于关键绩效指标法的表述中，正确的是（　　）。

A.客户满意度属于结果类关键绩效指标

B.关键绩效指标应含义明确且可度量，并与战略高度相关

C.关键绩效指标法通常需要单独使用，无法和平衡计分卡结合使用

D.关键绩效指标法基于组织的战略而设计，仅适用于企业或部门，不适用于个人

第97记 99记 知识链接

121 甲部门是一个利润中心。下列各项指标中，适合评价该部门对公司利润和管理费用的贡献的指标是（　　）。

A.部门边际贡献　　B.部门税后利润

C.部门税前经营利润　　D.部门可控边际贡献

第96记 99记 知识链接

122 甲公司2022年利润总额为360万元，税前营业利润为400万元，平均净经营资产为800万元，平均总资产为1 000万元，加权平均资本成本为10%，适用的所得税税率为25%。则甲公司的基本经济增加值为（　　）万元。

A.200　　B.300　　C.170　　D.220

第98记 99记 知识链接

123 甲公司是一家中央企业上市公司，依据国资委《中央企业负责人经营业绩考核办法》采用经济增加值进行业绩考核。2022年公司净利润为20亿元，计入财务费用的利息支出为3亿元、计入“期间费用”项下的研发费用为2亿元，当期确认为无形资产的开发支出为1亿元；调整后资本为200亿元，资本成本率为5%。企业所得税税率为25%。公司2022年经济增加值是（　　）亿元。

A.13　　B.13.75　　C.16　　D.14.5

第98记 99记 知识链接

二、多项选择题

124 下列各项中，属于划分成本中心可控成本的条件有（　　）。

A.成本中心有办法弥补该成本的耗费

B.成本中心有办法控制并调节该成本的耗费

C.成本中心有办法计量该成本的耗费

D.成本中心有办法知道将发生什么样性质的耗费

第95、96记 99记 知识链接

125 甲生产车间是一个标准成本中心，下列考核指标中应由甲车间负责的有（　　）。

A.设备利用程度

B.计划产量完成情况

C.生产工艺标准的执行情况

D.产品工时标准的执行情况

第96记 99记 知识链接

126 作为评价投资中心的业绩指标，部门投资报酬率的优点有（　　）。

A.可用于比较不同规模部门的业绩

B.根据现有会计资料计算，比较方便

C.可以使业绩评价与公司目标协调一致

D.有利于从投资周转率以及部门经营利润率角度进行经营分析

第96记 99记 知识链接

127 下列属于平衡计分卡财务维度的指标有（　　）。

A.总资产周转率

B.存货周转率

C.资产负债率

D.单位生产成本

第97记 99记 知识链接

128 在计算披露的经济增加值时，下列各项中，需要进行调整的有（　　）。

A.费用化的研发支出

B.资本化的研发支出

C.扩大市场份额发生的费用

D.战略性投资产生的利息

第29、98记 99记 知识链接

129 下列事项中，需要使用资本成本进行决策的有（　　）。

A.最优资本结构决策

B.制定销售信用政策

C.使用经济增加值评价公司业绩

D.约束资源最优利用决策

第29、60、75、81、98记 99记 知识链接

130 甲公司采用绩效棱柱模型进行绩效管理，下列各项指标中，适合作为业务流程评价指标的有（　　）。

A.供应链管理水平

B.内部控制有效性

C.员工培训有效性

D.客户满意度

第99记 99记 知识链接

必刷主观题

第八模块　计算分析题

一、计算分析题

131　甲公司拟加盟乙快餐集团，乙集团对加盟企业采取不从零开始的加盟政策，将已运营2年以上、达到盈亏平衡条件的自营门店整体转让给符合条件的加盟商，加盟经营协议期限为15年，加盟时一次性支付450万元加盟费，加盟期内，每年按年营业额的10%向乙集团支付特许经营权使用费和广告费，甲公司预计将于2023年12月31日正式加盟，目前正进行加盟店2024年度的盈亏平衡分析。其他相关资料如下。

（1）餐厅面积为400平方米，仓库面积为100平方米，每平方米年租金为2 400元。

（2）为扩大营业规模，新增一项固定资产，该资产原值为300万元，按直线法计提折旧，折旧年限为10年（不考虑残值）。

（3）快餐每份售价为40元，变动制造成本率为50%，每年正常销售量为15万份。假设固定成本、变动成本率保持不变。

要求：

(1) 计算加盟店2024年固定成本总额、单位变动成本、盈亏临界点销售额及正常销售量时的安全边际率。

(2) 如果计划目标税前利润达到100万元，计算快餐销售量；假设其他因素不变，如果快餐销售价格上浮5%，以目标税前利润100万元为基数，计算目标税前利润变动的百分比及目标税前利润对单价的敏感系数。

(3) 如果计划目标税前利润达到100万元且快餐销售量达到20万份，计算加盟店可接受的快餐最低销售价格。

第18、19、20记 99记 知识链接

132 甲基金主要投资政府债券和货币性资产，目前正为5 000万元资金设计投资方案。三个备选方案如下：

方案一：受让银行发行的大额存单A，存单面值为4 000万元，期限为10年，年利率为5%，单利计息，到期一次还本付息。该存单尚有3年到期，受让价格为5 000万元。

方案二：以组合方式进行投资。其中，购入3万份政府债券B，剩余额度投资于政府债券C。

B为5年期债券，尚有1年到期，票面价值为1 000元，票面利率为5%，每年付息一次，到期还本，刚支付上期利息，当前市价为980元；该债券到期后，甲基金计划将到期还本付息金额全额购买2年期银行大额存单，预计有效年利率为4.5%，复利计息，到期一次还本付息。

C为新发行的4年期国债，票面价值为1 000元，票面利率为5.5%，单利计息，到期一次还本付息，发行价格为1 030元；计划持有三年后变现，预计三年后债券价格为1 183.36元。

方案三：平价购买新发行的政府债券D，期限3年，票面价值为1 000元，票面利率为5%，每半年付息一次，到期还本。

假设不考虑相关税费的影响。

要求：

分别计算三个投资方案的有效年利率，并从投资收益率角度指出应选择哪个投资方案。

第7、8记 99记 知识链接

133 肖先生拟在2023年末购置一套价格为360万元的精装修商品房，使用自有资金140万元，公积金贷款60万元，余款通过商业贷款获得。公积金贷款和商业贷款期限均为10年，均为浮动利率，2023年末公积金贷款利率为4%，商业贷款利率为6%，均采用等额本息方式在每年末还款。

该商品房两年后交付，可直接拎包入住。肖先生计划收房后即搬入，居住满8年后（2033年末）退休返乡并将该商品房出售，预计扣除各项税费后变现净收入450万元。若该商品房用于出租，每年末可获得税后租金6万元。

肖先生拟在第5年年末（2028年末）提前偿还10万元的商业贷款本金。预计第5年年末公积金贷款利率下降至3%，商业贷款利率下降至5%。

整个购房方案的等风险投资必要报酬率为 9%。

要求：

（1）计算前5年每年末的公积金还款金额和商业贷款还款金额。

（2）计算第6年年初的公积金贷款余额和商业贷款余额。

（3）计算后5年每年末的公积金还款金额和商业贷款还款金额。

（4）计算整个购房方案的净现值，并判断该方案在经济上是否可行。

第8记 99记 知识链接

134　甲公司是一家上市公司，为做好财务计划，甲公司管理层拟采用管理用财务报表进行分析。相关资料如下：

（1）甲公司2022年的重要财务报表数据：

单位：万元

资产负债表项目	2022年末
货币资金	80
应收账款	220
存货	100
固定资产	800
资产合计	1 200
应付账款	200
长期借款	200
股东权益	800
负债及股东权益合计	1 200

单位：万元

利润表项目	2022年度
营业收入	2 500
减：营业成本	1 500
税金及附加	200
销售和管理费用	600
财务费用	16
利润总额	184
减：所得税费用	46
净利润	138

（2）甲公司没有优先股，股东权益变动均来自利润留存；甲公司货币资金全部为经营活动所需，财务费用全部为利息支出；甲公司的企业所得税税率为25%。

（3）为了与行业情况进行比较，甲公司收集了以下2022年的行业平均财务比率数据：

财务比率	净经营资产净利率	税后利息率	净财务杠杆	权益净利率
行业平均数据	18%	5.5%	20%	20.5%

要求：

(1) 编制甲公司2022年的管理用财务报表（结果填入下方表格中，不用列出计算过程）。

单位：万元

管理用资产负债表项目	2022年末
经营性资产总计	
经营性负债总计	
净经营资产总计	
金融负债	
金融资产	
净负债	
股东权益	
净负债及股东权益总计	

单位：万元

管理用利润表项目	2022年度
营业收入	
税前经营利润	
减：经营利润所得税	
税后经营净利润	
利息费用	
减：利息费用抵税	
税后利息费用	
净利润	

(2) 基于甲公司管理用财务报表有关数据，计算下表列出的财务比率（结果填入下方表格中，不用列出计算过程）。

财务比率	2022年
税后经营净利率	
净经营资产周转次数	
净经营资产净利率	
税后利息率	
经营差异率	
净财务杠杆	
杠杆贡献率	
权益净利率	

(3) 计算甲公司权益净利率与行业平均权益净利率的差异，并使用因素分析法，按照净经营资产净利率、税后利息率和净财务杠杆的顺序，对该差异进行定量分析。

135 甲公司是一家制造企业，正在编制2024年第一、二季度现金预算，年初现金余额160 000元。相关资料如下。

（1）预计第一、二、三季度销量分别为3 000件、2 000件、2 000件，单位售价为200元。每季度销售收入50%当季收现，50%下季收现。2024年初应收账款余额为200 000元，第一季度收回。

（2）2024年初产成品存货300件，每季末产成品存货为下季销量的10%。

（3）单位产品材料消耗量为10千克，单价为10元/千克，当季所购材料当季全部耗用，季初季末无材料存货，每季度材料采购货款40%当季付现，60%下季付现。2024年初应付账款余额为100 000元，第一季度偿付。

（4）单位产品人工工时为2小时，人工成本为10元/小时；制造费用按人工工时分配，分配率为5元/小时。销售和管理费用全年为80 000元，每季度为20 000元。假设人工成本、制造费用、销售和管理费用全部当季付现。全年所得税费用为120 000元，每季度预缴30 000元。

（5）公司计划在上半年安装一条生产线，第一季度支付设备购置款为300 000元。

（6）每季末现金余额不能低于150 000元。低于150 000元时，向银行借入短期借款，借款金额为100 000元的整数倍。借款季初取得，每季末支付当季利息，季度利率为3%。高于150 000元时，高出部分按100 000元的整数倍偿还借款，季末偿还。

第一、二季度无其他融资和投资计划。

要求：

根据上述资料，编制公司2024年第一、二季度现金预算（结果填入下方表格中，不用列出计算过程）。

现金预算

单位：元

项目	第一季度	第二季度
期初现金余额		
加：销货现金收入		
可供使用的现金合计		
减：各项支出		
材料采购		
人工成本		
制造费用		
销售和管理费用		
所得税费用		
购买设备		
现金支出合计		
现金多余或不足		
加：短期借款		
减：归还短期借款		

续表

项目	第一季度	第二季度
减：支付短期借款利息		
期末现金余额		

第37记 99记 知识链接

136 甲艺术中心提供美术艺考一对一授课服务，2023年收费标准为每次课1 000元，每次课2小时。艺术中心按照授课教师资历和授课水平发放薪酬，每小时薪酬为100~200元，平均薪酬标准每小时为150元。艺术中心免费提供画纸、颜料等材料，平均耗材标准每小时为15元。艺术中心月固定成本为90 000元。2023年7月预计有800学习人次，实际有840学习人次。

艺术中心使用标准成本进行预算管理。会计部门每月将实际利润和预算利润进行比较，编制业绩报告，并将此报告发给招生、教务等责任部门，据此进行差异分析和业绩评价。据现行内部管理制度规定，招生部门负责招生，根据艺术中心确定的优惠政策对团体客户提供优惠，对收入负责；教务部门负责授课教师及上课时间安排、美术耗材的采购和使用，对成本负责；收费优惠政策和教师课酬标准由艺术中心确定。

2023年7月会计部门提供的业绩报告如下：

项目	预算	实际	差异
学习人次（人次）	800	840	40
学习小时（小时）	1 600	1 680	80
收入（元）	800 000	823 200	23 200
教师薪酬（元）	240 000	257 040	17 040
材料成本（元）	24 000	21 840	−2 160
固定成本（元）	90 000	90 000	0
总成本（元）	354 000	368 880	14 880
经营利润（元）	446 000	454 320	8 320

要求：

（1）编制甲艺术中心2023年7月弹性预算业绩报告（结果填入下方表格中，不用列出计算过程）。

项目	实际结果	收入和支出差异	弹性预算	作业量差异	固定预算
学习人次（次）					
学习小时（小时）					

续表

项目	实际结果	收入和支出差异	弹性预算	作业量差异	固定预算
收入（元）					
教师薪酬（元）					
材料成本（元）					
固定成本（元）					
总成本（元）					
经营利润（元）					

(2) 计算教师薪酬成本的工资率差异和效率差异，并说明差异产生的可能原因。

(3) 计算材料成本的价格差异和数量差异，并说明差异产生的可能原因。

(4) 用会计部门提供的业绩报告中的差异评价招生部门和教务部门业绩，是否合理？说明理由。

(5) 简要说明弹性预算业绩报告的优点。

第90记 99记 知识链接

137 A公司是一家制造医疗设备的上市公司，每股净资产是4.6元，预期股东权益净利率是16%，当前股票价格是48元。为了对A公司当前股价是否偏离价值进行判断，投资者收集了以下4个可比公司的有关数据。

可比公司名称	市净率	预期股东权益净利率
甲	8	15%
乙	6	13%
丙	5	11%
丁	9	17%

要求：

(1) 回答使用市净率模型估计目标企业股票价值时，如何选择可比企业。

(2) 使用修正市净率的股价平均法计算A公司的每股价值。

(3) 分析市净率估价模型的优点和局限性。

第58记 99记 知识链接

138 甲公司是一家衍生品交易公司。甲公司拟持有乙公司的100份看涨期权空头，每份该期权到期日可以购买乙公司1股股票，执行价格为25元，看涨期权价格为9.2元；甲公司拟持有乙公司的100份看跌期权空头，每份该期权到期日可以卖出乙公司1股股票，执行价格为25元，看跌期权价格为3元。当前股价为30元。

要求：

（1）计算看涨期权、看跌期权的内在价值和时间溢价。

（2）假设到期日股价为40元，计算甲公司的净损益。

（3）假设到期日股价为20元，计算甲公司的净损益。

（4）假设到期日股价为25元，计算甲公司的净损益。

（5）根据以上计算结果，分析该种投资策略适合什么情况。

第50、51记 99记 知识链接

139 甲公司是一家上市公司，目前股票每股市价为40元，未来9个月内不派发现金股利。市场上有A、B、C三种以甲公司股票为标的资产的看涨期权，每份看涨期权可买入1股股票。

假设A、B、C三种期权目前市场价格均等于利用风险中性原理计算的期权价值。乙投资者构建的期权组合相关资料如下：

期权	类型	到期日	执行价格	策略	份数
A	欧式看涨期权	9个月后	28元	多头	5 000
B	欧式看涨期权	9个月后	50元	多头	5 000
C	欧式看涨期权	9个月后	39元	空头	10 000

9个月无风险报酬率为3%。假设不考虑相关税费的影响。

要求：

（1）假设9个月后股价有两种可能，上升35%或下降20%，利用风险中性原理，分别计算A、B、C三种期权目前的期权价值。

（2）假设9个月后股价有两种可能，上升35%或下降20%，分别计算股价上涨和下跌时，该期权组合的净损益（不考虑货币时间价值的影响）。

（3）假设9个月后股价处于（28，50）之间，计算该期权组合到期日价值的最大值。

第50、53记 99记 知识链接

140 甲公司是一家新能源汽车生产商，计划投资新型动力电池项目。该项目分两期进行，第一期投资规模2 000万元，第二期投资规模3 000万元。第一期预计于2024年年初建成并投产，预计投产后第一年税后营业现金流量为400万元，第二年为600万元，第三年至第五年稳定在800万元。第二期预计于2027年初建成并投产，投产后预计每年税后营业现金流量为1 200万元。新能源相关行业的市场竞争非常激烈，未来现金流量的不确定性很大。假设投资的必要报酬率为20%，无风险报酬率为10%，第二期项目的决策必须在2026年底前决定。

要求：

（1）分别计算第一期和第二期不含期权的项目净现值（计算过程和结果填入下方表格中，保留两位小数）。

新型动力电池项目第一期计划

单位：万元

项目	2023年末	2024年末	2025年末	2026年末	2027年末	2028年末
净现值						

新型动力电池项目第二期计划

单位：万元

项目	2023年末	2026年末	2027年末	2028年末	2029年末	2030年末	2031年末
净现值							

(2) 利用BS模型，计算该项目的扩张期权价值（d_1=0.1682，d_2=−0.4381）。

(3) 判断分析是否应该投资第一期项目。

第54记 知识链接

141 甲公司拟投资一个新项目，相关资料如下。

（1）项目初始投资为550万元，预期每年能够创造50万元税后可持续营业现金流量。

（2）项目风险较大，甲公司可以延迟执行该项目，一年后根据市场需求必须做出投资或放弃的决策。

（3）一年后的市场需求：乐观预期下每年税后可持续营业现金流量为80万元，悲观预期下每年税后可持续营业现金流量为30万元。

（4）等风险投资的必要报酬率为10%，无风险报酬率为5%。

要求：

(1) 计算项目的预期净现值。

(2) 采用二叉树模型，计算含有期权的项目净现值和延迟期权价值，并判断分析是否延迟执行项目。

第55记 知识链接

142 甲公司是一家集团公司，对子公司的投资项目实行审批制。2023年末，集团投资限额尚余20 000万元，其中，债务资金限额为12 000万元，股权资金限额为8 000万元。甲公司共收到三家全资子公司（乙、丙、丁）分别上报的投资项目方案。相关资料如下：

（1）乙公司投资项目。

2023年末投资9 000万元购置设备，建设期1年，2024年末建成投产，经营期6年。根据税法相关规定，该设备按直线法计提折旧，折旧年限6年，净残值率为10%；该设备经营期满可变现400万元。经营期内预计年营业收入为4 200万元，年付现成本为800万元。投资该项目预计将在经营期内使甲公司原运营项目减少年营业收入为600万元、年付现成本为200万元。

乙公司按目标资本结构（净负债/股东权益=2）进行项目融资。债务税前资本成本为6%。该项目可比公司的资本结构（净负债/股东权益）为4/3、普通股β系数为2.6。

（2）丙公司投资项目。

2023年末购入固定收益证券，投资额为8 000万元，尚有4年到期，票面价值9 000万元，票面利率为7%，每两年收取利息一次，按年复利计息，到期收回本金。根据税法相关规定，利息在收取时缴纳企业所得税，票面价值与购买价格之间的价差在到期收回本金时缴纳企业所得税。项目资本成本为5%。

丙公司按目标资本结构（净负债/股东权益=3）进行项目融资。

（3）丁公司投资项目。

2023年末投资9 600万元，项目净现值为1 632万元。丁公司按目标资本结构（净负债/股东权益=2）进行项目融资。

（4）无风险利率为2%，市场风险溢价为4%；企业所得税税率为25%。

假设投资项目相互独立，均不可重置，且仅能在2023年末投资，所有现金流量均在当年年末发生。

要求：

(1) 计算乙公司投资项目2023–2030年末的现金净流量，并计算净现值和现值指数。

(2) 计算丙公司投资项目的净现值和现值指数。

(3) 甲公司应审批通过哪些项目？计算并说明理由。

第44、46记 99记 知识链接

143 甲生物制药公司拟于2023年末投资建设一条新药生产线，项目期限是3年。现正进行可行性研究，相关信息如下：

该项目需要一栋厂房、一套生产设备和一项特许使用权。厂房拟用目前公司对外出租的闲置厂房，租金为每年200万元，每年年初收取。生产设备购置安装成本为5 000万元，按直线法计提折旧，折旧年限为5年，无残值，预计3年后变现价值为2 500万元。特许使用权需一次性支付3 000万元，使用期限为3年，按使用年限平均摊销，无残值。按税法规定，当年折旧和摊销可在当年抵扣所得税。该项目无建设期。

生产线建成后，预计新药2024年、2025年、2026年每年营业收入分别为6 000万元、7 000万元、7 000万元。每年付现固定成本为500万元，付现变动成本为当年营业收入的25%。

该项目需要占用的营运资本与营业收入存在函数关系：营运资本=200万元+当年营业收入×20%。每年新增的营运资本在年初投入，项目结束时全部收回。

假设设备购置和特许使用权支出发生在2023年末，各年营业现金流量均发生在当年年末。

项目加权平均资本成本为12%。企业所得税税率25%。

要求：

（1）估计该项目2023–2026年每年年末的相关现金流量和净现值（计算过程和结果填入下方表格中）。

单位：万元

项目	2023年末	2024年末	2025年末	2026年末
现金净流量				
折现系数（12%）				
现值				
净现值				

（2）如果项目加权平均资本成本上升到14%，其他因素不变，计算项目的净现值。

（3）基于要求（1）和（2）的结果，计算项目净现值对资本成本的敏感系数。

第42、44、47记 99记 知识链接

144　甲公司是一家上市公司，目前拟发行可转换债券筹集资金。乙投资机构是一家从事证券投资的专业机构，正对甲公司可转换债券进行投资的可行性分析，为此收集了甲公司的发行公告、股票价格等信息。相关资料如下。

（1）甲公司于2021年12月20日发布的《公开发行可转换债券发行公告》摘要：

本次发行证券的种类为可转换为公司A股普通股股票的可转换公司债券。本次募集资金总额为人民币100 000万元，发行数量为100万张。

本可转债每张面值人民币为1 000元，票面利率为5%，每年年末付息一次，到期归还本金。

本可转债按面值发行，期限为自发行之日起10年，即2022年1月1日至2031年12月31日。本可转债的转股期自可转债发行结束之日满六个月后的第一个交易日起至可转债到期日止，转股价格为100元/股。在转股期内，如果可转债的转换价值高于1 500元时，公司董事会有权以1 080元的价格赎回全部未转股的可转债。

（2）预计债券发行后，甲公司普通股每股市价55元，公司进入生产经营稳定增长期，可持续增长率12%。

（3）假定转股必须在年末进行，赎回在达到赎回条件后可立即执行。

（4）市场上等风险普通债券市场利率为8%。

要求：

(1) 什么是赎回条款，为什么设置赎回条款，什么是有条件赎回？

(2) 计算每张可转换债券第8年年末和第9年年末的转换价值。

(3) 计算每张可转换债券第8年年末（付息后）的纯债券价值和底线价值，判断债券持有者是否应在第8年年末转股，并说明理由。

(4) 如果投资者在第8年年末（付息后）转股，计算投资可转换债券的期望报酬率，判断乙投资机构是否应购买该债券，并说明原因。

第66记 99记 知识链接

145 甲公司是一家制造业企业，为满足市场需求拟增加一条生产线。该生产线运营期为5年，有两个方案可供选择。

方案一：设备购置。预计购置成本为200万元，首年年初支付；设备维护、保养等费用每年1万元，年末支付。

方案二：设备租赁。租赁期为5年，租赁费为每年40万元，年初支付；租赁手续费为10万元，在租赁开始日一次付清。租赁公司负责设备的维护，不再另外收费。租赁期内不得撤租，租赁期满时租赁资产所有权转让，转让价格为10万元。

5年后该设备变现价值为20万元。根据税法相关规定，设备折旧年限为6年，净残值率为10%，按直线法计提折旧。税后有担保借款利率为5%，企业所得税税率为25%。

要求：

(1) 计算方案一设备购置的各年现金净流量及总现值（计算过程和结果填入下方表格中）。

单位：万元

项目	T=0	T=1	T=2	T=3	T=4	T=5
现金净流量						
折现系数						
现值						
总现值						

（2）计算方案二设备租赁的各年现金净流量及总现值（计算过程和结果填入下方表格中）。

单位：万元

项目	T=0	T=1	T=2	T=3	T=4	T=5
现金净流量						
折现系数						
现值						
总现值						

（3）判断甲公司应该选择哪种方案，简要说明理由。

146 甲公司是一家上市公司，为优化资本结构、加强市值管理，拟发行债券融资200亿元用于回购普通股股票并注销。相关资料如下：

（1）公司2023年末总资产为2 000亿元，负债为800亿元，优先股为200亿元，普通股为1 000亿元。公司负债全部为长期银行贷款，利率为8%；优先股票面价值为100元/股，固定股息率为7%，为平价发行，分类为权益工具；普通股200亿股。预计2024年息税前利润为360 亿元。

（2）拟平价发行普通债券，每份票面价值为1 000元，票面利率为8%。如果回购普通股股票，预计平均回购价格（含交易相关费用）为12.5元/股。

（3）公司普通股β系数为1.25，预计发债回购后β系数上升至1.52。

（4）无风险利率为4%，平均风险股票报酬率为12%。企业所得税税率25%。

要求：

(1) 如果不发行债券进行股票回购，计算甲公司预计的2024年每股收益、财务杠杆系数和加权平均资本成本（按账面价值计算权重）。

(2) 如果发行债券并进行股票回购，计算甲公司预计的2024年每股收益、财务杠杆系数和加权平均资本成本（按账面价值计算权重）。

(3) 根据要求（1）和（2）的计算结果，如果将每股收益最大化作为财务管理目标，是否应该发债并回购？简要说明原因。

(4) 根据要求（1）和（2）的计算结果，如果按照资本成本最小化进行财务管理决策，是否应该发债并回购？简要说明原因。

(5) 简要回答每股收益最大化、资本成本最小化与股东财富最大化财务管理目标之间的关系。

第15、26、61记 99记 知识链接

147 甲公司是一家食品生产企业，生产经营无季节性。股东使用管理用财务报表分析体系对公司2022年度业绩进行评价，主要的管理用财务报表数据如下：

单位：万元

项目	2022年	2021年
资产负债表项目（年末）：		
经营性流动资产	7 500	6 000
减：经营性流动负债	2 500	2 000
经营性长期资产	20 000	16 000
净经营资产合计	25 000	20 000
短期借款	2 500	0
长期借款	10 000	8 000

续表

项目	2022年	2021年
净负债合计	12 500	8 000
股本	10 000	10 000
留存收益	2 500	2 000
股东权益合计	12 500	12 000
利润表项目（年度）：		
销售收入	25 000	20 000
税后经营净利润	3 300	2 640
减：税后利息费用	1 075	720
净利润	2 225	1 920

股东考虑采用权益净利率作为业绩评价指标对甲公司进行业绩评价。

2022年的权益净利率超过2021年的权益净利率即视为完成业绩目标。

甲公司的企业所得税税率为25%。为简化计算，计算相关财务指标时，涉及的资产负债表数据均使用其各年年末数据。

要求：

（1）采用权益净利率作为评价指标，计算甲公司2021年、2022年的权益净利率，评价甲公司2022年是否完成业绩目标。

（2）使用改进的杜邦分析体系，计算影响甲公司2021年、2022年权益净利率高低的三个驱动因素，定性分析甲公司2022年的经营管理业绩和理财业绩是否得到提高。

（3）计算甲公司2021年末、2022年末的易变现率，分析甲公司2021年、2022年采用了哪种营运资本筹资政策。如果营运资本筹资政策发生变化，给公司带来什么影响？

第73记 99记 知识链接

148 甲公司是一家汽车零部件厂商，为扩大销售，占领市场，一直采用较宽松的信用政策，客户拖欠款项不断增加，拖欠时间越来越长，严重影响资金周转。

为改善资金问题，财务经理朱朝阳收集整理了有关资料如下：公司考虑将其信用条件由“1/15，n/30”改为“2/10，n/30”。目前，有50%的客户享受折扣，改变信用条件后，该比例预计会上升至60%。不论信用条件如何调整，在所有未享受折扣的客户中，有一半客户会准时付款，而另一半客户则会在信用期过后第10天才付款。公司不打算放宽信用标准，因此坏账损失预期将维持在销售额1%的水平。公司当前年销售额为36万元，变动成本为23.4万元，提高现金折扣后预计销售额和变动成本均增长25%。等风险投资的必要报酬率为8%，一年按360天计算。

要求：

（1）为改善资金问题，简要说明甲公司对应收账款可采取什么措施，并给出至少三种解决资金需求的途径。

(2) 计算改变信用条件后甲公司平均收现期、现金折扣成本、应收账款占用资金的应计利息以及坏账损失的变化，并分析甲公司是否应该改变信用条件。

(3) 假定改变信用条件后，仍有50%的客户会享受折扣提前付款，25%的客户会准时付款，其余25%的客户则会在逾期后第10天付款，但年销售额预期不会改变，分析甲公司现金折扣率的制定上限。

第75、78记 99记 知识链接

149 甲公司是一家设备制造企业，常年大量使用某种零部件。该零部件既可以外购，也可以自制。如果外购，零部件单价为100元/件，每次订货的变动成本为20元，订货的固定成本较小，可以忽略不计。如果自制，有关资料如下。

（1）需要购买一套价值为100 000元的加工设备，该设备可以使用5年，使用期满无残值。

（2）需要额外聘用4名操作设备的工人，工人采用固定年薪制，每个工人的年薪为25 000元。

（3）每次生产准备成本为400元，每日产量为15件。

（4）生产该零部件需要使用加工其他产品剩下的一种边角料，每个零部件耗用边角料0.1千克。公司每年产生该种边角料1 000千克，如果对外销售，单价为100元/千克。

（5）除上述成本外，自制零部件还需发生单位变动成本50元。

该零部件的全年需求量为3 600件，每年按360天计算。公司的资金成本为10%，除资金成本外，不考虑其他储存成本。

要求：

(1) 计算甲公司外购零部件的经济订货批量、与批量有关的总成本、外购零部件的全年总成本。

(2) 计算甲公司自制零部件的经济生产批量、与批量有关的总成本、自制零部件的全年总成本。（提示：加工设备在设备使用期内按平均年成本法分摊设备成本）

(3) 判断甲公司应该选择外购方案还是自制方案，并说明原因。

第77、80、81记 99记 知识链接

150 甲公司是一家玩具生产企业，共有A、B、C、D四款产品。公司生产这四种产品时都需要用同一台机器设备进行加工。根据目前市场情况，假设所有产品均能实现当月生产当月销售，月初月末无存货，四种产品的市场正常销量及相关数据资料如下。

项目	A产品	B产品	C产品	D产品
市场每月正常销量（件）	600	400	800	1 200
销售单价（元）	80	120	100	60
单位变动成本（元）	60	40	25	80
月固定成本（万元）	1.8	2	2.4	3
每件产品需要加工时间（分钟）	4	8	10	6

要求：

(1) 分别计算A、B、C、D四款产品的月税前利润，判断每款产品是应该继续生产还是停产，并说明理由。

(2) 结合要求（1）的结果，如果四款产品共同耗用的这台机器设备每月能提供的最大加工时间是12 000分钟，为有效利用这一关键约束资源，分析甲公司应当如何安排产品生产的优先顺序和产量，并计算在该生产安排下甲公司的月税前利润。

(3) 假定这台机器设备每月能提供的最大加工时间是15 000分钟，现有客户向甲公司追加订购B产品200件，每件出价为100元，剩余生产能力可以对外出租，每月可获租金为5 000元，另外追加订货需要追加专属成本为2 000元，分析甲公司是否应该接受该订单。

第29、80、81、82记 99记 知识链接

151 甲公司目前生产A、B两种产品，需要使用同一台机器设备，该设备每月提供的最大加工时间10 000分钟，固定制造费用总额140 000元。相关资料如下。

项目	A产品	B产品
售价（元/件）	3 000	2 500
直接材料（元/件）	1 000	600
直接人工（元/件）	500	300
变动制造费用（元/件）	500	100
机器工时（分钟/件）	10	12

2022年8月末，甲公司预计未来每月正常市场需求可达A产品900件、B产品350件。

要求：

(1) 为最优利用该机器设备获得最大利润，公司每月应生产A、B产品各多少件？

(2) 为满足正常市场需求，在充分利用现有机器设备产能基础上，甲公司追加一台机器设备，每月可增加机器工时为7 000分钟。若追加设备的相关成本为120 000元，剩余生产能力无法转移，计算追加设备对公司税前经营利润的影响。

(3) 在甲公司追加产能的前提下，如果在正常市场需求外客户乙提出新增A产品订单400件，不可拆单（即若接受该订单，则必须全部接受，不可部分接受），1个月内交货，每件2 100元。若机器设备剩余生产能力无法转移，原正常市场需求可以部分放弃，计算接受该订单对公司税前经营利润的影响，并判断是否应接受该订单。

(4) 在甲公司追加产能的前提下，如果在正常市场需求外甲公司拟参加客户丙的一项招标：丙订购A产品360件，1个月交货。甲公司使用成本加成定价法制定投标价格，在成本基础上的总加成额为72 000元。若机器设备剩余生产能力无法转移，计算甲公司投标的最低单价。

第81记 99记 知识链接

152 甲公司是一家制造业企业，下设一基本生产车间，生产A、B两种产品。A、B产品分别由不同的班组加工，领用不同的材料。A产品有A-1、A-2和A-3三种型号，加工工艺、耗用材料基本相同；B产品有B-1和B-2两种型号，加工工艺、耗用材料基本相同。公司采用品种法计算产品成本，直接材料、直接人工直接计入A、B产品，制造费用按当月定额工时在A、B产品之间分配。原材料在开工时一次投入，直接人工、制造费用随加工进度陆续发生。公司先分配完工产品与月末在产品成本，再在同一产品不同型号之间分配完工产品成本，均采用定额比例法。

2022年7月相关资料如下。

（1）单位完工产品定额。

产品	型号	材料定额（元/件）	工时定额（小时/件）
A产品	A-1	1 500	8
	A-2	800	6
	A-3	400	4
B产品	B-1	500	8
	B-2	1 000	10

（2）月初在产品实际成本。

产品	直接材料（元）	直接人工（元）	制造费用（元）
A产品	684 500	49 200	30 200
B产品	428 000	52 000	50 000

（3）本月直接材料、直接人工和定额工时。

产品	直接材料（元）	直接人工（元）	定额工时（小时）
A产品	4 030 000	570 000	23 000
B产品	2 020 000	620 000	24 100
合计	6 050 000	1 190 000	47 100

（4）本月基本生产车间发生制造费用为942 000元。

（5）本月完工产品数量。

产品	型号	完工数量（件）
A产品	A-1	1 000
	A-2	2 000
	A-3	400
B产品	B-1	1 600
	B-2	800

（6）月末在产品材料定额成本和定额工时。

产品	材料定额成本（元）	定额工时（小时）
A产品	1 230 000	4 200
B产品	800 000	5 600

要求：

(1) 编制制造费用分配表（结果填入下方表格中，不用列出计算过程）。

制造费用分配表

2022年7月 金额单位：元

产品	定额工时（小时）	分配率	制造费用
A产品		–	
B产品		–	
合计			

(2) 编制产品成本计算单（结果填入下方表格中，不用列出计算过程）。

A产品成本计算单

2022年7月 金额单位：元

项目	直接材料		定额工时（小时）	直接人工	制造费用	合计
	定额成本	实际成本				
月初在产品	–		–			
本月生产费用	–		–			
合计	–		–			
分配率	–		–			–
完工产品						
月末在产品						

(3) 编制A产品单位产品成本计算单（分型号）（结果填入下方表格中，不用列出计算过程）。

A产品单位产品成本计算单（分型号）

2022年7月 金额单位：元

型号	单位产品定额		单位实际成本			
	材料定额	工时定额	直接材料	直接人工	制造费用	合计
A-1						
A-2						
A-3						

153 甲公司产销一种产品，有两个基本生产车间，第一车间半成品直接转入第二车间，第二车间继续加工成产成品，每生产1件产成品耗用2件半成品。第一车间原材料随加工进度陆续投入，投料程度与加工进度一致，加工费用陆续均匀发生。第二车间耗用的半成品与其他材料均在生产开始时一次投入，加工费用陆续均匀发生。第一车间和第二车间留存的月末在产品相对于本车间的完工程度均为50%。公司采用平行结转分步法计算产品成本，采用约当产量法（加权平均法）在产成品与月末在产品之间分配生产费用。

甲公司设有机修、供电辅助生产车间，分别为第一、二基本生产车间提供机修和电力服务，辅助生产车间之间也相互提供服务。公司采用一次交互分配法分配辅助生产费用。

甲公司2022年7月成本资料如下。

（1）本月产量。

单位：件

生产车间	月初在产品	本月投入	本月完工	月末在产品
第一车间	10	190	180	20
第二车间	25	90	100	15

（2）月初在产品成本。

单位：元

生产车间	直接材料	加工成本	合计
第一车间	10 000	50 000	60 000
第二车间	27 000	75 000	102 000

（3）基本生产车间本月生产费用。

单位：元

生产车间	直接材料	加工成本	合计
第一车间	350 000	392 425	742 425
第二车间	88 000	335 575	423 575

（4）机修车间本月生产费用9 000元，提供维修服务100小时；供电车间本月生产费用48 000元，提供电力80 000度。各部门耗用辅助生产车间产品或服务的数据如下：

耗用部门		机修车间（小时）	供电车间（度）
辅助生产车间	机修车间	—	5 000
	供电车间	20	—
基本生产车间	第一车间	50	50 000
	第二车间	30	25 000
合计		100	80 000

要求：

（1）编制辅助生产费用分配表（结果填入下方表格中，不用列出计算过程；分配率保留3位小数）。

辅助生产费用分配表

2022年7月

项目		机修车间			供电车间		
		耗用量（小时）	单位成本	分配金额（元）	耗用量（度）	单位成本	分配金额（元）
待分配费用							
交互分配	机修车间		—	—			
	供电车间					—	—
对外分配费用							
对外分配	第一车间						
	第二车间						
	合计						

（2）编制第一车间产品成本计算单（结果填入下方表格中，不用列出计算过程）。

第一车间产品成本计算单

2022年7月 单位：元

项目	产成品产量（件）	直接材料	加工成本	合计
月初在产品	—			
本月生产费用	—			
合计	—			
产成品中本步骤份额				
月末在产品	—			

（3）编制第二车间产品成本计算单（结果填入下方表格中，不用列出计算过程）。

第二车间产品成本计算单

2022年7月 单位：元

项目	产成品产量（件）	直接材料	加工成本	合计
月初在产品	—			
本月生产费用	—			
合计	—			
产成品中本步骤份额				
月末在产品	—			

(4) 编制产品成本汇总表（结果填入下方表格中，不必列出计算过程）。

产品成本汇总表

2022年7月 单位：元

生产车间	产成品产量（件）	直接材料	加工成本	合计
第一车间	—			
第二车间	—			
总成本				
单位成本（元/件）	—			

第83、84记 99记 知识链接

154 甲公司是一家机械制造企业，只生产销售一种产品。生产过程分为两个步骤，第一步骤产出的半成品直接转入第二步骤继续加工，每件半成品加工成一件产成品。产品成本计算采用逐步综合结转分步法，月末完工产品和在产品之间采用约当产量法分配生产成本。

第一步骤耗用的原材料在生产开工时一次投入，其他成本费用陆续发生；第二步骤除耗用第一步骤半成品外，还需要追加其他材料，追加材料及其他成本费用陆续发生；第一步骤和第二步骤月末在产品完工程度均为本步骤的50%。2022年6月的成本核算资料如下。

（1）月初在产品成本（单位：元）。

步骤	半成品	直接材料	直接人工	制造费用	合计
第一步骤	—	3 750	2 800	4 550	11 100
第二步骤	6 000	1 800	780	2 300	10 880

（2）本月生产量（单位：件）。

步骤	月初在产品数量	本月投产数量	本月完工数量	月末在产品数量
第一步骤	60	270	280	50
第二步骤	20	280	270	30

（3）本月发生的生产费用（单位：元）。

步骤	直接材料	直接人工	制造费用	合计
第一步骤	16 050	24 650	41 200	81 900
第二步骤	40 950	20 595	61 825	123 370

要求：

(1) 编制第一、第二步骤成本计算单（结果填入下列表格，不用列出计算过程）。

第一步骤成本计算单

2022年6月 单位：元

项目	直接材料	直接人工	制造费用	合计
月初在产品成本				
本月生产费用				
合计				
分配率				
完工半成品转出				
月末在产品				

第二步骤成本计算单

2022年6月 单位：元

项目	半成品	直接材料	直接人工	制造费用	合计
月初在产品成本					
本月生产费用					
合计					
分配率					
完工产成品转出					
月末在产品					

(2) 编制产成品成本还原计算表（结果填入下列表格，不用列出计算过程）。

产成品成本还原计算表

2022年6月 单位：元

项目	半成品	直接材料	直接人工	制造费用	合计
还原前产成品成本					
本月所产半成品成本					
成本还原					
还原后产成品成本					
还原后产成品单位成本					

第84、87记 99记 知识链接

155 甲公司是一家制造企业，生产A、B两种产品，产品分两个步骤在两个基本生产车间进行。第一车间将原材料手工加工成同一规格型号的毛坯，转入半成品库；第二车间领用毛坯后，利用程控设备继续加工，生产出A、B两种产品，每件产品耗用一件毛坯。公司根据客户订单分批组织生产，不同批次转换时，需要调整机器设备。

甲公司分车间采用不同的成本核算方法：

第一车间采用品种法。原材料在开工时一次投入，其他费用陆续均匀发生。生产成本采用约当产量法（加权平均法）在完工半成品和月末在产品之间进行分配。

完工半成品按实际成本转入半成品库，半成品库发出半成品计价采用加权平均法。

第二车间采用分批法和作业成本法相结合的方法。第二车间分批组织生产，当月开工当月完工，无月初月末在产品。除耗用第一车间的半成品外，不再耗用其他材料，耗用的半成品在生产开始时一次投入，直接人工费用陆续均匀发生。由于第二车间是自动化机加工车间，制造费用在总成本中比重较高，公司采用作业成本法按实际分配率分配制造费用。

2022年9月，相关成本资料如下。

（1）本月半成品，A产品、B产品的产量。

单位：件

项目	月初在产品	本月投产	本月完工	月末在产品
第一车间半成品	200	2 600	1 800	1 000（完工程度60%）
第二车间A产品	0	1 000	1 000	0
第二车间B产品	0	500	500	0

（2）月初半成品库存为400件，单位平均成本为127.5元。

（3）第一车间月初在产品成本和本月生产费用。

单位：元

项目	直接材料	直接人工	制造费用	合计
月初在产品成本	7 000	8 000	1 200	16 200
本月生产费用	77 000	136 000	22 800	235 800
合计	84 000	144 000	24 000	252 000

（4）第二车间本月直接人工成本。

单位：元

产品品种	A产品	B产品	合计
直接人工总成本	17 200	7 800	25 000

（5）第二车间本月制造费用。

作业成本库	作业成本（元）	作业动因	作业量		
			A产品	B产品	合计
设备调整	30 000	批次（批）	10	5	15
加工检验	2 400 000	产量（件）	1 000	500	1 500
合计	2 430 000	–	–	–	–

要求：

(1) 编制第一车间成本计算单（结果填入下方表格中，不用列出计算过程）。

第一车间成本计算单

产品名称：半成品　　　　金额单位：元

项目	直接材料	直接人工	制造费用	合计
月初在产品成本				
本月生产费用				
合计				
约当产量				
单位成本				
完工半成品转出				
月末在产品成本				

(2) 计算半成品发出的加权平均单位成本。

(3) 编制第二车间作业成本分配表（结果填入下方表格中，不用列出计算过程）。

作业成本分配表

金额单位：元

作业成本库	作业成本	作业分配率	A产品		B产品	
			作业量	分配金额	作业量	分配金额
设备调整						
加工检验						
合计						

(4) 编制A、B产品汇总成本计算单（结果填入下方表格中，不用列出计算过程）。

汇总成本计算单

单位：元

项目	A产品	B产品
半成品成本转入		
直接人工		
制造费用		
其中：设备调整		
加工检验		
制造费用小计		
总成本		
单位成本		

第84、87记 99记 知识链接

第九模块　综合题

156　甲公司是一家制造业上市公司。目前公司股票为每股45元，预计股价未来增长率为8%；长期借款合同中保护性条款约定甲公司长期资本负债率不可高于50%、利息保障倍数不可低于5倍。为占领市场并优化资本结构，公司拟于2019年末发行附认股权证债券筹资20 000万元。为确定筹资方案是否可行，收集资料如下。

资料一：甲公司2019年预计财务报表主要数据。

单位：万元

资产负债表项目	2019年末
资产总计	105 000
流动负债	5 000
长期借款	40 000
股东权益	60 000
负债和股东权益总计	105 000
利润表项目	**2019年度**
营业收入	200 000
财务费用	2 000
利润总额	12 000
所得税费用	3 000
净利润	9 000

甲公司2019年财务费用均为利息费用，资本化利息为200万元。

资料二：筹资方案。

甲公司拟平价发行附认股权证债券，面值为1 000元，票面利率为6%，期限为10年，每年年末付息一次，到期还本。每份债券附送20张认股权证，认股权证5年后到期，在到期前每张认股权证可按60元的价格购买1股普通股。不考虑发行成本等其他费用。

资料三：甲公司尚无上市债券，也找不到合适的可比公司。评级机构评定甲公司的信用级别为AA级。目前上市交易的同行业其他公司债券及与之到期日相近的政府债券信息如下。

公司债券				政府债券	
发行公司	信用等级	到期日	到期收益率	到期日	到期收益率
乙	AAA	2021年2月15日	5.05%	2021年1月31日	4.17%
丙	AA	2022年11月30日	5.63%	2022年12月10日	4.59%
丁	AA	2025年1月1日	6.58%	2024年11月15日	5.32%
戊	AA	2029年11月30日	7.20%	2029年12月1日	5.75%

甲公司股票目前β系数为1.5，市场风险溢价为4%，企业所得税税率为25%，假设公司所筹资金全部用于购置资产，资本结构以长期资本账面价值计算权重。

资料四：如果甲公司按筹资方案发债，预计2020年营业收入比2019年增长20%，财务费用在2019年财务费用基础上增加新发债券利息，资本化利息保持不变，企业应纳税所得额为利润总额，营业净利率保持2019年水平不变，不分配现金股利。

要求：

(1) 根据资料一，计算筹资前长期资本负债率、利息保障倍数。

(2) 根据资料二，计算发行附认股权证债券的资本成本。

(3) 为判断筹资方案是否可行，根据资料三，利用风险调整法，计算甲公司税前债务资本成本；假设无风险利率参考10年期政府债券到期收益率，计算筹资后股权资本成本。

(4) 为判断是否符合借款合同中保护性条款的要求，根据资料四，计算筹资方案执行后2020年末长期资本负债率、利息保障倍数。

(5) 基于上述结果，判断筹资方案是否可行，并简要说明理由。

第12、24、46、65记 99记 知识链接

157 甲公司是一家制造业上市公司，乙公司是一家制造业非上市公司，两家公司生产产品不同，且非关联方关系。甲公司发现乙公司的目标客户多是小微企业，与甲公司的市场能有效互补，拟于2020年末通过对乙公司原股东非公开增发新股的方式换取乙公司100%股权以实现对其的收购。目前，甲公司已完成该项目的可行性分析，拟采用实体现金流量折现法估计乙公司价值。相关资料如下：

（1）乙公司成立于2017年初，截至目前仅运行了4年，但客户数量增长较快。乙公司2017-2020年主要财务报表数据如下：

单位：万元

资产负债表项目	2017年末	2018年末	2019年末	2020年末
货币资金	80	120	160	250
应收账款	120	180	240	260
存货	240	290	320	400
固定资产	540	610	710	827.5
资产总计	980	1 200	1 430	1 737.5
应付账款	180	200	280	300
长期借款	220	300	420	600
股东权益	580	700	730	837.5
负债及股东权益合计	980	1 200	1 430	1 737.5

单位：万元

利润表项目	2017年	2018年	2019年	2020年
营业收入	2 000	2 300	2 760	3 450
减：营业成本	1 000	1 100	1 200	1 600
税金及附加	14	16	22	30
销售和管理费用	186	356	250	348
财务费用	16	20	28	40
利润总额	784	808	1 260	1 432
减：所得税费用	196	202	315	358
净利润	588	606	945	1 074

乙公司货币资金均为经营活动所需，财务费用均为利息支出。

（2）甲公司预测，乙公司从2021年、2022年营业收入分别增长20%、12%，自2023年开始进入增长率为4%的稳定增长状态。假设收购不影响乙公司正常运营，收购后乙公司净经营资产周转率、税后经营净利率按2017–2020年的算术平均值估计。假设所有现金流量均发生在年末，资产负债表期末余额代表全年平均水平。

（3）乙公司目标资本结构（净负债/股东权益）为2/3。等风险债券税前资本成本为8%；普通股β系数为1.4，无风险报酬率为4%，市场组合的必要报酬率为9%。企业所得税税率为25%。

（4）甲公司非公开增发新股的发行价格按定价基准日前20个交易日公司股票价格均价的80%确定。定价基准日前20个交易日相关交易信息如下。

定价基准日前20个交易日	累计交易金额（亿元）	累计交易数量（亿股）	平均收盘价（元/股）
	4 000	160	24

要求：

（1）编制乙公司2017-2020年管理用资产负债表和利润表（结果填入下方表格中，不用列出计算过程）。

单位：万元

管理用财务报表项目	2017年	2018年	2019年	2020年
净经营资产				
净负债				
股东权益				
税后经营净利润				
税后利息费用				
净利润				

（2）预测乙公司2021年及以后年度净经营资产周转率、税后经营净利率。

（3）采用资本资产定价模型，估计乙公司的股权资本成本；按照目标资本结构，估计乙公司的加权平均资本成本。

（4）基于上述结果，计算2021-2023年乙公司实体现金流量，并采用实体现金流量折现法，估计2020年末乙公司实体价值（计算过程和结果填入下方表格中）。

单位：万元

项目	2020年末	2021年末	2022年末	2023年末

续表

项目	2020年末	2021年末	2022年末	2023年末
实体现金流量				
折现系数				
现值				
实体价值				

(5) 假设乙公司净负债按2020年末账面价值计算，估计2020年末乙公司股权价值。

(6) 计算甲公司非公开增发新股的发行价格和发行数量。

第13、15、28、29、30、31、57记 99记 知识链接

158 甲上市公司是一家电气设备制造企业，目前正处在高速增长期。为判断公司股票是否被低估，正进行价值评估。相关资料如下：

(1) 甲公司2021年末发行在外普通股5亿股，每股市价为100元，没有优先股。未来不打算增发和回购股票。2021年相关报表项目如下。

单位：百万元

资产负债表项目	2021年末
货币资金	7 500
交易性金融资产	600
应收账款	7 500
预付款项	400
其他应收款	900
存货	5 100
流动资产合计	22 000
固定资产	3 200
无形资产	1 600
非流动资产合计	4 800
短期借款	400

续表

资产负债表项目	2021年末
应付账款	13 400
其他应付款	1 200
流动负债合计	15 000
长期借款	2 000
负债合计	17 000
所有者权益	9 800
利润表项目	**2021年度**
营业收入	20 000
营业成本	14 000
税金及附加	420
销售费用	1 000
管理费用	400
财务费用	200
公允价值变动收益	20
所得税费用	1 000
净利润	3 000

货币资金全部为经营活动所需，其他应收款、其他应付款均为经营活动产生，财务费用均为利息费用，2021年没有资本化利息支出。企业所得税税率为25%。

（2）甲公司预测2022年、2023年营业收入增长率20%，2024年及以后保持6%的永续增长；税后经营净利率、净经营资产周转次数、净财务杠杆和净负债利息率一直维持2021年水平不变。

（3）甲公司普通股资本成本为12%。

（4）可比公司乙公司2021年每股收益1元，2021年末每股市价为15元。

为简化计算，财务指标涉及平均值的，均以年末余额替代全年平均水平。

要求：

（1）计算公司2021年每股收益，用市盈率模型估算2021年末甲公司股权价值，并判断甲公司股价是否被低估。

（2）编制甲公司2021年管理用资产负债表和利润表（结果填入下方表格中，不用列出计算过程）。

单位：百万元

管理用报表项目	2021年末
净经营资产	
净负债	
股东权益	
管理用报表项目	**2021年度**
税后经营净利润	
税后利息费用	
净利润	

（3）预测甲公司2022年、2023年和2024年的实体现金流量和股权现金流量（结果填入下方表格中，不用列出计算过程）。

单位：百万元

项目	2022年	2023年	2024年
实体现金流量			
股权现金流量			

（4）用股权现金流量折现模型估算2021年末甲公司每股股权价值，并判断甲公司股价是否被低估。

（5）与现金流量折现模型相比，市盈率模型有哪些优点和局限性？

第28、30、31、57、58记 99记 知识链接

159 甲公司是乙集团的全资子公司，专门从事电子元器件生产制造和销售。乙集团根据战略安排，拟于2022年末在甲公司建设一条新产品生产线，但甲公司对此持有异议。为此，乙集团开展专项研究以厘清问题症结所在。相关资料如下：

资料一：甲公司考核指标及其目标值。

乙集团采用税后经营净利润和净经营资产净利率两个关键绩效指标，对子公司进行业绩考核，实施指标逐年递增且“一票否决”的考评制度，即任何一项未满足要求，该子公司考核结果为不合格。乙集团对甲公司2022年和2023年设定的考核目标如下：

考核指标	考核目标值	
	2022年	2023年
税后经营净利润（万元）	2 500	3 000
净经营资产净利率（%）	30	31

注：财务指标涉及平均值的，均以年末余额代替全年平均水平。

资料二：甲公司2022年相关财务数据。

甲公司管理用财务报表中列示，2022年末净经营资产为8 000万元，净负债为4 000万元，2022年税前经营利润为3 400万元。

资料三：项目投资相关信息。

新产品生产线可在2022年末投产，无建设期，经营期限5年。初始投资额为3 000万元，全部形成固定资产；根据税法相关规定，按直线法计提折旧，折旧年限为5年，净残值率为10%；5年后变现价值预计为200万元。投产2年后须进行大修，2024年末支付大修费用为200万元。大修支出可在所得税前列支。会计处理与税法一致。

新生产线年销售收入为2 800万元，经营期付现成本前两年为每年1 600万元，后三年可降至每年1 400万元。2022年末需一次性投入营运资本为400万元，经营期满全部收回。

假设各年营业现金流量均发生在当年年末。

新项目投产不影响甲公司原项目的正常运营，原项目创造的税前经营利润在未来5年保持2022年水平不变。

资料四：项目融资相关信息。

甲公司目前资本结构为目标资本结构，乙集团继续按该资本结构进行项目融资（净经营资产/净负债=2/1），预计债务税后资本成本保持在5.6%不变。

为确定股权资本成本，乙集团将处于同行业的丙上市公司作为项目可比公司。2022年末，丙公司净经营资产为50 000万元，股东权益为30 000万元；股权资本成本为11%，β 系数为2.1。

市场风险溢价为4%。企业所得税税率为25%。

要求：

(1) 计算甲公司2022年关键绩效指标，并判断其是否完成考核目标。

(2) 计算甲公司新项目权益资本成本和加权平均资本成本。

(3) 计算甲公司2022–2027年新项目的现金净流量和净现值（计算过程和结果填入下方表格中），并从乙集团角度判断该项目是否在财务方面具有可行性。

单位：万元

现金流量项目	2022年末	2023年末	2024年末	2025年末	2026年末	2027年末
现金净流量						
净现值						

（4）假设甲公司投资该项目，且2023年末甲公司进行利润分配后预计净经营资产为11 000万元，计算2023年甲公司关键绩效指标的预计值，并指出甲公司反对投资该项目的主要原因。

第13、15、31、42、44记 99记 知识链接

160　甲公司是一家制造业企业，主要生产和销售A产品。根据客户要求，公司也承接将A产品继续加工成B产品的订单。A产品市场售价为210元/件，B产品市场售价为350元/件。

公司设有两个分部，第一分部生产A产品，按品种法计算成本。直接材料在开工时一次投入，直接人工成本、制造费用随加工进度陆续发生。月末采用约当产量法（先进先出法）分配完工产品和在产品成本。A产品完工后，转入产成品库，采用先进先出法计算销货成本。

第二分部根据客户订单将A产品继续加工成B产品，一件B产品消耗一件A产品，按订单法计算成本。第二分部可从产成品库领用A产品，也可以外购。A产品在开工时一次投入，其他直接材料于本车间加工程度达50%时一次性投入。A产品和其他直接材料按订单分别领用，可直接计入订单成本；直接人工成本、变动制造费用按直接人工工时分配，固定制造费用按机器工时分配，计入订单成本。

甲公司为了激励第一、二分部对企业利润作出贡献，将其分别设定为“利润中心”。为评价各利润中心的经营业绩，第二分部领用A产品按内部转移价格200元/件计价。

2023年7月相关资料如下，

（1）月初在产品成本数据。

单位：元

项目	A产品成本	直接材料成本	其他直接材料成本	直接人工成本	变动制造费用	固定制造费用	成本合计
A产品	—	1 207 500	—	252 000	61 200	156 000	1 676 700
订单#601B	2 000 000	—	245 000	85 200	90 770	115 500	2 536 470

（2）A产品月初在产品15 000件，平均加工程度40%；本月投产81 000件，完工80 000件；月末在产品16 000件，平均加工程度50%。订单#601B月初在产品10 000件，平均加工程度55%，月末全部完工；订单#701B本月投产8 000件，领用A产品8 000件，本月全部完工；订单#702B本月投产12 000件，领用A产品12 000件，月末均未完工，平均加工程度 30%。

（3）本月生产费用。

单位：元

项目	直接材料成本	其他直接材料	直接人工成本	变动制造费用	固定制造费用
A产品	6 520 500	—	3 444 000	836 400	1 804 000
订单#601B	—				
订单#701B	—	196 000			
订单#702B	—				

（4）本月第二分部工时与间接生产费用。

项目	人工工时（小时）	机器工时（小时）	直接人工成本（元）	变动制造费用（元）	固定制造费用（元）
第二分部	17 600	9 000	246 400	258 720	346 500
其中：					
订单#601B	4 900	2 600			
订单#701B	8 800	4 400			
订单#702B	3 900	2 000			

（5）本月第一分部对外销售A产品62 000件，转入下一车间继续加工20 000件。A产品完工产品月初库存10 000件，成本1 500 000元。第一分部对外销售A产品，每件销售佣金提成17.3元。

要求：

（1）编制第一分部A产品的成本计算单（结果填入下方表格中，不用列出计算过程）。

项目	数量（件）	直接材料成本（元）	直接人工成本（元）	变动制造费用（元）	固定制造费用（元）	合计
月初在产品	15 000	1 207 500	252 000	61 200	156 000	1 676 700
本月生产费用	81 000	6 520 500	3 444 000	836 400	1 804 000	12 604 900
总约当产量（件）	—					—
分配率	—					—
本月完工产品	80 000					
单位成本	—					
月末在产品	16 000					

（2）分别计算第二分部B产品订单#601和订单#701的总成本和单位成本（提示：领用的A产品按内部转移价格200元/件计价）。

（3）假设无其他费用，分别计算7月第一、二分部部门营业利润。

（4）假设市场属于完全竞争市场，第一分部A产品无剩余产能，两个分部都可以接受的A产品内部转移定价金额的合理区间是多少？目前200元/件的定价是否合理？

第82、84记 99记 知识链接

番外篇

当老师的这么多年以来，每年都会收到不少同学的私信，尤其在考前冲刺最苦最累的这个阶段，大家往往会开始怀疑自己考CPA的意义：回想当初下了这个决定，一转眼就是好几年，但坚持了这么多年却还是没考完，还因为备考失去了好多好多。大概很多同学当下都会有这样的感慨吧！我想说：

人啊，总是容易被当下的感受所左右，就像你每个月结账报税的时候可能都会说“结完这个月的账我就辞职！”，每次年审可能都会说“忙完这个年审我就辞职！”。但在下个月结账时，你会发现上个月出现的那些问题都不再是什么问题了；下一次年审时，你会发现去年年审做过的程序和底稿突然感觉容易多了。因为，在每一次的历练之后，你都在获得成长！

当下你觉得自己因为备考失去了好多，但想想过往的每一个“当下”，你是不是一直都有特别多的“生活”想要把握和追求？想要出色的成绩、难得的实习和工作机会、合适的伴侣、可爱的宝宝、更多陪伴家人的时间、更多所谓的“生活”……但很可惜，你的时间和精力也始终都很有限。

于是，有限的时间要求你必须做出选择。不必抱怨自己“命不好”，也不要觉得不公平，相信时间是最为人人平等的东西，所有人每天都在面对这样的选择。

要做出选择，就要理出思绪，分出轻重，练习和学会进行当下的取舍，这样至少不会让你在迟迟摇摆不定中错过了当下的所有，反而帮你在有限的时间里最有效率地把握了当下，帮你在每一个“当下”都做出了最理性和最正确的决定！

所以，想想当初自己下决定的那一刻，多么意志坚决、多么斗志昂扬，那一刻的你早就做出了取舍。所以当下，你其实并没有失去什么，而是你主动选择放弃了那些并不重要的事。你不应该后悔，而应该坚持，因为只有坚持并最终获得，才能让你过往的选择和付出不会变为沉没成本，也才能让你收获更好的自己和更能把握的未来！

最后，我想说，CPA不过是一块踏板，托着你去阅历人生的波澜壮阔；CPA又不只是一块踏板，因为寻找和获得踏板的过程，应该教会你如何处理人生的风浪！加油！

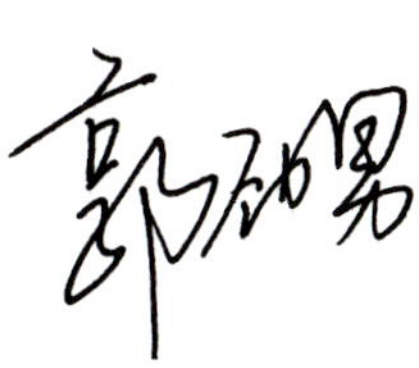

斯尔教育
SINCERE EDU

2024 CPA

财务成本管理

注册会计师考试辅导用书·冲刺飞越（全2册·下册）

斯尔教育　组编

答案与解析

北京理工大学出版社
BEIJING INSTITUTE OF TECHNOLOGY PRESS

·北京·

图书在版编目（CIP）数据

冲刺飞越. 财务成本管理：全2册 / 斯尔教育组编
. -- 北京：北京理工大学出版社, 2024.5
注册会计师考试辅导用书
ISBN 978-7-5763-4028-0

Ⅰ. ①冲… Ⅱ. ①斯… Ⅲ. ①企业管理—成本管理—资格考核—自学参考资料 Ⅳ. ①F23

中国国家版本馆CIP数据核字(2024)第101136号

责任编辑： 王梦春　　**文案编辑：** 辛丽莉
责任校对： 周瑞红　　**责任印制：** 边心超

出版发行 / 北京理工大学出版社有限责任公司
社　　址 / 北京市丰台区四合庄路6号
邮　　编 / 100070
电　　话 / （010）68944451（大众售后服务热线）
（010）68912824（大众售后服务热线）
网　　址 / http://www.bitpress.com.cn

版 印 次 / 2024年5月第1版第1次印刷
印　　刷 / 三河市中晟雅豪印务有限公司
开　　本 / 787mm×1092mm　1/16
印　　张 / 20
字　　数 / 470千字
定　　价 / 43.90元（全2册）

目录

必刷客观题　答案与解析

必刷主观题　答案与解析

第一模块　基础理论

一、单项选择题

1	D	2	C	3	C	4	A	5	A
6	A	7	D	8	A	9	D	10	C
11	C	12	D	13	A	14	D	15	C
16	A								

二、多项选择题

17	BCD	18	BD	19	ABC	20	AB	21	AD
22	AB	23	AB	24	BC	25	AB	26	BCD
27	ABC	28	BD	29	AD	30	ABC	31	ABCD

一、单项选择题

1 斯尔解析▶　**D**　本题考查企业的组织形式。相比于个人独资企业，公司制企业的优点包括：①无限存续（选项C不当选），②股权可以转让，③有限债务责任（选项D当选），④更容易从资本市场筹集到资金。组建成本低和不存在代理问题属于个人独资企业的优点（选项AB不当选）。

2 斯尔解析▶　**C**　本题考查财务管理的目标。每股收益最大化，没有考虑每股收益取得的时间、风险，也没有考虑现实中每股股票投入资本的差别，不同公司的每股收益不可比，选项A不当选。要想使企业价值最大化与增加股东财富具有同等意义，需要补充两个前提，即假设股东投入资本不变和债务价值不变，选项B不当选。股东财富的增加可以用股东权益的市场价值与股东投资资本的差额来衡量，它被称为“股东权益的市场增加值”，选项C当选。只有在股东投资资本不变的情况下，股价上升才反映股东财富增加，选项D不当选。

3 斯尔解析▶ C 本题考查债权人的利益要求和协调。债权人的利益与公司的偿债能力息息相关，可能导致企业偿债能力降低的行为，就有可能侵害债权人的利益。提高股利支付率会增加企业股利支付的金额，降低所有者权益，导致资产负债率上升，降低企业偿债能力，可能侵害债权人的利益，选项A不当选。高风险衍生工具交易会增加企业投资失败的风险，若投资失败，债权人将与股东共同承担损失，可能侵害债权人的利益，选项B不当选。定向增发股票，企业的负债不变，股东权益上升，资产负债率下降，企业的偿债能力提升，不会侵害债权人的利益，选项C当选。为其他企业提供担保，若未来需要履行担保义务，会导致资金流出企业，降低企业偿债能力，可能侵害债权人的利益，选项D不当选。

4 斯尔解析▶ A 本题考查金融工具的类型。金融工具按其收益性特征，可以分为固定收益证券、权益证券和衍生证券。固定收益证券是指能够提供固定或根据固定公式计算出的现金流的证券，常见类型：固定利率债券、浮动利率债券、优先股、永续债等，选项A当选。普通股属于权益证券，选项B不当选。可转换公司债券和认股权证属于衍生证券，选项CD不当选。

5 斯尔解析▶ A 本题考查资本市场的效率。在有效资本市场中，管理者不能通过改变会计方法提升股票价值，选项A当选。即使存在非理性的投资人，只要非理性的偏差能够相互抵消，或者有专业人员套利，资本市场依然有效，选项B不当选。有关证券的历史信息对证券的现在和未来价格变动没有任何影响（而非产生影响），则资本市场达到弱式有效，选项C不当选。投资者利用公开信息不能获得超额收益，则资本市场达到半强式有效（而非强式有效）；如果内幕信息获得者利用内部信息无法获得超额收益，则资本市场达到强式有效，选项D不当选。

6 斯尔解析▶ A 本题考查报价利率、计息期利率和有效年利率。根据有效年利率计算公式可得：$8.16\%=(1+i/2)^2-1$，则$i=8\%$，选项A当选。

7 斯尔解析▶ D 本题考查递延年金的应用。根据题干中，支付现金流量的特征可知，该现金流量为递延期为1期，后续收付期为5期的递延年金，其现值$=20\times(P/A,10\%,5)\times(P/F,10\%,1)=20\times3.7908\times0.9091=68.92$（万元），选项D当选。

8 斯尔解析▶ A 本题考查投资组合的风险。证券报酬率之间的相关系数越小，机会集曲线就越弯曲，风险分散化效应也就越强，因此三条实线从左至右对应的分别是相关系数为-1、0.3、0.6的情况；证券报酬率之间的相关系数越大，风险分散化效应就越弱，当两种证券报酬率之间的相关系数=1时，不具有风险分散化效应，其机会集是一条直线（MN），因此相关系数为0.6机会集曲线是曲线MON，选项A当选。

9 斯尔解析▶ D 本题考查债务资本成本的估计。如果需要计算债务资本成本的公司，没有上市债券，就需要找一个拥有可上市交易债券的可比公司作为参照物。计算可比公司长期债券的到期收益率，作为本公司的长期债务资本成本。本题中乙公司为可比公司，所以乙公司长期债券的到期收益率可以作为甲公司的长期债务资本成本，选项D当选。

10 斯尔解析▶ C　本题考查债务资本成本的估计。1份N债券可以调换1份M债券，意味着1份N债券的市价也是980元。假设半年期折现率为r，应满足$1\ 000\times6\%\div2\times(P/A，r，4)+1\ 000\times(P/F，r，4)=980$，通过内插法可以求得$r=3.55\%$。税前资本成本是有效年利率口径的折现率，因此，N债券的税前资本成本$=(1+3.55\%)^2-1=7.23\%$，选项C当选。

11 斯尔解析▶ C　本题考查普通股资本成本的估计。根据题目条件，未来股利按照历史增长率稳定增长，历史增长率等于按几何平均计算的增长率。假设增长率为g，应满足$2\times(1+g)^2=2.42$，得出$g=\sqrt{2.42\div2}-1=10\%$。采用股利增长模型，股权资本成本$=D_0\times(1+g)\div P_0+g=2.42\times(1+10\%)\div55+10\%=14.84\%$，选项C当选。

12 斯尔解析▶ D　本题考查普通股资本成本的估计。采用债券收益率风险调整模型估计普通股资本成本时，债务成本指的是本公司债券的税后债务资本成本，风险溢价指的是本公司股东比本公司债权人承担更大风险所要求的风险溢价，选项D当选。

13 斯尔解析▶ A　本题考查优先股资本成本的计算方法。由于该优先股分类为权益工具，其支付的股息为税后股息，优先股税后资本成本$=3\ 000\times7.76\%\div[3\ 000\times(1-3\%)]=8\%$，选项A当选。

14 斯尔解析▶ D　本题考查加权平均资本成本的加权方法。为反映企业当前的资本结构，应根据当前负债和权益的市场价值比例衡量每种资本的比例，而使用企业资产负债表上显示的会计价值来衡量每种资本的比例，反映的是历史的资本结构，选项D当选。

15 斯尔解析▶ C　本题考查成本性态分析。运输车辆按平均年限法计提折旧，每月折旧费为固定成本。实际上，本题仅需要对驾驶员工资的成本性态准确分析即可做出选择。半变动成本是指在初始成本的基础上随业务量正比例增长的成本。这类成本通常有一个初始成本（驾驶员每月底薪0.4万元），一般不随业务量变动而变动，相当于“固定成本”；在这个基础上，成本总额随业务量变化呈正比例变化（按运输里程每公里支付工资0.2元），又相当于“变动成本”，选项C当选。

16 斯尔解析▶ A　本题考查与保本点有关的指标。销售息税前利润率=安全边际率×边际贡献率$=(1-80\%)\times(1-30\%)=14\%$，选项A当选。

二、多项选择题

17 斯尔解析▶ BCD　本题考查利益相关者的要求。提高股利支付率，会降低企业的偿债能力，有可能损害债权人的利益，选项B当选。要求经营者定期披露信息，属于股东对经营者的监督措施，可以防止经营者背离股东目标，选项C当选。债权人在借款合同中加入限制性条款，可以对债权人自身利益起到一定保护作用，选项D当选。选项A的做法对经营者实行固定年薪制无法起到激励的作用，选项A不当选。

18 斯尔解析▶ BD　本题考查金融市场的类型。在货币市场所交易的金融工具的期限不超过1年，主要工具：短期国债、大额可转让定期存单和商业票据等，选项BD当选。

资本市场所交易的金融工具的期限超过1年，主要工具：股票、长期公司债券、长期政府债券和银行长期贷款合同等，选项AC不当选。

19 斯尔解析▶ ABC　本题考查资本市场的效率。如果资本市场半强势有效，则股价当中包含历史信息和所有的公开信息，此时利用历史信息和公开信息投资无法获得超额收益，而利用内幕信息可以获得超额收益。技术分析是利用历史信息进行投资，不能获得超额收益，选项A当选。估值模型和基本面分析是利用公开信息进行投资，不能获得超额收益，选项BC当选。利用非公开信息可以获得超额收益，选项D不当选。

应试攻略

在判断在不同有效程度的资本市场中，利用什么信息或使用什么交易策略可以获得超额收益时，一定要建立"有效程度—信息—交易策略"三者之间的对应关系，只有利用那些股价里没有反映的信息和对应的交易策略才能获得超额收益。

20 斯尔解析▶ AB 本题考查利率的影响因素。市场利率=纯粹利率+通货膨胀溢价+违约风险溢价+流动性风险溢价+期限风险溢价，选项A当选。公司评级越高，违约风险越小，公司债券相应所要求的风险补偿也越少，即违约风险溢价越低，选项B当选。流动性风险溢价，指债券因存在不能短期内以合理价格变现的风险而给予债权人的补偿，选项C不当选。期限风险溢价，指债券因面临存续期内市场利率上升导致价格下跌的风险而给予债权人的补偿，选项D不当选。

21 斯尔解析▶ AD 本题考查利率的期限结构。无偏预期理论假设资金在长期资金市场和短期资金市场之间的流动完全自由，长期即期利率是短期预期利率的无偏估计，选项AD当选。每类投资者固定偏好于收益率曲线的特定部分是市场分割理论的观点，选项B不当选。投资者为了减少风险偏好于流动性好的短期债券是流动性溢价理论的观点，选项C不当选。

应试攻略

理解无偏预期理论、市场分割理论和流动性溢价理论的关键在于三个理论的假设条件。无偏预期理论假设投资者对不同期限债券没有特别偏好，市场分割理论假设投资者偏好特定期限的债券，流动性溢价理论假设投资者偏好流动性好的债券。

22 斯尔解析▶ AB 本题考查投资组合的风险与报酬。有效边界与机会集重合，表明机会集曲线上不存在无效投资组合，机会集曲线未向左凸出，而A证券的标准差小于B证券，则最小方差组合是全部投资于A证券，选项A当选。投资组合的报酬率是各单项证券报酬率的加权平均数，而B证券的期望报酬率高于A证券，则最高期望报酬率组合是全部投资于B证券，选项B当选。由于机会集曲线是一条曲线，即使没有向左侧凸出，依然具有风险分散化效应，只有当机会集是一条直线时，才不存在风险分散化效应，选项C不当选。投资组合只能分散非系统风险，不能分散系统风险，选项D不当选。

23 斯尔解析▶ AB 本题考查投资组合的风险与报酬。投资组合不会分散收益，所以组合的收益率等于组合内各资产收益率的加权平均值，因此组合的期望收益率=12%×50%+10%×50%=11%，选项A当选。投资组合不能分散系统风险，而系统风险的衡量指标为β系数，所以组合的β系数等于组合内各资产β系数的加权平均值，因此组合的β系数=1.5×50%+1.3×50%=1.4，选项B当选。投资组合的标准差，不仅取决于组合内的各证券的标准差，还取决于各个证券之间的相关系数，由于题干当中并未告知相关系数，因此无法计算组合标准差，也无法计算投资组合的变异系数，选项CD不当选。

24 斯尔解析▶ BC　本题考查资本市场线和证券市场线。当存在无风险资产并可按无风险报酬率自由借贷时，最有效的风险资产组合是从无风险资产的报酬率开始，做有效边界的切线得到的切点M所代表的组合，它是所有证券以各自的总市场价值为权数的加权平均组合，而不是风险资产机会集上最小方差点对应的组合，选项A不当选。投资者个人的风险偏好仅影响借入或贷出的资金量，而不影响市场均衡点的位置，选项D不当选。

25 斯尔解析▶ AB　本题考查资本成本的影响因素。税率是政府政策，个别公司无法控制，属于影响资本成本的外部因素，选项C不当选。市场利率上升，投资人机会成本增加，公司债务成本会上升，选项D不当选。

26 斯尔解析▶ BCD　本题考查债务资本成本的区分。只有未来借入新债务的成本才能作为投资决策和企业价值评估依据的资本成本，现有债务的历史成本对于未来的决策来说是不相关的沉没成本，选项A不当选。对于筹资人来说，在不考虑筹资费用的情况下，债权人的期望收益率是其债务的真实成本，由于存在违约的可能性，所以债务的期望收益率小于等于债务的承诺收益率，如果使用债务的承诺收益率作为债务成本，可能导致高估债务的成本，选项D当选。不过在实务中，往往使用债务的承诺收益率作为债务资本成本，但如果筹资公司处于财务困境或者财务状况不佳（如：垃圾债券），债务资本成本应是考虑违约可能后的期望收益，选项B当选。在进行资本预算时，通常只考虑长期债务，而忽略各种短期债务，但如果使用短期债务筹资并不断续约也应当考虑，选项C当选。

27 斯尔解析▶ ABC　本题考查资本资产定价模型。实务中，一般使用含通货膨胀的名义无风险利率计算资本成本；但当存在恶性通货膨胀时或预测周期特别长导致通货膨胀的累积影响巨大时，应使用不含通货膨胀的实际利率计算资本成本，选项A当选。无风险利率一般使用长期政府债券的到期收益率而非票面利率，选项B当选。如果公司风险特征发生重大变化，应当使用变化后的年份作为历史期长度，而非一味选择较长的历史期间；另外，只有公司的经营杠杆和财务杠杆没有显著改变时，才可以使用历史的β值估计股权资本成本，选项C当选。市场收益率应选择较长的时间跨度，既要包括经济繁荣时期，也要包括经济衰退时期，选项D不当选。

28 斯尔解析▶ BD　本题考查成本性态分析。约束性固定成本是提供和维持生产经营所需设施、机构而发生的成本，例如，固定资产折旧费、财产保险、管理人员工资、取暖费、照明费等,它们是以前决策的结果，现在难以改变，选项BD当选。培训费和广告费属于酌量性固定成本，选项AC不当选。

29 斯尔解析▶ AD　本题考查变动成本法。在变动成本法下，产品成本只包括直接材料、直接人工和变动制造费用，不包括变动销售和管理费用，固定制造费用与期间费用一起一次进入当期损益，选项AD当选、选项B不当选。变动成本法和完全成本法的成本分配都是基于产量，而作业成本法克服了完全按照产量基础分配制造费用，产生误导决策的成本信息的缺点，选项C不当选。

30 斯尔解析▶ ABC 本题考查本量利分析的基本模型。K部门的变动成本率=1-25%=75%，选项D不当选。K部门收入=变动成本/变动成本率=30/75%=40（万元），边际贡献=收入×边际贡献率=40×25%=10（万元），选项A当选。W部门销售收入=甲公司销售收入-K部门销售收入=50-40=10（万元），W部门边际贡献=甲公司边际贡献-K部门边际贡献=50×30%-10=5（万元），W部门边际贡献率=5/10=50%，选项BC当选。

应试攻略

在做题的时候，画一张表格，逻辑会更加清晰（单位：万元）：

单位	销售收入	变动成本	边际贡献
W部门	50-40=10	35-30=5	10-5=5
K部门	30÷（1-25%）=40	30（已知）	40-30=10
甲公司（合计）	50（已知）	50-15=35	50×30%（已知）=15

31 斯尔解析▶ ABCD 本题考查与保本点有关的指标。保本点销售量=10 000÷（100-50）=200（件），选项A当选。保本点销售额=200×100=20 000（元），选项B当选。盈亏临界点作业率=200/500=40%，选项C当选。安全边际量=500-200=300（件），安全边际额=300×100=30 000（元），选项D当选。

第二模块　报表分析和财务预测

一、单项选择题

32 C	33 D	34 A	35 D	36 D
37 C	38 B			

二、多项选择题

39 AC	40 ABC	41 AB	42 BCD	43 CD
44 AD	45 AD	46 AB	47 ACD	

一、单项选择题

32 斯尔解析▶ C 本题考查长期偿债能力分析。现金流量利息保障倍数=经营活动现金流量净额/利息支出=80/（10+10）=4，选项A不当选。利息保障倍数=（净利润+利息费用+所得税费用）/利息支出=（90+10+20）/20=6，选项B不当选。权益乘数=1+产权比率=2.5，选项D不当选。资产负债率=1-1/权益乘数=60%，选项C当选。

应试攻略

产权比率、权益乘数和资产负债率这三个指标间的换算，用代数方法计算要比公式推导更加高效。如本题产权比率是3/2，可假设负债为3，权益为2，则总资产为5，资产负债率=3/5=60%，权益乘数=5/2=2.5。

33 斯尔解析▶ D 本题考查市价比率分析。普通股股东权益=6 000-3 500-50×10=2 000（万元），每股净资产=2 000/500=4（元/股），市净率=24/4=6，选项D当选。

应试攻略

市价比率的计算，关键在于比率分母的计算，其中：每股收益=普通股股东净利润÷流通在外普通股加权平均股数，每股净资产=普通股股东权益÷年末流通在外普通股股数，每股营业收入=营业收入÷流通在外普通股加权平均股数。

需要特别注意的是，计算每股净资产时，由于分子是时点数，所以普通股股数不需要加权平均。

34 斯尔解析▶ A 本题考查内含增长率。根据内含增长率的定义公式：外部融资销售增长比=经营资产销售百分比-经营负债销售百分比-［（1+g）/g］×预计营业净利率×（1-预计股利支付率）=0。将指标代入公式，经营资产销售百分比-20%-［（1+10%）/10%］×10%×（1-60%）=0，解方程可得：经营资产销售百分比=64%。预计2022年的经营资产=2022年营业收入×经营资产销售百分比=200×（1+10%）×64%=140.8（万元），选项A当选。

35 斯尔解析▶ D 本题考查可持续增长率。期初股东权益=1 000-200=800（万元），本期利润留存=2 000×10%×（1-20%）=160（万元），由于甲公司处于可持续增长状态，2022年没有增发新股和回购股票，因此2022年可持续增长率=本期利润留存/期初股东权益=160÷800=20%，选项D当选。

36 斯尔解析▶ D 本题考查不同预算编制方法的对比。零基预算不以历史期经济活动及预算为基础，有利于调动各部门降低费用的积极性，增量预算不利于调动各部门降低费用的积极性，选项A不当选。固定预算法（而非弹性预算法）一般适用于经营业务稳定的企业，选项B不当选。定期预算法不利于各个期间的预算衔接，滚动预算法有利于各个期间的预算衔接，选项C不当选。

37 斯尔解析▶ C 本题考查直接材料预算。第一季度期初产成品数量+第一季度生产量-第一季度销量=第一季度期末存货数量，第一季度生产量=200+250×10%-200×10%=205（件）。第一季度期初材料数量+第一季度材料采购量-第一季度材料出库量=第一季度期末材料数量，第一季度材料采购量=205×10+550-500=2 100（千克），预计第一季度材料采购金额=2 100×50=105 000（元），选项C当选。

38 斯尔解析▶ B 本题考查直接材料预算。第三季度的预计产成品产量=预计产成品销量+期末产成品存量-期初产成品存量=280+320×20%-280×20%=288（件），第三季度预计材料采购量=预计材料领用量+期末材料存量-期初材料存量=20×288+1 000-800=5 960（千克），第三季度预计采购材料形成的“应付账款”期末余额=5 960×15×75%=67 050（元），选项B当选。

二、多项选择题

39 斯尔解析▶ AC 本题考查关键财务比率指标的分析。一般来讲，现金流量比率中的流动负债采用的是期末数而非平均数，因为实际需要偿还的是期末金额，而非平均金额，选项A当选。营运资本是绝对数，既不便于不同历史时期及不同企业之间的比较，也不便于直接评价企业的短期偿债能力，选项B不当选。速动资产包括货币资金、交易性金融资产和各种应收款项，选项C当选。流动比率=流动资产/流动负债，营运资本配置比率=营运资本/流动资产=（流动资产-流动负债）/流动资产=1-流动负债/流动资产=1-1/流动比率，通过公式可知，两者呈同向变动关系，选项D不当选。

40 斯尔解析▶ ABC 本题考查影响短期偿债能力的其他因素。良好的公司声誉，可以使公司更容易筹集资金；可动用的银行授信额度，可以使企业随时借款增加现金；可快速变现的非流动资产，可随时出售获得现金，三者均可增强公司的短期偿债能力，选项ABC当选。股价上涨并不能为公司带来可偿债的资金，不会增强企业的短期偿债能力，选项D不当选。

41 斯尔解析▶ AB 本题考查营运能力分析。在计算存货周转率时如果为了分析企业的短期偿债能力，应使用“营业收入”作为周转额，如果为了评估企业的存货管理业绩，应使用“营业成本”作为周转额，选项AB当选。应收账款周转天数=365×应收账款/营业收入，从使用赊销额改为使用销售收入，会导致公式分母变大，应收账款周转天数降低，选项C不当选。在计算应收账款周转率时，如果坏账准备的金额较大，应使用未计提坏账准备的应收账款进行计算，选项D不当选。

42 斯尔解析▶ BCD 本题考查管理用资产负债表。金融负债是筹资活动所涉及的负债，应付普通股股利、应付优先股股利和应付利息均产生于各项股权或债权筹资活动，属于金融负债，选项BCD当选。应付账款属于经营活动所涉及的负债，属于经营负债，选项A不当选。

43 斯尔解析▶ CD 本题考查管理用现金流量表。债务现金流量=税后利息费用-净负债增加=60-75=-15（万元），选项B不当选。股权现金流量=股利分配-股票发行+股票回购=45（万元），选项C当选。实体现金流量=股权现金流量+债务现金流量=45+（-15）=30（万元），选项A不当选。税后经营净利润=净利润+税后利息费用=300+60=360（万元），营业现金毛流量=税后经营净利润+折旧与摊销=360+80=440（万元），营业现金净流量=营业现金毛流量-经营营运资本增加=440-50=390（万元），选项D当选。

44 斯尔解析▶ AD 本题考查外部融资需求的影响因素分析。外部融资额=预计经营资产增加额-预计经营负债增加额-预计可动用金融资产-预计营业收入×预计营业净利率×（1-预计股利支付率），其中：预计经营资产增加额=预计营业收入增加额×经营资产销售百分比；预计经营负债增加额=预计营业收入增加额×经营负债销售百分比，提高应收账款周转天数，会导致经营资产销售百分比上升，进而引起预计经营资产增加，最终会导致外部融资额增加，选项A当选。提高经营负债销售百分比，即增加预计经营负债增加额，会导致外部融资额减少，选项B不当选。提高营业净利率会增加内部融资额，进而减少企业的外部融资额，选项C不当选。提高股利支付率会减少内部融资额，进而增加企业的外部融资额，选项D当选。

45 斯尔解析▶ AD 本题考查内含增长率。内含增长率=预计营业净利率×净经营资产周转次数×预计利润留存率/（1-预计营业净利率×净经营资产周转次数×预计利润留存率），预计营业净利率、净经营资产周转次数和预计利润留存率与内含增长率同向变动，预计股利支付率=1-预计利润留存率，故预计股利支付率和内含增长率反向变动，选项A当选、选项B不当选。经营负债销售百分比=经营负债/销售收入，经营资产销售百分比=经营资产/销售收入，净经营资产周转率=销售收入/净经营资产=销售收入/（经营资产–经营负债），故经营负债销售百分比与净经营资产周转率同向变动，经营资产销售百分比与净经营资产周转率反向变动，因为净经营资产周转率和内含增长率同向变动，故经营负债销售百分比和内含增长率同向变动，经营资产销售百分比和内含增长率反向变动，选项C不当选、选项D当选。

46 斯尔解析▶ AB 本题考查可持续增长率。由于2021年经营效率和财务政策不变，并且不发行新股或回购股票，得出甲公司2021年在2020年的基础上实现了可持续增长，所以2021年实际增长率=2020年可持续增长率=2021年可持续增长率，选项AB当选。无法确定2020年是否相对于2019年实现了可持续增长，同时2020年的实际增长率=（2020年营业收入–2019年营业收入）/2019年营业收入，由于无法得知2019年的营业收入，进而无法确定2020年的实际增长率，选项CD不当选。

47 斯尔解析▶ ACD 本题考查作业预算的编制。作业预算主要适用于作业类型较多且作业链较长、管理层对预算编制的准确性要求较高、生产过程多样化程度较高以及间接或辅助资源费用占比较大的企业，选项A当选。企业应依据作业消耗资源的因果关系确定作业对资源费用的需求量，即资源需求量取决于各类作业需求量和资源消耗率，选项B不当选。资源费用的预算价格一般来源于企业建立的资源费用价格库。企业应收集、积累多个历史期间的资源费用成本价、行业标杆价、预期市场价等，建立企业的资源费用价格库，选项C当选。企业作业预算分析主要包括资源动因分析和作业动因分析。资源动因分析主要揭示作业消耗资源的必要性和合理性，发现减少资源浪费、降低资源消耗成本的机会，提高资源利用效率；作业动因分析主要揭示作业的有效性和增值性，减少无效作业和不增值作业，不断地进行作业改进和流程优化，提高作业产出效果，选项D当选。

第三模块 长期投资决策

一、单项选择题

48	D		49	B		50	A		51	C		52	D
53	B		54	C		55	C		56	D		57	A
58	A		59	B		60	D		61	B			

二、多项选择题

62	BD		63	ABCD		64	ABD		65	ABC		66	BCD
67	ABC		68	ABCD		69	AD		70	AB		71	CD
72	AD		73	AD		74	BC						

一、单项选择题

48 斯尔解析▶ **D** 本题考查债券价值评估。由于债券半年付息一次，半年期的票面利率=8%/2=4%，半年期的折现率=$\sqrt{1+8.16\%}-1$=4%，所以该债券为平价发行。由于刚刚支付过上期利息，所以目前的债券价值=债券面值=1 000（元），选项D当选。

49 斯尔解析▶ **B** 本题考查普通股的期望报酬率。根据$r_s=D_1/P_0+g$可知，股票的期望报酬率由股利收益率和资本利得收益率两部分组成。其中，股利收益率=D_1/P_0，资本利得收益率=g。甲股票预期股利=（10%−6%）×30=1.2（元），乙股票预期股利=（14%−10%）×40=1.6（元），选项A不当选。甲股票股利收益率=甲股票期望报酬率−甲股票资本利得收益率=10%−6%=4%，乙股票股利收益率=14%−10%=4%，选项B当选。甲股票一年后股价$P_1=D_1$×（1+g）/（r_s-g）=1.2×（1+6%）/（10%−6%）=31.8（元），如果现在买入，一年后卖出，可以得到1.8元的资本利得，乙股票一年后股价=1.6×（1+10%）/（14%−10%）=44（元），如果现在买入，一年后卖出，可以得到4元的资本利得，选项C不当选。

由于股利的增长速度也就是股价的增长速度，因此，g可以解释为股价增长率或资本利得收益率，甲、乙股票资本利得收益率不相等，选项D不当选。

50 斯尔解析▶ A 本题考查相对价值评估模型。修正平均市盈率=可比企业平均市盈率/（可比企业平均预期增长率×100）=25/（5%×100）=5，甲公司每股价值=可比企业修正平均市盈率×目标企业预期增长率×100×目标企业每股收益=5×4%×100×0.5=10（元），选项A当选。

51 斯尔解析▶ C 本题考查相对价值评估模型。根据资本资产定价模型，股权成本=5%+0.7×（12%−5%）=9.9%；营业净利率=每股收益/每股营业收入=8.16÷68=12%，预期市销率=股利支付率×营业净利率/（股权成本−增长率）=（12%×40%）÷（9.9%−6%）=1.23，乙公司股票价值=预计每股营业收入×预期市销率=60×1.23=73.8（元），选项C当选。

提示：选择本期市价比率还是内在市价比率，关键看题目中给出的目标企业的每股收益是本期每股收益，还是预期每股收益。如果题目中给出的是目标企业本期的每股收益，就选择本期市价比率计算，如果题目中给出的是目标企业预期的每股收益，则选择内在市价比率计算。

52 斯尔解析▶ D 本题考查不同衍生工具的特点。远期合约和互换合约都属于定制化合约，期货合约和期权合约都属于标准化合约，选项AB不当选。远期合约、期货合约都属于双边合约，大部分互换合约也属于双边合约，期权合约属于单边合约，选项C不当选。远期合约和互换合约都在场外交易，期货合约主要在场内交易，期权合约在场内和场外都可以交易，选项D当选。

53 斯尔解析▶ B 本题考查单一期权的损益分析。多头看跌期权到期日价值=Max（24−30，0）=0（元），选项A不当选。空头看跌期权到期日价值=−Max（24−30，0）=0（元），选项B当选。多头看跌期权净损益=0−4=−4（元），选项C不当选。空头看跌期权净损益=0+4=4（元），选项D不当选。

54 斯尔解析▶ C 本题考查多头对敲。多头对敲的投资策略是同时买入一只以甲公司股票为标的资产的看涨期权和看跌期权。假设6个月后甲公司股价下跌50%，则6个月后的预计股价=20×（1−50%）=10（元）。由于看涨期权的执行价格高于预计股价，所以看涨期权不会行权，则看涨期权的净收入=0（元），看涨期权的净损益=0−3=−3（元）。由于看跌期权的执行价格高于预计股价，所以看跌期权会行权，则看跌期权的净收入=30−10=20（元），看跌期权的净损益=20−5=15（元）。组合净损益=看涨期权的净损益+看跌期权的净损益=−3+15=12（元），选项C当选。

55 斯尔解析▶ C 本题考查期权的投资策略。预计未来标的资产价格将在执行价格附近小幅波动，适合空头对敲，选项C当选。预计未来标的资产价格将大幅上涨，适合多头看涨期权，选项A不当选。预计未来标的资产价格将大幅下跌，适合多头看跌期权，选项B不当选。预计未来标的资产价格将发生剧烈波动，但不知道升高还是降低，适合多头对敲，选项D不当选。

56 斯尔解析▶ D 本题考查金融期权价值的影响因素。看跌期权价值与预期红利同向变动，预期红利上升，股票价格下降，则看跌期权价值上升，选项D当选。对于看跌期权持有者来说，股价下降可以获利，股价上升时放弃执行，最大损失以期权费为限，两者不会抵消，因此，股价的波动率增加会使期权价值增加，股价波动率下降会使得期权价值下降，选项A不当选。看跌期权的执行价格越高，价值越大，执行价格下降，价值下降，选项B不当选。看跌期权在未来某一时间执行，其收入是执行价格与股票价格的差额，如果其他因素不变，当股票价格上升时，看跌期权的价值下降，选项C不当选。

57 斯尔解析▶ A 本题考查复制原理和套期保值原理。复制原理通过构建投资组合（购进适量股票并借入必要款项）达到复制1份多头看涨期权的效果。S_u=60+20=80（元），S_d=60-10=50（元），C_u=S_u-X=80-65=15（元），C_d=0（元），则购入股票数量=套期保值比率=（C_u-C_d）/（S_u-S_d）=（15-0）/（80-50）=0.5（股），选项A当选。

58 斯尔解析▶ A 本题考查平价定理。根据平价定理：看涨期权价格-看跌期权价格=标的资产价格-执行价格现值，看跌期权的价格P=5-15+12.24/（1+8%/4）=2（元），选项A当选。

59 斯尔解析▶ B 本题考查独立项目的决策。利用报酬率进行项目投资决策时，只有报酬率高于资本成本的项目才被接受，而此处用于决策的应当是项目资本成本，只有选项B的项目报酬率大于项目资本成本，可以接受，选项B当选。

60 斯尔解析▶ D 本题考查新建项目的现金流量估计。各年的现金流量计算如下：0时点现金购买设备现金流出500万元；按税法计算的每年折旧=500×（1-10%）/3=150（万元），则1、2时点各发生折旧抵税金额=150×25%=37.5（万元），同时，1时点税后运行成本引起现金流出=100×（1-25%）=75（万元），2时点税后运行成本引起现金流出=120×（1-25%）=90（万元）；2年后设备的账面价值=500-2×150=200（万元），与变现价值相等，因此变现损益对所得税的影响为0，设备变现引起的现金流入=200（万元）。则现金流出总现值=500-37.5×（P/A，10%，2）+75×（P/F，10%，1）+90×（P/F，10%，2）-200×（P/F，10%，2）=412.20（万元），平均年成本=412.20/（P/A，10%，2）=237.51（万元），选项D当选。

61 斯尔解析▶ B 本题考查互斥项目的决策。对于互斥项目的决策，通常不适合采用内含报酬率和动态回收期指标进行决策，而是采用共同年限法或者是等额年金法进行决策，选项CD不当选。如果是投资额不同引起的（项目的寿命相同），对于互斥项目应当净现值法优先，因为它可以给股东带来更多的财富。股东需要的是实实在在的报酬，而不是报酬的比率。对于投资额、期限均不同的两个互斥项目，一般有两种解决办法，一个是共同年限法，另一个是等额年金法；等额年金法要求计算出两个项目的永续净现值进行比较，如果M项目优于N项目，则要求M项目的永续净现值大于N项目的永续净现值，选项B当选。在两个项目的资本成本相同时，可以直接比较等额年金，本题没有说明资本成本相同，选项A不当选。

提示：等额年金法的最后一步即永续净现值的计算，并非总是必要的。在资本成本相同时，等额年金大的项目永续净现值肯定大，根据等额年金大小就可以直接判断项目的优劣。

二、多项选择题

62 斯尔解析▶ BD 本题考查债券价值的影响因素。由于两支债券为平息债券，同时票面利率均高于必要报酬率，可知两支债券均为溢价发行的债券。在债券的面值和票面利率均相同的情况下，如果必要报酬率和利息支付频率相同，则债券偿还时间越长的债券价值越高，选项A不当选、选项B当选。其他条件相同，提高利息支付频率，债券价值会上升，选项C不当选。对于溢价发行债券，票面利率高于必要报酬率，所以当必要报酬率与票面利率差额越大，（因债券的票面利率相同）即表明必要报酬率越低或票面利率越高，则债券价值应越大，选项D当选。

63 斯尔解析▶ ABCD 本题考查债券价值的影响因素。对于连续付息的平息债券，当折现率等于票面利率时，债券按照面值平价发行，未来一直等于面值，选项A当选。当折现率大于票面利率，债券折价发行，随着时间推移，价值逐渐接近于面值，在到期前一直低于面值，选项B当选。当折现率小于票面利率，债券溢价发行，随着时间推移，价值逐渐接近于面值，在到期前一直高于面值，选项C当选。债券的价值等于其未来现金流量的现值，随着到期时间的缩短，折现率所能够影响的现金流就越少，其价值波动就越小，选项D当选。

提示：平息债券是指利息在期间内平均支付的债券，支付的频率可能是每一年一次、每半年一次或每季度一次等。连续付息的债券可以理解为每时每刻都在支付利息的债券。

64 斯尔解析▶ ABD 本题考查普通股价值评估。甲公司已进入稳定增长状态，股东权益的增长率等于可持续增长率，选项A当选。根据固定股利增长模型，预计下一年的股票价格$P_1=D_0\times(1+g)^2/(r_s-g)=1.5\times(1+5\%)^2/(10\%-5\%)=33.08$（元），选项B当选。股权登记日的在册股东有权分取股利，此时的股票价格中包含着股利，高于除息日的股票价格，即股权登记日的股票价格=除息日的股票价格+股利=［1.5×（1+5%）/（10%-5%）］+1.5=33（元），选项C不当选。甲公司共分配股利7 500万元（1.5×5 000=7 500），若通过回购150万股股票的方式向股东支付等额现金，则回购价格=7 500/150=50（元/股），选项D当选。

65 斯尔解析▶ ABC 本题考查实物期权的主要特点。传统现金流量折现法，是一种静态的投资分析方法，通常假设公司只能被动地接受既定方案，而实物期权则考虑了管理层的经营灵活性，是一种动态的投资分析方法，选项A当选。实物期权隐含在投资项目中，需要将其识别出来，项目不确定性越大，则期权价值越大，越值得重视，选项B当选。扩张期权和延迟期权都是对标的项目是否进行投资的选择权，属于看涨期权，选项C当选。放弃期权是一项看跌期权，其标的资产价值是项目的继续经营价值，而执行价格是项目的清算价值，选项D不当选。

66 斯尔解析▶ BCD 本题考查企业价值评估的对象。会计价值指的是账面价值，选项B当选。由于资本市场有效，目前的每股市价可以代表每股公平市场价值，用于衡量少数股权价值，选项C当选。现时市场价值是指按照现行市场价格计量的资产价值，选项D当选。清算价值指的是公司终止经营并完成出售所产生的价值，根据题干资料，无法判断清算价值大小，选项A不当选。

67 斯尔解析▶ ABC 本题考查企业价值评估的对象。企业的经济价值是指其公平市场价值，按现时市场价格计量的资产价值是现时市场价值，现时市场价值可能是公平的，也可能是不公平的，因此不能反映企业的经济价值，选项A当选。企业的公平市场价值，应当在其持续经营价值与清算价值中取孰高，选项B当选。少数股权价值和控股权价值都能反映企业价值，选项C当选。企业的整体价值不是各部分的简单相加，整体价值可能体现出“1+1>2”或“1+1<2”的结果，反映出不同企业资源组合效率的不同，选项D不当选。

68 斯尔解析▶ ABCD 本题考查相对价值评估模型。根据资本资产定价模型，股权资本成本=5%+1.4×（10%-5%）=12%，选项A当选。权益净利率=每股净利润/每股净资产=2/5×100%=40%，选项B当选。本期市净率=股利支付率×权益净利率×（1+增长率）/（股权资本成本-增长率）=40%×（1-60%）×（1+10%）/（12%-10%）=8.8，选项C当选。每股市价=每股净资产×本期市净率=5×8.8=44（元），选项D当选。

69 斯尔解析▶ AD 本题考查相对价值评估模型。修正市盈率的关键因素为增长率，修正市净率的关键因素为权益净利率，修正市销率的关键因素为营业净利率，选项BC不当选。市盈率模型不适用于亏损的企业，选项A当选。市销率模型适用于销售成本率较低的服务类企业，或者销售成本率趋同的传统行业的企业，选项D当选。

70 斯尔解析▶ AB 本题考查金融期权价值构成。对于看涨期权，现行股价高于执行价格时，内在价值=现行市价-执行价格，因此该期权的内在价值=60-50=10（元），期权处于实值状态，选项B当选。时间溢价=期权价值-内在价值=12-10=2（元），选项A当选。由于1个月之后到期日的股价是未知数，因此无法判断期权到期时是否应被执行，选项C不当选。欧式期权只能在到期日行权，目前无法执行，选项D不当选。

应试攻略

期权内在价值指的是期权立即执行产生的经济价值，计算时应基于当前股价与执行价格，千万不要考虑过去或未来的情况。同时，要区分清楚的是，期权的内在价值≠期权的价值，期权价值=期权价格=内在价值+时间溢价。

71 斯尔解析▶ CD 本题考查金融期权价值的影响因素。股价波动率的提高会增加期权价值，选项C当选。无风险利率的提高，会降低执行价格的现值，进而增加看涨期权的价值，选项D当选。对于看涨期权而言，执行价格越高，期权价值越低，选项A不当选。欧式看涨期权的到期时限延长，不一定会增加期权价值，选项B不当选。

72 斯尔解析▶ AD 本题考查独立项目的决策。该项目现值指数大于1，说明项目的净现值大于0，内含报酬率大于资本成本14%，项目可行，选项AD当选。由于在项目期末，未来现金流量现值大于原始投资额现值，所以折现回收期小于经营期限10年，选项B不当选。根据题目，无法判断会计报酬率和资本成本的关系，选项C不当选。

应试攻略

在评价某一项目是否可行时，净现值法、现值指数法和内含报酬率法的结论一致，即净现值>0，则现值指数>1，内含报酬率>资本成本，可以推导出静态/动态回收期<项目寿命期，但无法得出会计报酬率>资本成本的结论，回收期的反向推导也不一定成立。

73 斯尔解析▶ AD 本题考查独立项目的决策。净现值=未来现金净流量现值-原始投资额现值，项目资本成本变化会影响其金额，选项A当选。内含报酬率是使项目“净现值=0”的折现率，其大小与项目资本成本无关，选项B不当选。会计报酬率=年平均税后经营净利润/资本占用×100%，其大小与项目资本成本无关，选项C不当选。动态回收期是指在考虑货币时间价值的情况下，投资引起的未来现金流量累计到与原始投资额相等所需要的时间，项目资本成本的变化会影响其大小，选项D当选。

74 斯尔解析▶ BC 本题考查互斥项目的决策。对于期限相同，投资额不同的互斥项目，应当选择净现值大（而非内含报酬率大）的项目，对于期限不同的互斥项目，可以通过共同年限法或等额年金法调整后进行比较，选项A不当选、选项BC当选。从长期来看，竞争会使项目的净利润下降，甚至被淘汰，对此，等额年金法和共同年限法在分析时均没有考虑，选项D不当选。

第四模块　长期筹资决策

一、单项选择题

75 B	76 C	77 C	78 B	79 B
80 A	81 C	82 C		

二、多项选择题

83 AD	84 ABC	85 AD	86 CD	87 BCD
88 CD	89 BC	90 ACD	91 ACD	92 ACD

一、单项选择题

75 斯尔解析▶ B　本题考查财务杠杆系数。财务杠杆系数=$EBIT/(EBIT-I-\frac{PD}{1-T})$，$EBIT$=10×（6-4）-5=15（万元），财务杠杆系数=15/（15-3-0）=1.25，选项B当选。

76 斯尔解析▶ C　本题考查杠杆系数的衡量。联合杠杆系数=经营杠杆系数×财务杠杆系数=1.5×2=3，根据联合杠杆系数=每股收益的变化百分比/营业收入的变化百分比=每股收益的变化百分比/80%=3，每股收益的变化百分比=3×80%=240%，选项C当选。

77 斯尔解析▶ C　本题考查配股。配股除权价格=（配股前每股价格+配股价格×股份变动比例）/（1+股份变动比例）=（9.1+8×10%）/（1+10%）=9（元），选项C当选。

78 斯尔解析▶ B　本题考查配股。配股除权参考价=（配股前每股价格+配股价格×股份变动比例）/（1+股份变动比例）=（10+8×80%）/（1+80%）=9.11（元），乙的财富变动=1 000×9.11-1 000×10=-890（元），选项B当选。

79 斯尔解析▶ B　本题考查附认股权证债券筹资。附认股权证债券的资本成本应当介于债务市场利率和普通股资本成本之间，才可以被发行人和投资人同时接受，由于题目要求的是税后资本成本的区间，因此应当按照税后口径比较，等风险普通债券税后的资本成本=6%×（1-25%）=4.5%，股东权益资本成本默认为税后成本，因此选项B当选。

80 斯尔解析▶ A　本题考查剩余股利政策。提取盈余公积，是对本年利润“留存”最低数额的限制，而不是对股利分配的限制。因为利润留存金额480万元已经满足了提取盈余公积金的要求，所以应分配的股利=500-800×60%=20（万元），选项A当选。

提示：公司是确定上年利润（500万元）的分配方案，因此不得以累计未分配利润1 000万元为基础。

81 斯尔解析▶ C 本题考查各种股利政策的优缺点。剩余股利政策应根据公司的目标资本结构，对投资机会所需的权益资本进行测算（而非满足投资方案的所需全部资本），先从盈余当中留用，然后将剩余盈余作为股利分配，这样才能保持较低的资本成本，选项A不当选。固定股利政策下，当盈余较低时仍要支付固定的股利，可能导致资本短缺，不能保持较低的资本成本，选项B不当选。固定股利支付率政策下，股利与盈余紧密配合，体现出多盈多分、少盈少分、不盈不分的特点，不利于稳定股价，选项C当选。低正常股利加额外股利政策中包含稳定的低正常股利，有利于稳定股价并吸引依赖于稳定的股利收入的投资者，选项D不当选。

82 斯尔解析▶ C 本题考查股利的支付。在除权（息）日，上市公司发放现金股利与股票股利，股票的除权参考价=（股权登记日收盘价-每股现金股利）/（1+送股率+转增率）=（25-1）/（1+2/10+3/10）=16（元），选项C当选。

二、多项选择题

83 斯尔解析▶ AD 本题考查资本结构的其他理论。根据代理理论，当企业经理与股东产生利益冲突时，经理会产生随意支配现金流的行为，导致过度投资的问题，选项A当选。当企业股东与债权人之间存在利益冲突时，经理代表股东利益（而非债权人）采纳成功率低甚至净现值为负的高风险项目，将导致过度投资问题，而非由于债权人的要求所导致，因此选项B不当选。债权人保护条款的引入有利于减少企业的价值损失或增加企业价值，属于债务的代理收益，选项C不当选。根据代理理论，最优资本结构不仅要平衡债务利息抵税和财务困境成本，还要平衡代理成本和代理收益，选项D当选。

84 斯尔解析▶ ABC 本题考查资本结构的MM理论。根据无税MM理论的观点，企业的价值与资本结构无关，仅取决于企业的经营风险，选项A当选。无论是否考虑所得税，在MM理论中，权益的资本成本均会随着负债比例的上升而上升，但是不考虑所得税时上升的快，考虑所得税时，上升的慢，选项B当选、选项D不当选。在有税MM理论下，企业价值会随着负债比例的不断上升而不断增加，选项C当选。

85 斯尔解析▶ AD 本题考查每股收益无差别点法。增发普通股的每股收益线斜率低，增发优先股和增发债券的每股收益线斜率相同。由于发行优先股与发行普通股的每股收益无差别点（210万元）高于发行长期债券与发行普通股的每股收益无差别点（130万元），可以肯定发行债券的每股收益线在发行优先股的每股收益线上方，即本题按每股收益判断，债券筹资始终优于优先股筹资。因此，当预期的息税前利润高于130万元时，甲公司应当选择发行长期债券；当预期的息税前利润低于130万元时，甲公司应当选择发行股票，选项AD当选。

86 斯尔解析▶ CD 本题考查不同筹资方式的特点。由于普通股没有固定到期日，不用支付固定的利息，因此财务风险小，选项A不当选。利用债券筹资通常有许多限制，这些限制往往会影响公司经营的灵活性，而利用普通股筹资则没有这种限制，选项B不当选。普通股筹资可能导致股权稀释，并进而分散公司控制权，选项C当选。股东较债权人承担更大的风险，相应地要求更高的报酬率水平，因此普通股筹资的资本成本较高，选项D当选。

87 斯尔解析▶ BCD 本题考查优先股筹资。优先股股东优先于普通股股东分配公司的利润和剩余财产，但参与公司决策管理等权利会受到限制，选项A不当选、选项B当选。优先股股东承担的风险小于普通股股东，所以要求的必要报酬率也会比较低，导致同一公司优先股的筹资成本比普通股的筹资成本低，选项C当选。发行优先股不会稀释股东权益，选项D当选。

88 斯尔解析▶ CD 本题考查可转换债券筹资。可转换债券在转换时不会增加新的资本，但附认股权证债券在认购股份时会给公司带来新的权益资本，所以只有附认股权证债券才能起到一次发行、两次融资的作用，选项A不当选。附认股权证债券的发行者，主要目的是发行债券而不是股票，是希望通过捆绑期权吸引投资者以降低利率；可转换债券的发行者，主要目的是发行股票而不是债券，只是因为当前股价偏低，希望通过设置转股权获得以高于当前股价出售普通股的可能性，选项B不当选。可转换债券的承销费用与普通债券类似，而附认股权证债券的承销费用，通常高于普通债券融资，选项C当选。可转换债券可以规定可赎回条款、强制转换条款等，灵活性好，而附认股权证债券的灵活性较差，选项D当选。

89 斯尔解析▶ BC 本题考查可转换债券筹资。可转换债券的发行者，主要目的是发行股票而不是债券，即捆绑转股权并不是为了降低债券发行利率，而是为了获得以高于当前股价出售普通股的可能性，适用于规模较大的公司，选项A不当选、选项B当选。可转换债券允许发行者规定可赎回条款、强制性转换条款等，种类较多，灵活性较好，选项C当选。尽管可转换债券的票面利率比普通债券低，但是加入转股成本之后的总筹资成本比普通债券要高，选项D不当选。

90 斯尔解析▶ ACD 本题考查股利理论。当股票资本利得税与股票交易成本之和大于股利收益税时，收取现金股利纳税较少，因此投资者更倾向于采用高现金股利政策，选项A当选。客户效应理论认为，对于高收入阶层和风险偏好者，由于其税负高，并且偏好资本增长，他们希望公司少发放现金股利，并希望通过获得资本利得适当避税，因此，公司应实施低现金分红比例，甚至不分红的股利政策，选项B不当选。“一鸟在手”理论认为，由于股东偏好当期股利收益胜过未来预期资本利得，应采用高现金股利支付率政策，选项C当选。为解决控股股东和中小股东之间的代理冲突，避免控股股东对中小股东的利益侵害，应采用多分配少留存的股利政策，选项D当选。

91 斯尔解析▶ ACD 本题考查股票回购。本股票回购会使股数减少，每股收益提高，选项A当选。股票回购不会改变每股面额，选项B不当选。股票回购会使所有者权益减少，负债不变，资本结构会发生变化，选项C当选。因一部分现金流用于股票回购，所以自由现金流量减少，选项D当选。

92 斯尔解析▶ ACD 本题考查股票回购和股票分割。股票回购导致股数减少，进而提高了每股收益和每股市价，股票分割反之，选项A当选。股票回购和现金股利都会导致所有者权益和现金的减少，股票分割不影响所有者权益和现金，选项B不当选。股票回购和股票分割都会向市场传递利好信号，有利于股票价格提升，选项C当选。股票回购导致所有者权益减少，财务杠杆水平提高，股票分割不影响资本结构，选项D当选。

提示：股票回购导致每股市价提高，股票分割导致每股市价降低，都是指行为发生时由于股数变化带来的每股市价即时变化，但股票回购和股票分割两种行为发生后，向市场传递出利好信号，都有利于刺激股票价格的提升。

第五模块　经营决策

一、单项选择题

题号	答案
93	D
94	A
95	B
96	C
97	D
98	A

二、多项选择题

题号	答案
99	ABD
100	CD
101	AC
102	ABD
103	BC

一、单项选择题

93 斯尔解析▶ D 本题考查营运资本投资策略。相比于保守型营运资本投资策略，适中型营运资本投资策略流动资产与收入比率较低，所以持有成本较低，而短缺成本较高，选项D当选。

应试攻略

不同的营运资本投资策略最大的区别是流动资产与收入比率不同。同样的收入水平下，流动资产最多的是保守型投资策略，流动资产最少的是激进型投资策略。流动资产越多，持有成本越高，短缺成本越低。

94 斯尔解析▶ A 本题考查营运资本筹资策略。

方法一：6月30日属于甲公司的生产经营淡季，在生产经营的淡季存在短期金融资产，属于保守型筹资策略，选项A当选。

方法二：稳定性流动资产+长期资产=30+120+150+250=550（万元），股东权益+长期债务+经营性流动负债=300+200+100=600（万元），稳定性流动资产+长期资产＜股东权益+长期债务+经营性流动负债，属于保守型筹资策略，选项A当选。

方法三：易变现率=［（股东权益+长期债务+经营性流动负债）−长期资产］/经营性流动资产。由于货币资金属于经营资产，交易性金融资产属于金融资产，因此，经营性流动资产=总资产−固定资产−交易性金融资产=600−250−50=300（万元），易变现率=（600−

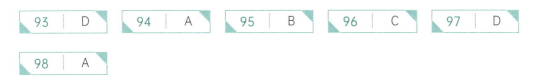

250）/300=1.17。在生产经营的淡季，易变现率大于1，属于保守型筹资策略，选项A当选。

95 斯尔解析▶ B 本题考查现金管理。现金管理的存货模式考虑了机会成本和交易（转换）成本，随机模式考虑了机会成本和交易成本，选项A不当选。存货模式假定现金的流出量稳定不变，实际上这种情况很少出现，所以存货模式的适用范围较窄，选项B当选。随机模式建立在企业的未来现金需求总量和收支不可预测的前提下，其现金持有量下限的确定会受到企业每日最低现金需要和管理人员的风险承受倾向等因素的影响，因此更易受到管理人员主观判断的影响，选项CD不当选。

96 斯尔解析▶ C 本题考查应付账款决策分析。甲公司放弃现金折扣的成本=折扣百分比/（1-折扣百分比）×360/（信用期-折扣期）=1%/（1-1%）×360/（30-10）=18.18%，选项C当选。

97 斯尔解析▶ D 本题考查短期借款筹资管理。实际税前资本成本=（600×6%+400×0.5%）/［600×（1-10%）］×100%=7.04%，选项D当选。

提示：本题要求计算实际税前资本成本，即计算借款的有效年利率，其分子应考虑承诺费导致的融资成本增加，分母应考虑补偿性余额对实际可用融资额的占用。同时，由于题目未给出补偿性余额的存款利息水平，因此不必额外考虑。

98 斯尔解析▶ A 本题考查零部件自制与外购的决策。决策指标为相关成本，决策原则为选择相关成本较低的方案。外购年成本=5×600=3 000（万元），自制年成本=5×480+12×21=2 652（万元），相关成本差额=2 652-3 000=-348（万元），选项A当选。由于有剩余生产能力可以利用，且无法转移，所以自制的相关成本仅包含变动成本和专属成本，而不应包含固定成本。一般而言，除非题目特别说明可以选择部分外购、部分自制，否则应选择全部外购或全部自制。

二、多项选择题

99 斯尔解析▶ ABD 本题考查营运资本筹资策略。根据题干可知，甲公司的短期金融负债不仅用于解决波动性资产资金需求，还用于解决部分稳定性流动资产和长期资产的资金需求，属于激进型筹资策略。激进型筹资策略下，企业全部波动性流动资产均由临时性负债解决，选项A当选。激进型筹资策略下，企业不论是在营业低谷期还是高峰期时的易变现率均小于1，选项B当选。激进型的筹资策略不会产生闲置资金，选项C不当选。激进型筹资策略下短期金融负债在企业全部资金来源中所占比重较大，一方面短期金融负债的资本成本较低，另一方面短期金融负债无法解决长期资金需求且利率变动可能增加资本成本，因此收益性和风险性均较高，选项D当选。

100 斯尔解析▶ CD 本题考查现金管理的随机模式。根据题目条件，L=150万元，R=200万元，则H=2（R-L）+R=300（万元）。当现金量达到控制上限H时，用现金购入有价证券，使现金持有量下降至现金返回线R；当现金量降到控制下限L时，则抛售有价证券换回现金，使现金持有量回升至现金返回线R；若现金量在控制的上下限之内，则不必进行现金与有价证券的转换，保持现有存量即可。当现金余额为240万元时，在控制上下限之内，不必进行转化操作，选项A不当选。当现金余额为80万元时，低于控制下限L，则应抛售有价证券换回现金，但换回量应使持有量回升至返回线，所以应当抛售120万元有价证券，选项B不当选。

101 斯尔解析▶ AC 本题考查存货经济批量基本模型。根据存货经济批量基本模型“经济订货量=$\sqrt{2\times 存货年需求量\times 每次订货变动成本/单位储存变动成本}$”，可知，单位储存成本增加，存货年需求量减少，导致经济订货批量减少，选项AC当选。订货固定成本不影响经济订货批量，选项B不当选。存货经济批量基本模型不考虑缺货成本，选项D不当选。

102 斯尔解析▶ ABD 本题考查短期经营决策的相关成本与不相关成本。旧设备的已提折旧属于非相关成本，与决策无关，选项A当选。旧设备的账面价值属于非相关成本，与决策无关，旧设备的以旧换新作价属于机会成本，与决策相关，选项B当选、选项C不当选。改造旧设备涉及追加支出1 000万元和丧失变现收益1 200万元，合计2 200万元，新设备市价2 000万元，改造旧设备比购买新设备多支出200万元（2 200-2 000），选项D当选。

提示：如果考虑所得税等相关税费的影响，出售旧设备时，旧设备的账面价值将影响所得税的计算，属于决策相关成本。

103 斯尔解析▶ BC 本题考查产品销售定价的方法。变动成本加成法下，成本基数包括直接材料、直接人工、变动制造费用和变动销售及管理费用，选项B当选。市场定价法有利于时刻保持对市场的敏感性，对同行的敏锐性，选项C当选。

第六模块 成本计算

一、单项选择题

104	C	105	D	106	B	107	A	108	C
109	D	110	A	111	C				

二、多项选择题

112	AC	113	ABD	114	ABD	115	BCD	116	AC
117	BD	118	BC	119	ABD				

一、单项选择题

104 斯尔解析▶ C 本题考查直接分配法。直接分配法下，不考虑辅助生产内部相互提供的劳务量，直接将各辅助生产车间发生的费用分配给辅助生产以外的各个受益单位或产品，因此，供电车间的分配率=315 000÷（450 000-30 000）=0.75（元/度），选项C当选。

105 斯尔解析▶ D 本题考查约当产量法。直接人工费用和制造费用的完工程度计算的基本方法为累计定额工时法。如果题目告知完工产品定额工时和在产品完工程度，可根据在产品累计定额工时和完工产品定额工时计算约当产量。如果题目未告知在产品各工序完工程度，则各工序内在产品完工程度按平均值50%计算。本题已告知工时定额和在产品各工序完工程度为60%，因此，第三道工序在产品约当产量=6 000×［（40+35+25×60%）/（40+35+25）］=5 400（件），选项D当选。

106 斯尔解析▶ B 本题考查联产品的成本分配。A产品的可变现净值=200×30=6 000（万元），B产品的可变现净值=（240-40）×50=10 000（万元）。A产品应分配的成本=600/（6 000+10 000）×6 000=225（万元），B产品应分配的成本=600/（6 000+10 000）×10 000=375（万元），选项B当选。

107 斯尔解析▶ A 本题考查平行结转分步法。平行结转分步法的在产品是“广义在产品”的概念，本步骤已完工，但还有后续步骤尚未最终完工的也算作在产品，选项A当选。平行结转分步法不计算半成品成本和各步骤在产品成本，因此不适用经常对外销售半成品的企业，不利于考查在产品存货资金占用情况，也不利于在产品的实物管理，选项BCD不当选。

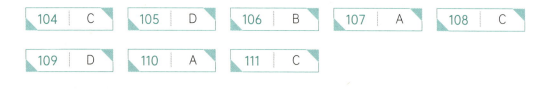

应试攻略

平行结转分步法下，在计算某一步骤在产品时，需把握两个基本原则：“向后看”和“未最终完工”。只要是本步骤未完工，或者本步骤已完工，但还有后续步骤尚未最终完工的也算作在产品。但是，本步骤的在产品不包括之前各个步骤的在产品。

108 斯尔解析▶ C 本题考查标准成本的种类。基本标准成本是指一经确定，只要生产的基本条件无重大变化，就不予变动的一种标准成本。所谓生产的基本条件的重大变化是指产品的物理结构变化、重要原材料和劳动力价格的重要变化、生产技术和工艺的根本变化等。由于市场供求变化导致的售价变化和生产经营能力利用程度的变化，不属于生产的基本条件变化，不需要修订基本标准成本，选项C当选。

应试攻略

如果题目改为：需要修订现行标准成本的情形有哪些？那么，只要是生产条件的改变，都需要修订现行标准成本。基本条件的重大变化，主要可以从以下三个维度做判定：不可逆，影响重大，根本性的改变。

109 斯尔解析▶ D 本题考查标准成本的制定。单位产品的标准工时是指在现有的生产技术条件下，生产单位产品所需要的时间，包括直接加工操作必不可少的时间，以及必要的间歇和停工，如工间休息、调整设备时间、不可避免的废品耗用工时等，则该模具的直接人工标准工时=（90+1+5）/（1−4%）=100（小时），选项D当选。

110 斯尔解析▶ A 本题考查变动成本差异的分析。生产用直接材料的实际成本=2 500×0.6=1 500（元），直接材料的标准成本=0.5×8×400=1 600（元），耗用直接材料的成本差异=1 500−1 600=−100（元），即直接材料成本节约100元，选项A当选、选项B不当选。耗用直接材料价格差异=2 500×（0.6−0.5）=250（元），即直接材料价格超支250元，选项C不当选。直接材料数量差异=（2 500−400×8）×0.5=−350（元），即直接材料数量节约350元，选项D不当选。

111 斯尔解析▶ C 本题考查固定制造费用差异的分析。固定制造费用闲置能力差异=（生产能力−实际工时）×固定制造费用标准分配率=（1 500−1 200）×10=3 000（元）（不利差异），选项C当选。

二、多项选择题

112 斯尔解析▶ AC 本题考查一次交互分配法。供电车间分配给锅炉车间的成本费用=20/40×1=0.5（万元），选项A当选。锅炉车间分配给供电车间的成本费用=40/10×0.5=2（万元），选项B不当选。供电车间对外分配的成本费用=20+2−0.5=21.5（万元），选项C当选。锅炉车间对外分配的成本费用=40−2+0.5=38.5（万元），选项D不当选。

113 斯尔解析▶ ABD 本题考查产品成本计算的方法。分步法下，一般定期计算产品成本，成本计算期与会计核算报告期一致，与产品生命周期不一致，分批法下成本计算期与产品生产周期基本一致，选项C不当选。

114 斯尔解析▶ ABD 本题考查变动成本差异的分析。直接人工标准工时是指在现有生产技术条件下，生产单位产品所需要的时间，包括直接加工操作必不可少的时间以及必要的间歇和停工（如工间休息、设备调整准备时间）、不可避免的废品耗用工时等，选项A当选。直接人工效率差异的形成原因有很多，包括工作环境不良、工人经验不足、劳动情绪不佳、新工人上岗太多、机器或工具选用不当、设备故障较多、生产计划安排不当、产量规模太少而无法发挥经济批量优势等，选项B当选。直接人工效率差异=（实际工时-标准工时）×标准工资率，选项C不当选。直接人工工资率差异的形成原因，包括直接生产工人升级或降级使用、奖励制度未产生实效、工资率调整、加班或使用临时工、出勤率变化等，选项D当选。

115 斯尔解析▶ BCD 本题考查固定制造费用差异的分析。固定制造费用耗费差异=固定制造费用实际数-固定制造费用预算数=1 900-10 400×1.5×1 200÷10 000=28（万元），正数为不利差异，选项A不当选。固定制造费用效率差异=（实际工时-实际产量标准工时）×固定制造费用标准分配率=（10 000-8 000×1.5）×1 200=-2 400 000（元）=-240（万元），负数为有利差异，选项B当选。固定制造费用能力差异=固定制造费用预算数-固定制造费用标准成本=（生产能力—实际产量标准工时）×固定制造费用标准分配率=（10 400×1.5-8 000×1.5）×1 200÷10 000=432（万元），正数为不利差异，选项C当选。固定制造费用成本差异=实际成本-实际产量标准成本=1 900-8 000×1.5×1 200÷10 000=460（万元），正数为不利差异，选项D当选。

116 斯尔解析▶ AC 本题考查固定制造费用差异的分析。固定制造费用闲置能力差异=（生产能力-实际工时）×固定制造费用标准分配率，选项A当选。实际费用与预算费用之间的差异属于固定制造费用耗费差异，选项B不当选。固定制造费用效率差异=（实际工时-实际产量标准工时）×固定制造费用标准分配率，选项C当选。固定制造费用能力差异=（生产能力-实际产量标准工时）×固定制造费用标准分配率，实际产量标准工时偏离生产能力形成的差异属于固定制造费用能力差异，选项D不当选。

117 斯尔解析▶ BD 本题考查作业成本法和完全成本法的辨析。作业成本法和完全成本法都是对全部生产成本进行分配，不区分固定成本和变动成本，这与变动成本法不同，选项A不当选。传统成本计算方法下，间接成本的分配路径为“资源→部门→产品”，作业成本法下，间接成本的分配路径为“资源→作业→产品”，因此传统的成本计算方法按部门归集间接费用，作业成本法按作业归集间接费用，选项B当选。作业成本法强调尽可能扩大追溯到个别产品的成本比例，因此其直接成本计算范围通常要比传统的成本计算方法的计算范围大，选项C不当选。由于作业成本法按作业归集间接费用，所以不便于实施责任会计和业绩评价，选项D当选。

118 斯尔解析▶ BC 本题考查作业成本库的设计。生产前机器调试和半成品的质量检验均属于批次级作业成本库，选项AD不当选。

119 斯尔解析▶ ABD 本题考查作业成本法的优点和局限性。作业成本法一方面扩大了追溯到个别产品的成本比例，另一方面采用多种成本动因作为间接成本的分配基础，提高了成本分配的准确性，选项A当选。作业成本法可以从成本动因上改进成本控制，有助于持续降低成本和不断消除浪费，提高成本控制水平，选项B当选。作业成本法的成本动因多于完全成本法，成本动因的数量越大，开发和维护费用越高，选项C不当选。战略管理需要相应的信息支持，作业成本法既可以对价值链分析提供信息支持，也可以对成本领先战略提供支持，选项D当选。

第七模块 业绩评价

一、单项选择题

题号	答案
120	B
121	C
122	A
123	D

二、多项选择题

题号	答案
124	BCD
125	BCD
126	ABD
127	AC
128	ACD
129	ABC
130	BC

一、单项选择题

120 斯尔解析▶ B 本题考查关键绩效指标法。结果类指标是反映企业绩效的价值指标，主要包括投资报酬率、权益净利率、经济增加值、息税前利润、自由现金流量等综合指标；动因类指标是反映企业价值关键驱动因素的指标，主要包括资本性支出、单位生产成本、产量、销量、客户满意度、员工满意度等，选项A不当选。关键绩效指标法可以单独使用，也可以与经济增加值法、平衡计分卡等其他方法结合使用，选项C不当选。关键绩效指标法的应用对象可以是企业，也可以是企业所属的单位（部门）和员工，选项D不当选。

121 斯尔解析▶ C 本题考查利润中心的考核指标。部门税前经营利润可能更适合评价该部门对公司利润和管理费用的贡献，选项C当选。部门可控边际贡献更适合作为对部门经理的业绩评价依据，选项D不当选。

122 斯尔解析▶ A 本题考查基本的经济增加值。基本经济增加值=税后净营业利润-报表平均总资产×加权平均资本成本=400×（1-25%）-1 000×10%=200（万元），选项A当选。

123 斯尔解析▶ D 本题考查简化的经济增加值的计算。如果题目中直接或间接指明是基于国资委经济增加值考核办法进行业绩评价，通常默认计算的是简化的经济增加值。经济增加值=税后净营业利润-调整后资本×平均资本成本率，其中，税后净营业利润=净利润+（利息支出+研究开发费用调整项）×（1-25%），利息支出指企业财务报表中“财务费用”项下的“利息支出”，研究开发费用调整项指企业财务报表中“期间费用”项下的“研发费用”和当期确认为无形资产的开发支出，因此，税后净营业利润=20+（3+2+1）×（1-25%）=24.5（亿元），经济增加值=24.5-200×5%=14.5（亿元），选项D当选。

二、多项选择题

124 斯尔解析▶ BCD 本题考查责任成本的定义。所谓可控成本通常应符合以下三个条件：

（1）成本中心有办法知道将发生什么样性质的耗费（可预测）。

（2）成本中心有办法计量它的耗费（可计量）。

（3）成本中心有办法控制并调节它的耗费（可调控），选项BCD当选。

125 斯尔解析▶ BCD 本题考查成本中心的考核指标。标准成本中心只对既定产品质量和数量条件下的标准成本负责，不对生产能力的利用程度负责，只对既定产量的投入量承担责任，选项A不当选、选项BCD当选。

126 斯尔解析▶ ABD 本题考查投资中心的考核指标。用部门投资报酬率来评价投资中心业绩有许多优点：它是根据现有的会计资料计算的，比较客观，可用于部门之间以及不同行业之间的比较。部门投资报酬率可以分解为投资周转率和部门经营利润率两者的乘积，并可进一步分解为资产的明细项目和收支的明细项目，从而对整个部门经营状况作出评价。部门投资报酬率是相对数指标，可用于比较不同规模部门的业绩，选项ABD当选。在部门投资报酬率指标下，部门经理会产生“次优化”行为，具体来讲，部门会放弃高于公司要求的报酬率而低于目前部门投资报酬率的机会，或者减少现有的投资报酬率较低但高于公司要求的报酬率的某些资产，使部门的业绩获得较好评价，但却损害了公司整体的利益，选项C不当选。

127 斯尔解析▶ AC 本题考查平衡计分卡框架。平衡计分卡财务维度的指标包括：投资报酬率、权益净利率、经济增加值、息税前利润、自由现金流量、资产负债率、总资产周转率等，选项AC当选。存货周转率和单位生产成本属于内部业务流程维度，选项BD不当选。

128 斯尔解析▶ ACD 本题考查披露的经济增加值。计算披露的经济增加值时需要调整的项目包括：①研究与开发费用（仅指费用化部分，不包括资本化部分），会计上作为费用立即从利润中扣除，经济增加值要求将其作为投资并在一个合理期限内摊销，选项A当选、选项B不当选。②战略性投资产生的利息（或部分利息），选项D当选。③为建立品牌、进入新市场或扩大市场份额发生的费用，选项C当选。④折旧费用。

129 斯尔解析▶ ABC 本题考查经济增加值评价的优点和缺点。约束资源最优利用决策主要考虑的是如何安排生产才能最大化企业的总的边际贡献，并不需要使用资本成本进行决策，选项D不当选。加权平均资本成本可以指导资本结构决策和用于计算经济增加值，制定销售信用政策时需要考虑应收账款占用资金的应计利息，所以选项ABC当选。

130 斯尔解析▶ BC 本题考查绩效棱柱模型的应用。供应链管理水平属于组织能力评价指标，选项A不当选。内部控制有效性和员工培训有效性均属于业务流程评价指标，选项BC当选。客户满意度属于利益相关者满意评价指标，选项D不当选。

第八模块　计算分析题

131　斯尔解析

（1）①固定成本总额=450/15+（400+100）×2 400/10 000+300/10=180（万元）（1分）。

②变动成本率=50%+10%=60%（0.5分），单位变动成本=40×60%=24（元）（0.5分）。

③单位边际贡献=40−24=16（元），边际贡献率=16/40=40%，盈亏临界点的销售额=固定成本总额/边际贡献率=180/40%=450（万元）（1分）。

④正常销售量时的安全边际率=1−盈亏临界点的销售额/正常销售额=1−450/（40×15）=25%（1分）。

（2）①根据：利润=单位边际贡献×销售量−固定成本=16×销售量−180=100。

可得：销售量=17.5（万份）（1分）。

②以目标税前利润100万元为基数，销售价格上浮5%后的单价=40×（1+5%）=42（元），单位变动成本=42×60%=25.2（元），单位边际贡献=42−25.2=16.8（元）。

息税前利润=16.8×17.5−180=114（万元）

息税前利润变化率=（114−100）/100=14%（1分）

利润对单价的敏感系数=14%/5%=2.8（1分）

（3）单价×（1−60%）×20−180=100。

可以接受的最低单价=35（元）（2分）。

应试攻略

（1）2024年固定成本总额包括：一次性加盟费的摊销额、餐厅和仓库的租金和新增固定资产的折旧。

单位变动成本包括：每份快餐的变动制造费用和按营业额的10%向乙集团支付特许经营权使用费和广告费。

（2）本题的敏感系数和最低销售价格的计算非常容易出错，因为大家会有如下惯性思维：单位售价和单位变动成本是独立变动的，单位售价的变化，不会引起单位变动成本的变化。但是，本题的单位变动成本是随着单位售价变动而变动的，因为本题给出的变动成本包括变动制造费用和按营业额10%比例支付的费用。这两项费用都会随着单位售价的提升而提升，所以单位变动成本会随着单位售价的变化而变化。在计算敏感系数时，一定要审清题意，判断清楚单位变动成本是否随单位售价的变化而变化。

132 斯尔解析▶

方案一：

（4 000+4 000×5%×10）×（P/F，r，3）=5 000（1分）

（P/F，r，3）=5 000÷（4 000+4 000×5%×10）=0.8333

使用内插法，

（P/F，6%，3）=0.8396

（P/F，7%，3）=0.8163

（6%−7%）/（r−7%）=（0.8396−0.8163）/（0.8333−0.8163）

计算得出r=6.27%（1分）。

方案二：

C投资的初始金额=5 000−3×980=2 060（万元）（0.5分），份数=2 060/1 030=2（万份）。

B投资三年后终值=3×1 000×（1+5%）×（1+4.5%）^{2}=3 439.88（万元）（1分）

C投资三年后终值=2×1 183.36=2 366.72（万元）（0.5分）

5 000=（2 366.72+3 439.88）×（P/F，r，3）（1分）

（P/F，r，3）=5 000÷（2 366.72+3 439.88）=0.8611

使用内插法，

（P/F，5%，3）=0.8638

（P/F，6%，3）=0.8396

（5%−6%）/（r−6%）=（0.8638−0.8396）/（0.8611−0.8396）

计算得出r=5.11%（1分）。

方案三：

r=（1+5%/2）^{2}−1=5.06%（2分）

方案一的投资收益率（有效年利率）最高，所以选择方案一。（1分）

应试攻略

内插法的具体计算（以方案1为例）：

（P/F，r，3）=0.8333

当r=6%时，（P/F，6%，3）=0.8396；当r=7%时，（P/F，7%，3）=0.8163。

$$\frac{r-6\%}{7\%-6\%}=\frac{0.8333-0.8396}{0.8163-0.8396}$$，解得：r=6.27%。

或，

（F/P，r，3）=1.2

当r=6%时，（F/P，6%，3）=1.1910；当r=7%时，（F/P，7%，3）=1.2250。

$$\frac{r-6\%}{7\%-6\%}=\frac{1.2-1.1910}{1.2250-1.1910}$$，解得：r=6.26%。

在使用内插法时，很多同学往往不知道应该从何“测”起，在斯尔99记篇第53页的【通关绿卡】中有详细的“解题技巧”。

133 斯尔解析▶

（1）商业贷款的金额=360−140−60=160（万元）。

公积金还款金额=60÷（P/A，4%，10）=7.40（万元）（1分）

商业贷款还款金额=160÷（P/A，6%，10）=21.74（万元）（1分）

（2）公积金贷款余额=7.40×（P/A，4%，5）=32.94（万元）（1分）。

商业贷款余额=21.74×（P/A，6%，5）−10=81.58（万元）（1分）

（3）公积金还款金额=32.94÷（P/A，3%，5）=7.19（万元）（1分）。

商业贷款还款金额=81.58÷（P/A，5%，5）=18.84（万元）（1分）

（4）公积金还款的净现值=7.40×（P/A，9%，5）+7.19×（P/A，9%，5）×（P/F，9%，5）=46.96（万元）。

商业贷款还款的净现值=21.74×（P/A，9%，5）+［18.84×（P/A，9%，5）+10］×（P/F，9%，5）=138.69（万元）

每年租金的净现值=6×（P/A，9%，8）×（P/F，9%，2）=27.95（万元）

购房方案的净现值=450×（P/F，9%，10）−140−46.96−138.69+27.95=−107.62（万元）（2分）

由于该购房方案的净现值小于零，因此购房方案在经济价值上是不可行的（1分）。

应试攻略

（1）由于贷款利率发生变化，所以要先求出第5年年末的待还款金额（贷款余额），再按照变化后的贷款利率计算每年需还款的金额。

以公积金贷款部分为例：

第5年年末公积金贷款的待还款金额=后5年现金流折现至第5年年末=7.40×（P/A，4%，5）=32.94（万元）

按照变化后的贷款利率计算每年需还款金额=32.94÷（P/A，3%，5）=7.19（万元）

（2）在计算整个购房方案的净现值时，应按9%将每期的现金流折现。

134 斯尔解析

（1）

单位：万元

管理用资产负债表项目	2022年末
经营性资产总计	1 200（0.25分）
经营性负债总计	200（0.25分）
净经营资产总计	1 000（0.25分）
金融负债	200（0.25分）
金融资产	0（0.25分）
净负债	200（0.25分）
股东权益	800（0.25分）
净负债及股东权益总计	1 000

单位：万元

管理用利润表项目	2022年度
营业收入	2 500
税前经营利润	200（0.25分）
减：经营利润所得税	50（0.25分）
税后经营净利润	150（0.25分）
利息费用	16
减：利息费用抵税	4（0.25分）
税后利息费用	12（0.25分）
净利润	138

（2）

财务比率	2022年
税后经营净利率	6%（0.5分）
净经营资产周转次数	2.5（0.5分）
净经营资产净利率	15%（0.5分）
税后利息率	6%（0.5分）
经营差异率	9%（0.5分）
净财务杠杆	25%（0.5分）
杠杆贡献率	2.25%（0.5分）
权益净利率	17.25%（0.5分）

（3）甲公司权益净利率与行业平均权益净利率的差异=17.25%-20.5%=-3.25%。

行业平均权益净利率=18%+（18%-5.5%）×20%=20.5%（0.5分）

替换净经营资产净利率：15%+（15%-5.5%）×20%=16.9%。

替换税后利息率：15%+（15%-6%）×20%=16.8%。

替换净财务杠杆：15%+（15%-6%）×25%=17.25%。

净经营资产净利率造成的权益净利率差异=16.9%-20.5%=-3.6%（0.5分）

税后利息率造成的权益净利率差异=16.8%-16.9%=-0.1%（0.5分）

净财务杠杆造成的权益净利率差异=17.25%-16.8%=0.45%（0.5分）

应试攻略

（1）编制管理用报表过程中，需重点关注货币资金的分类，考试中可能会有三种情况：①全部分类为经营资产；②全部分类为金融资产；③按照销售收入的一定比例确定归属于经营资产的部分，剩余部分归属于金融资产。本题属于第一种情形。

（2）财务比率的计算过程：

①税后经营净利率=税后经营净利润/营业收入=150/2 500=6%。

②净经营资产周转次数=营业收入/净经营资产=2 500/1 000=2.5。

③净经营资产净利率=税后经营净利润/净经营资产=150/1 000=15%。

④税后利息率=税后利息费用/净负债=12/200=6%。

⑤经营差异率=净经营资产净利率-税后利息率=15%-6%=9%。

⑥净财务杠杆=净负债/股东权益=200/800=25%。

⑦杠杆贡献率=经营差异率×净财务杠杆=9%×25%=2.25%。

⑧权益净利率=净经营资产净利率+杠杆贡献率=15%+2.25%=17.25%。

上述指标计算完毕之后，建议用权益净利率的原始公式自我检验，即：权益净利率=净利润/股东权益=138/800=17.25%。

（3）使用连环替代法时，需要注意起点和终点的选择。我们可以先明确连环替代的终点，即研究对象本期的实际指标，比如A公司本年营业收入，而连环替代的起点则应当是研究对象的比较标准，常见的比较标准包括：预算或计划指标（A公司本年营业收入预算）、本企业的历史指标（A公司去年营业收入）、同行业企业的平均指标（A公司所在行业本年平均营业收入）、同行业竞争对手的实际指标（A公司竞争对手B公司本年营业收入）等。

135 斯尔解析

现金预算

单位：元

项目	第一季度	第二季度
期初现金余额	160 000（0.5分）	201 000（0.5分）
加：销货现金收入	500 000（0.5分）	500 000（0.5分）
可供使用的现金合计	660 000	701 000
减：各项支出		
材料采购	216 000（0.5分）	254 000（0.5分）
人工成本	58 000（0.5分）	40 000（0.5分）
制造费用	29 000（0.5分）	20 000（0.5分）
销售和管理费用	20 000	20 000
所得税费用	30 000	30 000
购买设备	300 000	
现金支出合计	653 000	364 000
现金多余或不足	7 000（0.5分）	337 000（0.5分）
加：短期借款	200 000（0.5分）	
减：归还短期借款		100 000（0.5分）
减：支付短期借款利息	6 000（0.5分）	6 000（0.5分）
期末现金余额	201 000（0.5分）	231 000（0.5分）

应试攻略

第一季度销售现金收入=3 000×200×50%+200 000=500 000（元）

第二季度销售现金收入=3 000×200×50%+2 000×200×50%=500 000（元）

第一季度产成品生产量=本期销售数量+期末库存-期初库存=3 000+200-300=2 900（件）

第二季度产成品生产量=本期销售数量+期末库存-期初库存=2 000+200-200=2 000（件）

第一季度采购付现=2 900×10×10×40%+100 000=216 000（元）

第二季度采购付现=2 900×10×10×60%+2 000×10×10×40%=254 000（元）

第一季度人工成本=2×10×2 900=58 000（元）

第一季度制造费用=2×5×2 900=29 000（元）

第二季度人工成本=2×10×2 000=40 000（元）

第二季度制造费用=2×5×2 000=20 000（元）

第一季度：7 000+借款-借款×3%≥150 000。

借款≥147 422.68元，所以借款额为200 000元。

第二季度：337 000-还款-6 000≥150 000。

还款≤181 000元，所以还款额为100 000元。

136 斯尔解析

（1）

项目	实际结果	收入和支出差异	弹性预算	作业量差异	固定预算
学习人次（次）	840	0	840	40	800
学习小时（小时）	1 680	0	1 680	80	1 600
收入（元）	823 200	-16 800（不利差异）（0.5分）	840 000	40 000（有利差异）（0.5分）	800 000
教师薪酬（元）	257 040	5 040（不利差异）（0.5分）	252 000	12 000（不利差异）（0.5分）	240 000
材料成本（元）	21 840	-3 360（有利差异）（0.5分）	25 200	1 200（不利差异）（0.5分）	24 000
固定成本（元）	90 000	0	90 000	0	90 000
总成本（元）	368 880	1 680（不利差异）	367 200	13 200（不利差异）	354 000
经营利润（元）	454 320	-18 480（不利差异）（0.5分）	472 800	26 800（有利差异）（0.5分）	446 000

（2）工资率差异=1 680×（257 040/1 680−150）=5 040（元）（不利差异）（0.5分）。

效率差异=（1 680−840×2）×150=0（元）（0.5分）

工资率差异产生的可能原因：安排的授课老师资质水平较原计划高，支付了高于标准的单位小时工资（0.5分）。

（3）价格差异=1 680×（21 840/1 680−15）=−3 360（元）（有利差异）（0.5分）。

数量差异=（1 680−840×2）×15=0（元）（0.5分）

价格差异产生的可能原因：采购单价较原标准低，可能由于批量采购取得了优惠价格（0.5分）。

（4）不合理（0.25分）。根据可控原则，招生部门只对由于招生人数变化带来的作业量差异（40 000元）负责，不对收费单价带来的收入差异（−16 800元）负责（0.25分）。教务部只对教师薪酬支出差异（5 040元）负责，不对作业量差异（12 000元）负责（0.25分）。教务部只对材料成本的支出差异（−3 360元）负责，不对作业量差异（1 200元）负责（0.25分）。

（5）弹性预算业绩报告能为管理者提供更多有用的信息（0.5分）。它区分了业务量变动产生的影响与价格控制、经营管理所产生的影响，使得管理者能够采取更加有针对性的方法来评估经营活动（0.5分）。

应试攻略

（1）弹性预算反映的是在实际业务量水平下应发生的金额。

弹性预算收入=840×1 000=840 000（元）

弹性预算教师薪酬=1 680×150=252 000（元）

弹性预算材料成本=1 680×15=25 200（元）

弹性预算总成本=252 000+25 200+90 000=367 200（元）

弹性预算经营净利润=840 000−367 200=472 800（元）

（2）固定预算反映的是预算业务量水平下应发生的金额，即题干表中的“预算”列。

（3）收入和支出差异=实际结果−弹性预算。

收入差异=823 200−840 000=−16 800（元）（不利差异）

教师薪酬支出差异=257 040−252 000=5 040（元）（不利差异）

材料成本支出差异=21 840−25 200=−3 360（元）（有利差异）

经营利润的收入和支出差异=454 320−472 800=−18 480（元）（不利差异）

（4）作业量差异=弹性预算−固定预算。

收入作业量差异=840 000−800 000=40 000（元）（有利差异）

教师薪酬作业量差异=252 000−240 000=12 000（元）（不利差异）

材料成本作业量差异=25 200−24 000=1 200（元）（不利差异）

经营利润的作业量总差异=472 800−446 000=26 800（元）（有利差异）

137 斯尔解析

（1）市净率的驱动因素是企业的权益净利率、增长潜力、股利支付率和风险（股权成本），其中关键因素是权益净利率，可比企业应当是这四个比率类似的企业（1分）。

（2）根据可比企业甲企业，A公司的每股价值=8/15%×16%×4.6=39.25（元）（1分）。

根据可比企业乙企业，A公司的每股价值=6/13%×16%×4.6=33.97（元）（1分）。

根据可比企业丙企业，A公司的每股价值=5/11%×16%×4.6=33.45（元）（1分）。

根据可比企业丁企业，A公司的每股价值=9/17%×16%×4.6=38.96（元）（1分）。

A企业的每股价值=（39.25+33.97+33.45+38.96）/4=36.41（元）（0.5分）。

（3）市净率估价模型的优点：

首先，净利为负值的企业不能用市盈率进行估价，而市净率极少为负值，可用于大多数企业（0.5分）。

其次，净资产账面价值的数据容易取得，并且容易理解（0.5分）。

再次，净资产账面价值比净利稳定，也不像利润那样经常被人为操纵（0.5分）。

最后，如果会计标准合理并且各企业会计政策一致，市净率的变化可以反映企业价值的变化（0.5分）。

市净率估价模型的局限性：

首先，账面价值受会计政策选择的影响，如果各企业执行不同的会计标准或会计政策，市净率会失去可比性（0.5分）。

其次，固定资产很少的服务性企业和高科技企业，净资产与企业价值的关系不大，其市净率比较没有什么实际意义（0.5分）。

最后，少数企业的净资产是0或负值，市净率没有意义，无法用于比较（0.5分）。

应试攻略

（1）运用相对价值评估模型的修正模型计算股权价值，有两种计算方法：一种是修正平均比率法（先平均后修正）；另一种是股价平均法（先修正后平均）。一般情况下，两种方法计算出来的结果是不同的，因此审题的时候一定要看清楚题目要求采用哪种方法。

（2）市盈率模型、市净率模型和市销率模型，各自的优缺点和适用性是历年考试频率非常高的知识点，一定要熟练掌握。

138 斯尔解析

（1）看涨期权的内在价值=30−25=5（元）（1分）。

看涨期权的时间溢价=期权价值−内在价值=9.2−5=4.2（元）（1分）

由于执行价格小于当前市价，所以看跌期权的内在价值为0元（1分）。

看跌期权的时间溢价=3−0=3（元）（1分）

（2）当到期日股价为40元：

甲公司持有空头看涨期权到期日价值=100×（25−40）=−1 500（元）

持有空头看涨期权的净损益=−1 500+100×9.2=−580（元）

甲公司持有空头看跌期权到期日价值=0（元）

持有空头看跌期权的净损益=0+100×3=300（元）

甲公司的净损益=−580+300=−280（元）（1分）

（3）当到期日股价为20元：

甲公司持有空头看涨期权到期日价值=0（元）

持有空头看涨期权的净损益=0+100×9.2=920（元）

甲公司持有空头看跌期权到期日价值=100×（20−25）=−500（元）

持有空头看跌期权的净损益=−500+100×3=−200（元）

甲公司的净损益=920−200=720（元）（1分）

（4）当到期日股价为25元：

甲公司持有空头看涨期权到期日价值=0（元）

持有空头看涨期权的净损益=0+100×9.2=920（元）

甲公司持有空头看跌期权到期日价值=0（元）

持有空头看跌期权的净损益=0+100×3=300（元）

甲公司的净损益=920+300=1 220（元）（1分）

（5）甲公司采取的投资策略是空头对敲（1分）。

空头对敲适用于预计市场价格将比较稳定的情况（1分）。

应试攻略

本题的易错点在于识别不出甲公司到底是期权的买入方，还是期权的卖出方。以“看涨期权空头”为例：

标的资产为乙公司的股票，无法决定甲公司是期权的买入方，还是卖出方；权利是看涨期权，决定了该权利是以固定价格购买标的资产的权利，虽然题干中有关于权利的详细描述，但解释的是权利本身，也无法决定甲公司是期权的买入方，还是卖出方；最后，“空头”意味着甲公司是该看涨期权的卖出方。因此甲公司的投资策略是空头对敲。

此外，如题目无特殊说明，则默认计算单份期权的价值、内在价值、时间溢价，如本题第（1）问，而第（2）问至第（4）问要求计算的是甲公司的净损益，因此需要考虑甲公司持有的期权数量。

139 斯尔解析

（1）3%=上行概率×35%+（1−上行概率）×（−20%）（0.5分）。

0.55×上行概率=0.23

上行概率=0.4182（0.5分）

下行概率=0.5818（0.5分）

股价上升时：

C_{uA}=40×（1+35%）−28=26（元）（0.5分）

C_{uB}=40×（1+35%）−50=4（元）（0.5分）

C_{uC}=40×（1+35%）−39=15（元）（0.5分）

股价下跌时：

C_{dA}=40×（1−20%）−28=4（元）（0.5分）

C_{dB}=0（元）（0.5分）

C_{dC}=0（元）（0.5分）

因此，

A的期权价值=（26×0.4182+4×0.5818）÷（1+3%）=12.82（元）（0.5分）

B的期权价值=（4×0.4182+0）÷（1+3%）=1.62（元）（0.5分）

C的期权价值=（15×0.4182+0）÷（1+3%）=6.09（元）（0.5分）

（2）投资组合的成本=5 000×（12.82+1.62）−10 000×6.09=11 300（元）（0.5分）。

股价上涨时：股票市价=40×（1+35%）=54（元）。

组合净损益=5 000×（54−28）+5 000×（54−50）−10 000×（54−39）−11 300=−11 300（元）（0.5分）

股价下跌时：股票市价=40×（1−20%）=32（元）。

组合净损益=5 000×（32−28）+0−11 300=8 700（元）（0.5分）

（3）当股价处于（28，39）之间，期权组合的到期日价值=5 000×（股票市价−28）+0+0，股价为39元时，到期日价值最大。所以，股价处于（28，39）之间，到期日价值的最大值=5 000×（39−28）=55 000（元）（0.5分）。

当股价处于（39，50）之间，期权组合的到期日价值=5 000×（股票市价−28）+0−10 000×（股票市价−39）=250 000−5 000×股票市价，股价为39元时，到期日价值最大，所以，股价处于（39，50）之间，到期日价值的最大值=250 000−5 000×39=55 000（元）（0.5分）。

因此，该期权组合到期日价值的最大值为55 000元（0.5分）。

应试攻略

（1）多头和空头头寸影响的是期权损益分析，即影响期权到期日净收入和净损益的计算，但并不影响期权价值的计算。期权价值评估中无需考虑当前是多头还是空头头寸，关键是看期权本身的性质，是看涨期权还是看跌期权，是欧式期权还是美式期权。

（2）当题目要求利用风险中性原理计算期权价值时，请同学们在作答区首先列出风险中性原理的等式并代入数据，即“无风险报酬率=上行概率P_u×股价上升百分比+（1−上行概率P_u）×（−股价下降百分比）”，进而再套用公式$P_u=\frac{1+r-d}{u-d}$完成计算。

（3）组合的净损益=组合到期日的净收入–组合的成本，也可以分别计算组合内各资产的净损益，然后求和得到组合净损益。现阶段可以不追求每种方法都会，但是一定要找到一种方法练熟。

（4）本题投资者构建的期权组合并非典型组合，且三种期权的执行价格均不相同。前两问都属于常规设问，第（3）小问比较新颖，需要大家理清思路。题目条件给出的股价范围是（28，50）。为什么是这个范围呢？仔细读题会发现，股价范围的上下限正好是A期权和B期权的执行价格，也就是影响投资者是否行权的两个价格拐点。但组合中还有C期权，且其执行价格39正好位于上述股价范围内，由此需要将上述股价范围进一步切分为（28，39）和（39，50）两段分别进行分析判断。

140 斯尔解析

（1）第一期和第二期不含期权的项目净现值计算如下：

新型动力电池项目第一期计划

单位：万元

项目	2023年末	2024年末	2025年末	2026年末	2027年末	2028年末
税后营业现金流量		400	600	800	800	800
折现率（20%）		0.8333	0.6944	0.5787	0.4823	0.4019
各年营业现金流量现值		333.32（0.25分）	416.64（0.25分）	462.96（0.25分）	385.84（0.25分）	321.52（0.25分）
营业现金流量现值合计	1 920.28（0.25分）					
投资	2 000.00					
净现值	–79.72（0.25分）					

新型动力电池项目第二期计划

单位：万元

项目	2023年末	2026年末	2027年末	2028年末	2029年末	2030年末	2031年末
税后营业现金流量			1 200	1 200	1 200	1 200	1 200
折现率（20%）			0.8333	0.6944	0.5787	0.4823	0.4019
各年营业现金流量现值			999.96（0.25分）	833.28（0.25分）	694.44（0.25分）	578.76（0.25分）	482.28（0.25分）

续表

项目	2023年末	2026年末	2027年末	2028年末	2029年末	2030年末	2031年末
营业现金流量现值合计	2 076.79（0.25分）	3 588.72（0.25分）					
投资（按10%折现）	2 253.90（0.25分）	3 000.00					
净现值	-177.11（0.25分）						

（2）查表“正态分布下的累计概率［N（d）］”，可得：

当d_1=0.16，$N(d_1)$=0.5636。

当d_1=0.17，$N(d_1)$=0.5675。

根据内插法，$\frac{0.1682-0.16}{0.17-0.16}=\frac{N(d_1)-0.5636}{0.5675-0.5636}$，求解可得：

$N(d_1)$=0.5668（1分）

d为负值时，$N(d)=1-N(-d)$。

因此，$N(d_2)=1-N(-d_2)$。

当$-d_2$=0.43，$N(-d_2)$=0.6664。

当$-d_2$=0.44，$N(-d_2)$=0.6700。

根据内插法，$\frac{0.4381-0.43}{0.44-0.43}=\frac{N(-d_2)-0.6664}{0.6700-0.6664}$，求解可得：

$N(-d_2)$=0.6693，$N(d_2)$=1-0.6693=0.3307（1分）。

$C=S_0N(d_1)-PV(X)N(d_2)$=2 076.79×0.5668-2 253.90×0.3307=431.76（万元）（1分）

（3）含有期权的第一期项目净现值=不含期权的第一期项目净现值+实物期权价值=431.76+（-79.72）=352.04（万元）（1分）。考虑扩张期权的价值后，第一期项目的净现值由负转正，即投资第一期项目是有利的，应该投资（1分）。

应试攻略

在扩张期权的相关计算中，需要特别注意：

（1）S_0的计算：第二期的预计未来营业现金流量折现到2026年末为3 588.72万元，折现到2023年末为2 076.79万元，这是期权标的资产的当前价格S_0。在确定第二期项目未来现金流量的现值S_0时，由于投资项目是有风险的，未来现金流量具有不确定性，S_0的折现率应使用考虑风险的投资人要求的必要报酬率20%。

（2）$PV(X)$的计算：第二期项目的投资额为3 000万元，折现到零时点使用无风险报酬率10%作折现率，因为它是确定的现金流量，在2023-2026年中并未投入风险项目。该投资额折现到2023年末为2 253.90万元，它是期权执行价格的现值$PV(X)$。

（3）$N(d)$ 的计算：根据d求$N(d)$ 的数值时，可以查表“正态分布下的累计概率 [$N(d)$]”。该表的首列表示小数点后一位的数字，首行表示小数点后第二位数字，如d=0.16，则先在首列找到“0.1”，再在首行找到“0.06”，对应的即是$N(0.16)=0.5636$。由于表格的数据是不连续的，$N(d)$ 的计算有时需要使用内插法求得更准确的数值。当d为负值时，对应的$N(d)=1-N(-d)$，例如$N(-0.35)=1-N(0.35)=1-0.6368=0.3632$。

141 斯尔解析▶

（1）项目价值=预期可持续营业现金流量÷折现率=50÷10%=500（万元）。

项目的预期净现值=不含期权的项目净现值=项目价值－投资成本=500－550=－50（万元）（1分）

（2）利用二叉树模型进行分析：

①构造现金流量和项目价值二叉树。

项目价值=可持续营业现金流量÷折现率

上行项目价值=80÷10%=800（万元），下行项目价值=30÷10%=300（万元）。

②构造净现值二叉树。

上行净现值=800－550=250（万元）（1分）

下行净现值=300－550=－250（万元）（1分）

③根据风险中性原理计算上行概率。

报酬率=（本年现金流量+期末项目价值）÷期初项目价值－1

上行报酬率=（80+800）÷500－1=76%（1分）

下行报酬率=（30+300）÷500－1=－34%（1分）

无风险报酬率=上行概率×上行报酬率+下行概率×下行报酬率

5%=上行概率×76%+（1－上行概率）×（－34%）

上行概率=0.3545（0.5分），下行概率=1－0.3545=0.6455（0.5分）。

④计算含有期权的项目净现值。

含有期权的项目净现值（延迟投资时点）=0.3545×250+0.6455×0=88.63（万元）

含有期权的项目净现值（现在时点）=88.63÷1.05=84.41（万元）（1分）

⑤计算延迟期权的价值。

延迟期权的价值=84.41－（－50）=134.41（万元）（1分）

⑥判断是否应延迟投资。

如果立即投资该项目，其净现值为负值，不是有吸引力的项目；如果延迟投资，考虑期权后的项目净现值为正值，是个有价值的投资项目，因此应当延迟投资（1分）。此时的净现值的增加是由于考虑期权引起的，实际上就是该期权的价值。

应试攻略

在延迟期权的相关计算中，需要注意：

项目价值不等于项目净现值，项目净现值=项目价值−投资成本，而项目价值=永续现金流量÷折现率。

报酬率=（本年现金流量+期末项目价值）/期初项目价值−1，分子中不要遗漏了本年现金流量，分母不要错用为投资成本。

期权价值=含有期权的项目净现值−不含期权的项目净现值，其中不含期权的项目净现值一般为负值，要带着正负号进行上述运算。

二叉树模型是一种估值分析方法，在金融期权估值中，其分析对象是金融期权，则计算出的就是金融期权的价值；在实物期权估值中，其分析对象是含有期权的项目，因此计算出的是含有期权的项目净现值，需要减去不含期权的项目净现值，才能得出实物期权价值。

BS模型则是一种可以直接计算期权价值的模型，因此无论在金融期权估值，还是在实物期权估值中，使用BS模型计算出的都是期权的价值。

142 斯尔解析

（1）2023年末现金净流量=−9 000（万元）（0.5分）。

2024年末现金净流量=0（万元）（0.5分）

年折旧额=9 000×（1−10%）÷6=1 350（万元）

2025−2029年末现金净流量=（4 200−800）×（1−25%）+1 350×25%−（600−200）×（1−25%）=2 587（万元）（1分）

2030年末现金净流量=2 587.5+400+（9 000×10%−400）×25%=3 112.5（万元）（1分）

卸载可比公司财务杠杆，$\beta_{资产}$=2.6÷［1+4/3×（1−25%）］=1.3。

加载项目财务杠杆，$\beta_{权益}$=1.3×［1+2×（1−25%）］=3.25。

乙公司权益资本成本=2%+3.25×4%=15%

乙公司项目加权平均资本成本=15%×1/3+6%×（1−25%）×2/3=8%

净现值=2 587.5×（P/A，8%，5）×（P/F，8%，1）+3 112.5×（P/F，8%，7）−9 000=2 381.72（万元）（1分）

现值指数=1+2 381.72÷9 000=1.26（1分）

（2）2025年末现金流量=［9 000×（1+7%）^{2}−9 000］×（1−25%）=978.075（万元）。

2027年末现金流量=［9 000×（1+7%）^{2}−9 000］×（1−25%）+9 000−（9 000−8 000）×25%=9 728.075（万元）

净现值=978.075×（P/F，5%，2）+9 728.075×（P/F，5%，4）−8 000=890.40（万元）（1分）

［或，净现值=978.08×（P/F，5%，2）+9 728.08×（P/F，5%，4）−8 000=890.41（万元）］

现值指数=1+890.40÷8 000=1.11（1分）

（3）乙公司项目权益资本=9 000×1/3=3 000（万元），债务资本=9 000×2/3=6 000（万元）。

丙公司项目权益资本=8 000×1/4=2 000（万元），债务资本=8 000×3/4=6 000（万元）。

丁公司项目权益资本=9 600×1/3=3 200（万元），债务资本=9 600×2/3=6 400（万元）。

应审批通过乙公司和丙公司项目（1分）。

理由：在满足资本限量要求的情况下，应选择净现值最大的投资组合（1分）。

应试攻略

（1）此题中投资资本总量受到限制，“债务资金限额12 000万元，股权资金限额8 000万元”，无法为全部净现值为正的项目筹资，这时需要考虑有限的资本分配给哪些项目，具体解题思路如下：

第一步：计算各项目的净现值。

第二步：在满足资本限量要求的情况下，选择净现值最大的组合作为采纳的项目。

（2）乙、丙、丁公司的投资项目虽然净现值都是正数，现值指数都大于1，但由于可用于投资的资本总量有限，所以必须进行取舍。因为乙公司投资项目和丙公司投资项目所需的债务资本之和为12 000万元，未超过债务资金限额，且总净现值为3 272.12万元（2 381.72+890.40），大于丁公司的投资项目净现值1 632万元，故应选择乙公司和丙公司的投资项目。

143 斯尔解析▶

（1）

单位：万元

项目	2023年末	2024年末	2025年末	2026年末
税后营业收入		4 500	5 250	5 250
税后付现变动成本		−1 125	−1 312.50	−1 312.50
税后边际贡献		3 375	3 937.50	3 937.50
税后付现固定成本		−375	−375	−375
租金	−200	−200	−200	
租金抵税		50	50	50
设备购置	−5 000			
设备折旧抵税		250	250	250
设备变现收入				2 500
设备变现缴税				−125
特许使用权购入	−3 000			

续表

项目	2023年末	2024年末	2025年末	2026年末
特许使用权摊销抵税		250	250	250
营运资本	−1 400	−200		1 600
现金净流量	−9 600（1分）	3 150（1分）	3 912.50（1分）	8 087.50（1分）
折现系数（12%）	1	0.8929	0.7972	0.7118
现值	−9 600（0.5分）	2 812.64（0.5分）	3 119.05（0.5分）	5 756.68（0.5分）
净现值	2 088.37（1分）			

（2）当项目加权平均资本成本上升到14%，其他因素不变：

项目净现值 $=-9\ 600+\frac{3\ 150}{1+14\%}+\frac{3\ 912.50}{(1+14\%)^2}+\frac{8\ 087.50}{(1+14\%)^3}=1\ 632.53$（万元）（1分）

（3）当资本成本从12%上升至14%：

资本成本的变动率=（14%−12%）/12%=16.67%

净现值的变动率=（1 632.53−2 088.37）/2 088.37=−21.83%

敏感系数=净现值的变动率/资本成本的变动率=−21.83%/16.67%=−1.31（1分）

应试攻略

（1）现金流量计算说明（以2026年末为例）：

税后营业收入=7 000×（1−25%）=5 250（万元）

税后付现变动成本=7 000×25%×（1−25%）=1 312.50（万元）

税后边际贡献=5 250−1 312.50=3 937.50（万元）

税后付现固定成本=500×（1−25%）=375（万元）

租金抵税=200×25%=50（万元）

设备折旧抵税=（5 000÷5）×25%=250（万元）

设备变现收入=2 500（万元）

设备变现缴税=［2 500−（5 000−3×5 000/5）］×25%=125（万元）

特许经营权摊销抵税=（3 000÷3）×25%=250（万元）

营运资本收回=1 400+200=1 600（万元）

2026年末现金净流量=3 937.50−375+50+250+2 500−125+250+1 600=8 087.50（万元）

根据题目资料，厂房拟用目前公司对外出租的闲置厂房，租金每年200万元，每年年初收取，如果该厂房被用于该项目，则无法再对外出租，每年的租金也就无法取得，因此每年丧失的租金应作为该项目决策的相关成本考虑。

基于官方公布的历年真题的答案，我们可以将因实施新项目而产生的与租金相关的现金流量计算，分为以下三种情形。考试时若有特殊要求，应遵循题目要求，灵活作答。

租金收取方式	现金流量计算
每年年末收取	可直接确定每年年末丧失的税后租金
上年年末收取	可直接确定上年年末丧失的税后租金
本年年初收取	丧失的租金收入发生在本年年初，节约的租金纳税发生在本年年末，需分开计算

此外，还需要注意的是，本题中营运资本与营业收入存在函数关系：营运资本=200万元+当年营业收入×20%，且每年新增的营运资本在年初投入，项目结束时全部收回。因此，2024年的营运资本应于年初（即2023年末）垫支，垫支金额=200万元+2024年营业收入×20%=200+6 000×20%=1 400（万元）；2025年的营运资本应于2024年末垫支，所需金额=200+7 000×20%=1 600（万元），由于前期已垫支1 400万元，因此仅需额外补充垫支200万元即可；2026年营业收入相较于2025年没有增长，无须额外补充垫支营运资本。截至2026年末项目结束，累计垫支的营运资本为1 600万元，一次性全部收回。在上述营运资本垫支金额的计算中，如果题目没有特殊说明，当年营业收入无须计算税后金额。

（2）敏感系数=目标值变动百分比/选定参量变动百分比。A对B的敏感系数，即A是作为分子的目标值，B是作为分母的选定参量。所以，“净现值对于资本成本的敏感系数”中，净现值是作为分子的目标值，资本成本是作为分母的选定参量。

144 斯尔解析▶

（1）赎回条款是可转换债券的发行企业可以在债券到期日之前提前赎回债券的规定（0.5分）。

设置赎回条款是为了促使债券持有人转换股份，因此被称为加速条款（0.5分）；同时，也使发行公司避免市场利率下降后，继续向债券持有人按较高的债券票面利率支付利息所蒙受的损失（0.5分）。

有条件赎回是对赎回债券有一些条件限制，只有在满足了这些条件之后才能由发行企业赎回债券（0.5分）。

（2）转换比率=1 000÷100=10。

第8年年末的转换价值=第8年年末的股价×转换比率=55×（F/P，12%，8）×10=1 361.80（元）（0.5分）

第9年年末的转换价值=第9年年末的股价×转换比率=55×（F/P，12%，9）×10=1 525.21（元）（0.5分）

提示：此处复利终值系数中应使用股价增长率12%，而非折现率8%，即计算的是当前股价按照12%复利增长至第8年年末和第9年年末的股价。

（3）第8年年末（付息后）的纯债券价值

=1 000×5%×（P/A，8%，2）+1 000×（P/F，8%，2）

=1 000×5%×1.7833+1 000×0.8573=946.47（元）（1分）

第8年年末的转换价值=1 361.80（元）

可转换债券的底线价值是两者中较高者，即1 361.80元（0.5分）。

债券持有者应在第8年年末转换（0.5分）。

因为第9年年末转换价值超过1 500元，甲公司将赎回可转债（0.5分）；而第8年年末的转换价值高于赎回价格1 080元，如果债券持有者不在第8年年末转股，将遭受损失（0.5分）。

提示：纯债券价值计算的是未来现金流量的现值。站在第8年年末，10年期的债券未来仅剩2年，因此在折现时的期数是2，而不是8。

（4）设期望报酬率为K，则有：

1 000=1 000×5%×（P/A，K，8）+1 361.80×（P/F，K，8）

当K=8%时，未来现金流量现值=50×5.7466+1 361.80×0.5403=1 023.11（元）。

当K=9%时，未来现金流量现值=50×5.5348+1 361.80×0.5019=960.23（元）。

（K−8%）/（9%−8%）=（1 023.11−1 000）/（1 023.11−960.23）

K=8.37%（2分）

乙投资机构应购买该债券（0.5分）。

因为乙投资机构的投资报酬率8.37%高于等风险普通债券的市场利率8%，对投资者具有一定的吸引力（0.5分）。

应试攻略

（1）由于当前的股价为55元，股价的增长率为12%，因此8年后的股价=55×（1+12%）^{8}=136.18（元）。如果没有科学计算器，可以利用复利终值系数计算，因为（1+12%）^{8}=（F/P，12%，8），所以8年后的股价=55×（F/P，12%，8）=55×2.4760=136.18（元），结果相同。

（2）可转换债券的期望报酬率是使可转债未来现金流量现值等于初始购买价格的折现率。虽然可转债的期限是10年，但由于在第8年年末已经转股，所以投资人可以收取的利息一共8期，转股带来的现金流量为所转换股票的价值即1 361.80元。

145 斯尔解析▶

（1）

单位：万元

项目	T=0	T=1	T=2	T=3	T=4	T=5
购置成本	−200					
税后维护、保养等费用		−1×（1−25%）=−0.75	−0.75	−0.75	−0.75	−0.75
折旧		200×（1−10%）/6=30	30	30	30	30
折旧抵税		30×25%=7.5	7.5	7.5	7.5	7.5
变现价值						20
变现损失抵税						（200−30×5−20）×25%=7.5
现金净流量	−200（0.5 分）	6.75（0.5 分）	6.75（0.5 分）	6.75（0.5 分）	6.75（0.5分）	34.25（0.5 分）
折现系数	1	0.9524	0.9070	0.8638	0.8227	0.7835
现值	−200	6.43	6.12	5.83	5.55	26.83
总现值	−149.24（0.5 分）					

（2）

单位：万元

项目	T=0	T=1	T=2	T=3	T=4	T=5
租赁费	−40	−40	−40	−40	−40	
租赁手续费	−10					
折旧		（40×5+10+10）×（1−10%）/6=33	33	33	33	33
折旧抵税		33×25%=8.25	8.25	8.25	8.25	8.25
购置成本						−10
变现价值						20
变现损失抵税						（40×5+10+10−33×5−20）×25%=8.75
现金净流量	−50（0.5 分）	−31.75（0.5 分）	−31.75（0.5 分）	−31.75（0.5 分）	−31.75（0.5 分）	27（0.5 分）
折现系数	1	0.9524	0.9070	0.8638	0.8227	0.7835
现值	−50	−30.24	−28.80	−27.43	−26.12	21.15
总现值	−141.44（0.5 分）					

（3）租赁净现值=−141.44−（−149.24）=7.8（万元）（1分）。

租赁净现值大于0，所以应选择方案二租赁设备（1分）。

应试攻略

(1) 在确定融资租赁固定资产的计税基础时，由于本题合同有约定付款总额，计税基础=约定付款总额（租赁费+留购价款）+交易费用=40×5+10+10=220（万元）。

如果合同未约定付款总额：计税基础=资产公允价值+交易费用。

(2) 在租赁决策分析过程中，一般选择税后有担保债券的利率作为折现率。

(3) 方案二设备租赁期满时租赁资产所有权转让，转让价格10万元，租赁资产的计税基础=租赁费+租赁手续费+留购价款=40×5+10+10=220（万元）。5年后，该设备变现价值20万元，5年累计已提折旧金额=33×5=165（万元），第5年年末的账面价值=220−165=55（万元）。与变现价值比较，得出变现损失抵税=（55−20）×25%=8.75（万元）。

(4) 租赁净现值=租赁的现金流量总现值−购买的现金流量总现值，租赁净现值>0，选择租赁方案；租赁净现值<0，选择购买方案。

(5) 需要特别注意的是，此类题目在填表时，如果将折旧的计算单独填入一行，在计算现金流量时千万不要考虑，因为折旧并不影响现金流量。为了避免出错，也可以考虑不将折旧计算填入表格。

146 斯尔解析▶

（1）每股收益=$\frac{(360-800\times8\%)\times(1-25\%)-200\times7\%}{200}$=1.04（元/股）（1分）。

财务杠杆系数=$\frac{360}{360-800\times8\%-200\times7\%/(1-25\%)}$=1.30（1分）

普通股资本成本=4%+1.25×（12%−4%）=14%

加权平均资本成本=8%×（1−25%）×$\frac{800}{2\ 000}$+7%×$\frac{200}{2\ 000}$+14%×$\frac{1\ 000}{2\ 000}$=10.1%（1分）

（2）回购股票数量=200÷12.5=16（亿股）。

回购后股票数量=200−16=184（亿股）

每股收益=$\frac{(360-800\times8\%-200\times8\%)\times(1-25\%)-200\times7\%}{184}$=1.07（元/股）（1分）

财务杠杆系数=$\frac{360}{360-800\times8\%-200\times8\%-200\times7\%/(1-25\%)}$=1.38（1分）

普通股资本成本=4%+1.52×（12%−4%）=16.16%

加权平均资本成本=8%×（1−25%）×$\frac{800+200}{2\ 000}$+7%×$\frac{200}{2\ 000}$+16.16%×$\frac{800}{2\ 000}$=10.16%（1分）

（3）应该（0.25分），因为每股收益提高了（0.25分）。

（4）不应该（0.25分），因为加权平均资本成本升高了（0.25分）。

（5）每股收益最大化认为：应该把公司的利润与股东投入的资本联系起来，用每股收益最大化来衡量对股东财富的影响。但每股收益最大化有其局限性：没有考虑每股收益取得的时间（即没有考虑货币的时间价值）；没有考虑每股收益的风险；现实中每股股票投入资本差别很大，不同公司的每股收益不可比。在取得时间、承担风险和投入资本相同的情况下，更多的每股收益可以为股东带来更多的财富（1分）。

根据财务杠杆原理，当企业选择具有固定融资成本的融资方式时会显现出杠杆效应，且财务杠杆系数越大，财务风险也越大，所以息税前利润不变的情况下，通过增加固定利息率（或股息率）的融资在所有融资中的占比也可以增加每股收益，但同时也加大了财务风险。每股收益增加是否能增加股东财富，还要看收益与风险的衡量。而且，根据资本结构权衡理论，随着财务杠杆增加，加权平均资本成本先降后升，企业价值先升后降，加权平均资本成本最小化时，企业价值最大化。

公司价值等于公司经营活动创造的现金流量用资本成本进行折现的现值，所以在既定的现金流量情况下，资本成本越小，公司价值就越大，资本成本最小化即实现了企业价值最大化（0.5分）。股东财富是公司价值的一部分，股东权益价值等于公司价值减去债务价值，股东价值是否最大化取决于二者之间的差额是否最大化（0.5分）。

应试攻略

（1）每股收益=归属于普通股股东的净利润÷流通在外的普通股加权平均数量。

（2）财务杠杆系数=息税前利润÷归属于普通股股东的税前利润。

（3）对于简答题，掌握不同财务管理目标的要点即可，考试时往往根据关键点给分。

147 斯尔解析

（1）2021年的权益净利率=1 920÷12 000×100%=16%（0.5分）。

2022年的权益净利率=2 225÷12 500×100%=17.8%（0.5分）

2022年的权益净利率高于2021年，甲公司2022年完成业绩目标（1分）。

（2）

驱动因素	2022年	2021年
净经营资产净利率	3 300÷25 000×100%=13.20%（0.5分）	2 640÷20 000×100%=13.20%（0.5分）
税后利息率	1 075÷12 500×100%=8.60%（0.5分）	720÷8 000×100%=9.00%（0.5分）
净财务杠杆	12 500÷12 500=1（0.5分）	8 000÷12 000=0.67（0.5分）

2022年的净经营资产净利率与2021年相同，公司的经营管理业绩没有提高（0.5分）。

2022年的税后利息率低于2021年，净财务杠杆高于2021年，公司的理财业绩得到提高（0.5分）。

（3）2021年末的易变现率=（12 000+8 000+2 000−16 000）÷6 000=1（0.5分）。

2022年末的易变现率=（12 500+10 000+2 500−20 000）÷7 500=0.67（0.5分）

甲公司生产经营无季节性，年末易变现率可以视为营业低谷时的易变现率。2021年采用的是适中型营运资本筹资政策（0.5分）。2022年采用的是激进型营运资本筹资政策（0.5分）。

营运资本筹资政策由适中型改为激进型，短期借款在全部资金来源中的比重加大，税后利息率下降，公司收益提高，风险相应加大（0.5分）。

应试攻略

（1）由于本题要求计算相关财务指标时，涉及的资产负债表数据均使用其各年年末数据，所以在计算时不需要考虑时点数平均的情况。

（2）历年考试中，净经营资产净利率的计算错误率非常高。净经营资产净利率=税后经营净利润÷净经营资产，而很多同学在计算时，会将分子误以为是“净利润”。

（3）易变现率=（股东权益+长期债务+经营性流动负债−长期资产）/经营性流动资产。注意本题中的短期借款，在报表分析中属于金融负债，应在净负债中考虑，在营运资本筹资策略分析中，属于临时性流动负债，不属于经营性流动负债，计算易变现率时不应考虑。

（4）经营高峰期会出现波动性流动资产。由于本题甲公司生产经营无季节性，流动资产全部都是稳定性流动资产，所以可以将年末的易变现率视为营业低谷期的易变现率，此时无波动性流动资产。

148 斯尔解析▶

（1）甲公司应制定较高的信用标准（0.5分），以保证未享受折扣的客户也能在信用期付款，并制定合理的收账政策，加强欠款回收；解决资金需求的途径包括动用金融资产（0.5分）、增加内部留存收益（0.5分）、外部债务融资和股权融资（0.5分）。

（2）信用条件改变前：

平均收现期=15×50%+30×25%+40×25%=25（天）

现金折扣成本=360 000×50%×1%=1 800（元）

应收账款占用资金的应计利息=360 000/360×25×23.4/36×8%=1 300（元）

坏账损失=360 000×1%=3 600（元）

信用条件改变后：

平均收现期=10×60%+30×20%+40×20%=20（天）

现金折扣成本=360 000×（1+25%）×60%×2%=5 400（元）

应收账款占用资金的应计利息=360 000×（1+25%）/360×20×23.4/36×8%=1 300（元）

坏账损失=360 000×（1+25%）×1%=450 000×1%=4 500（元）

因此，改变信用条件后，甲公司平均收现期缩短5天（1分）、现金折扣成本增加3 600元（1分）、应收账款占用资金的应计利息不变（1分）、坏账损失增加900元（1分）。

改变信用条件后的税前损益变化=［360 000×（1+25%）−360 000］×（1−23.4/36）−3 600−0−900=27 000（元）（1分），由于可以获得增量收益，所以甲公司应当将信用条件改为“2/10，n/30”（1分）。

（3）方法一：信用条件改变后，平均收现期=50%×10+25%×30+25%×40=22.5（天）。

平均收现期较信用条件改变前缩短了2.5天，将导致应收账款占用资金的应计利息减少=360 000/360×2.5×23.4/36×8%=130（元）。

设现金折扣率为x，如果甲公司改变信用政策，则至少应当满足改变信用条件前后现金折扣成本的增加额，与应收账款占用资金应计利息的减少额相抵销，即360 000×50%×x−1 800−130=0，x=1.07%（1分）。所以，当甲公司现金折扣率不超过1.07%时可以改变信用条件。

方法二：计算出平均收现期=22.5（天）后，可得应收账款占用资金的应计利息=360 000/360×22.5×（23.4/36）×8%=1 170（元），坏账损失=360 000×1%=3 600（元）。

假设甲公司现金折扣率的上限为y，改变信用条件后，最低利润额不得低于改变信用条件之前的利润额，即不得小于11.93万元（36−23.4−0.18−0.13−0.36）。

建立方程：36−23.4−1 170/10 000−36×50%×y−0.36=11.93，解得y=1.07%。

应试攻略

（1）对企业应收账款的措施主要包括三个维度：应收账款回收情况的监督、对坏账损失的事先准备和制定适当的收款政策。面对本题第一问，甲公司应该采取的措施只要围绕在这三个维度，言之有理即可，不必死记硬背。

（2）如果改变信用政策，增加的收益大于增加的成本，则应当改变，否则就不应当改变。其中，收益和成本的计算中，错误率最高的是应收账款占用资金的应计利息：应收账款应计利息=日销售额×平均收现期×变动成本率×资本成本，其中：日销售额=年销售额÷全年天数，变动成本率=变动成本÷收入。

149 斯尔解析

（1）外购零部件的单位储存变动成本=100×10%=10（元）。

外购零部件的经济订货批量=$\sqrt{\dfrac{2KD}{K_c}}=\sqrt{\dfrac{2\times 20\times 3\,600}{10}}$=120（件）（1分）

外购零部件与批量有关的总成本=$\sqrt{2\times 3\,600\times 20\times 10}$=1 200（元）（1分）

外购零部件的全年总成本=100×3 600+1 200=361 200（元）（1分）

（2）自制零部件的单位变动成本=50+100×0.1=60（元）。

自制零部件的单位储存变动成本=60×10%=6（元）

每日耗用量=3 600÷360=10（件）

自制零部件的经济生产批量=$\sqrt{\dfrac{2\times 3\,600\times 400}{6\times(1-10/15)}}$=1 200（件）（1分）

自制零部件与批量有关的总成本=$\sqrt{2\times 3\,600\times 400\times 6\times(1-10/15)}$=2 400（元）（1分）

设备使用期内的平均年成本=100 000÷（P/A，10%，5）=100 000÷3.7908=26 379.66（元）（1分）

自制零部件的全年总成本=60×3 600+2 400+25 000×4+26 379.66=344 779.66（元）（1分）

提示：根据题目资料，生产该零部件需要使用加工其他产品剩下的一种边角料，每个零部件耗用边角料0.1千克。公司每年产生该种边角料1 000千克，如果对外销售，单价为100元/千克。因此，自制零部件需考虑单位变动成本50元和10元（0.1×100）边角料销售的机会成本，即自制零部件单位变动成本=50+100×0.1=60（元）。

（3）由于自制零部件的全年总成本比外购零部件的全年总成本低（1分），甲公司应该选择自制方案（1分）。

应试攻略

（1）外购方案适用存货经济批量的基本模型，自制方案适用陆续供应和使用模型，两种方案在进行决策时，除了要考虑与批量相关的总成本外，还要考虑购置成本，购置成本指的是存货本身的价值。

外购方案购置成本=买价×全年需求量

自制方案的购置成本=工人年固定工资+变动成本+设备年成本（即“料+工+费”）

（2）存货单位储存变动成本的计算是本题的关键。

存货的储存变动成本包括存货占用资金的应计利息、存货的破损和变质损失、存货的保险费用等。由于本题要求除资金成本外，不考虑其他储存成本，所以外购方案单位储存变动成本=存货的购买单价×资本成本；自制方案单位储存变动成本=存货的单位变动成本×资本成本。

150 斯尔解析

（1）A产品的月税前利润=（80−60）×600−18 000=−6 000（元）（0.5分），不应停产（0.25分），理由：虽然A产品是亏损的，但是A产品的单价（80元）>单位变动成本（60元），能够为企业提供正的边际贡献（0.5分），所以不应停产；

B产品的月税前利润=（120−40）×400−20 000=12 000（元）（0.5分），不应停产（0.25分），理由：B产品是盈利的（0.5分），所以不应停产；

C产品的月税前利润=（100−25）×800−24 000=36 000（元）（0.5分），不应停产（0.25分），理由：C产品是盈利的（0.5分），所以不应停产；

D产品的月税前利润=（60−80）×1 200−30 000=−54 000（元）（0.5分），应停产（0.25分），理由：D产品是亏损的，同时D产品的单价（60元）<单位变动成本（80元），不能够为企业提供正的边际贡献（0.5分），所以应该停产。

（2）结合要求（1）的结果，甲公司停产D产品，所以这台加工机器设备仅用于支持A、B、C三种产品的生产加工。生产A、B、C三种产品每月需要加工时间=600×4+400×8+800×10=13 600（分钟），而目前加工机器设备所能提供的加工时间仅为每月12 000分钟，无法完全满足生产需要。因此，生产安排的优先顺序应当考虑各产品单位约束资源边际贡献的大小，具体分析如下：

A产品单位约束资源边际贡献=（80−60）/4=5（元）

B产品单位约束资源边际贡献=（120−40）/8=10（元）

C产品单位约束资源边际贡献=（100−25）/10=7.5（元）

B产品单位约束资源边际贡献＞C产品单位约束资源边际贡献＞A产品单位约束资源边际贡献，所以应优先安排生产B产品，其次是C产品，最后是A产品（1分）。

B产品产量=销售量=400（件）（0.5分）

C产品产量=销售量=800（件）（0.5分）

A产品产量=（12 000−400×8−800×10）/4=200（件）（0.5分）

甲公司的月税前利润=12 000（B产品的月税前利润）+36 000（C产品的月税前利润）+［（80−60）×200−18 000］（A产品的月税前利润）−30 000（D产品的固定成本）=4 000（元）（0.5分）

提示：虽然D产品已经停产，但甲公司仍需承担其固定成本，即应在计算月税前利润时扣除。

（3）剩余生产能力=15 000−（400×8+800×10+600×4）=15 000−13 600=1 400（分钟），可以生产175件（1 400/8）B产品。该订单需要生产B产品200件，需要增加消耗加工时间1 600分钟（200×8），剩余生产能力不足以满足订单需求，尚需现有订单释放出200分钟（1 600−1 400）的加工时间，因此将影响正常销售。由于A产品单位约束资源边际贡献最小，损失成本最低，应首先考虑减少A产品的正常销售，因此将减少销售50件（200/4）A产品，这50件A产品正常销售所带来的边际贡献应该作为接受订单的机会成本。

接受订单带来的边际贡献=（100−40）×200=12 000（元）

影响50件A产品正常销售的机会成本=（80−60）×50=1 000（元）

接受订单的差额利润=12 000−2 000−5 000−1 000=4 000（元）（0.5分），即接受订单最终将增加甲公司税前利润4 000元，因此应该接受该订单（0.5分）。

应试攻略

（1）在保留或关闭生产线或其他分部的决策中，如果亏损产品能够提供正的边际贡献，则不应当立即停产，如果亏损产品不能提供正的边际贡献，就应当立即停产。

（2）本题中机器的加工工时为甲公司的约束资源，在约束资源最优利用的决策中，优先安排“单位约束资源边际贡献”最大的方案，其中：单位约束资源边际贡献=单位产品边际贡献/该单位产品耗用的约束资源量。

（3）在特殊订单是否接受的决策中，决策分析的思路是比较该订单所提供的边际贡献是否大于该订单所引起的相关成本。其中，相关成本可能包括专属成本、剩余生产能力的机会成本（考虑对正常销售业务的影响）等。

151 斯尔解析

（1）A产品单位边际贡献=3 000−1 000−500−500=1 000（元）（0.25分）。

A产品单位机器工时边际贡献=1 000/10=100（元）

B产品单位边际贡献=2 500−600−300−100=1 500（元）

B产品单位机器工时边际献=1 500/12=125（元）（0.25分）

B产品单位机器工时边际贡献高，优先安排生产B产品350件（1分）。

再安排生产A产品产量=（10 000−12×350）÷10=580（件）（1分）

（2）目前A产品剩余的市场需求数量=900−580=320（件）。

追加设备可生产A产品数量=7 000÷10=700（件）>320（件）

追加设备对公司税前经营利润的影响=320×1 000−120 000=200 000（元）（2分）

（3）追加产能后，在满足当前市场需求的前提下，剩余产能可以加工A产品的数量=700−320=380（件），若接受该订单，需要放弃正常市场中20件产品的销量。

接受该订单的机会成本=1 000×20=20 000（元）

接受该订单对甲公司税前经营利润的影响=400×（2 100−1 000−500−500）−20 000=20 000（元）（2分）

因此应接受该订单（0.5分）。

（4）剩余产能可以加工A产品的数量=700−320=380（件），接受丙的订购不会增加机会成本。

甲公司投标最低单价=1 000+500+500+72 000÷360=2 200（元/件）（2分）

应试攻略

(1) 产品单位变动成本包括直接材料、直接人工和变动制造费用。

(2) 在剩余生产能力无法转移的情况下，追加产能，引起的增量收益为增加的边际贡献，引起的增量成本为追加设备的相关成本。

(3) 根据要求（3），接受400件订单不会增加企业的固定成本，但会占用正常销售的20件A产品的销售机会，引起机会成本的增加。因此，增量收益为增加订单带来的边际贡献，增量成本为机会成本。

(4) 甲公司的产能足够，并且剩余生产能力无法转移，因此本题使用的是有闲置能力条件下的定价方法。此时，管理者往往以产品的增量成本作为定价基础。当公司存在剩余生产能力时，增量成本即为该批产品的变动成本。在这种情况下，企业产品的价格应该在变动成本与目标价格之间进行选择，变动成本=直接材料+直接人工+变动制造费用+变动销售和行政管理费用，目标价格=变动成本+成本加成。

152 斯尔解析▶

（1）

制造费用分配表

2022年7月 金额单位：元

产品	定额工时（小时）	分配率	制造费用
A产品	23 000	-	460 000（0.5分）
B产品	24 100	-	482 000（0.5分）
合计	47 100	20（0.5分）	942 000（0.5分）

（2）

A产品成本计算单

2022年7月 金额单位：元

项目	直接材料		定额工时（小时）	直接人工	制造费用	合计
	定额成本	实际成本				
月初在产品	—	684 500	—	49 200	30 200	763 900
本月生产费用	—	4 030 000	—	570 000	460 000	5 060 000
合计	—	4 714 500	—	619 200	490 200	5 823 900
分配率	—	1.05（0.25分）	—	24（0.25分）	19（0.25分）	—
完工产品	3 260 000（0.25分）	3 423 000（0.25分）	21 600（0.25分）	518 400（0.25分）	410 400（0.25分）	4 351 800（0.25分）
月末在产品	1 230 000	1 291 500（0.25分）	4 200	100 800（0.25分）	79 800（0.25分）	1 472 100（0.25分）

（3）

A产品单位产品成本计算单（分型号）

2022年7月 金额单位：元

型号	单位产品定额		单位实际成本			
	材料定额	工时定额	直接材料	直接人工	制造费用	合计
A-1	1 500	8	1 575（0.25分）	192（0.25分）	152（0.25分）	1 919（0.5分）
A-2	800	6	840（0.25分）	144（0.25分）	114（0.25分）	1 098（0.5分）
A-3	400	4	420（0.25分）	96（0.25分）	76（0.25分）	592（0.5分）

应试攻略

（1）制造费用分配表：

制造费用分配率=942 000÷47 100=20（元/小时）

A产品制造费用=23 000×20=460 000（元）

B产品制造费用=24 100×20=482 000（元）

（2）A产品成本计算单：

完工产品直接材料定额成本=1 000×1 500+2 000×800+400×400=3 260 000（元）

直接材料成本分配率=4 714 500÷（3 260 000+1 230 000）=1.05

完工产品直接材料成本=3 260 000×1.05=3 423 000（元）

月末在产品直接材料成本=1 230 000×1.05=1 291 500（元）

完工产品定额工时=1 000×8+2 000×6+400×4 =21 600（小时）

直接人工成本分配率=619 200÷（21 600+4 200）=24（元/小时）

完工产品直接人工成本=21 600×24=518 400（元）

月末在产品直接人工成本=4 200×24=100 800（元）

制造费用分配率=（460 000+30 200）÷（21 600+4 200）=19（元/小时）

完工产品制造费用=21 600×19=410 400（元）

月末在产品制造费用=4 200×19=79 800（元）

A产品的完工成本=3 423 000+518 400+410 40=4 351 800（元）

A产品的月末在产品成本=1 291 500+100 800+79 800 =1 472 100（元）

（3）A产品单位产品成本计算单：

A-1的单位实际成本=1 500×1.05+8×24+8×19=1 919（元/件）

A-2的单位实际成本=800×1.05+6×24+6×19=1 098（元/件）

A-3的单位实际成本=400×1.05+4×24+4×19=592（元/件）

提示：采用定额比例法，分配率=（月初在产品实际成本+本月发生实际生产费用）/（完工产品定额+月末在产品定额），完工产品和在产品的成本按照相关定额进行分配。

以直接材料费用的分配为例：计算直接材料的分配率，需要先确定完工产品定额。A-1材料定额1 500元/件，完工数量1 000件，则A-1完工产品定额=1 500×1 000=1 500 000（元）。同理，可以计算出A-2完工产品定额=800×2 000=1 600 000（元），A-3完工产品定额=400×400=160 000（元）。所以，完工产品定额=1 500 000+1 600 000+160 000=3 260 000（元）。此外，在产品定额为1 230 000元，则直接材料分配率=（684 500+4 030 000）/（3 260 000+1 230 000）=1.05。因此，完工产品材料费用=3 260 000×1.05=3 423 000（元），在产品材料费用=1 230 000×1.05=1 291 500（元）。

153 斯尔解析▶

（1）

辅助生产费用分配表

2022年7月

项目		机修车间			供电车间		
		耗用量（小时）	单位成本	分配金额（元）	耗用量（度）	单位成本	分配金额（元）
待分配费用		100	90（0.25分）	9 000	80 000	0.6（0.25分）	48 000
交互分配	机修车间	—	—	3 000	−5 000		−3 000
	供电车间	−20		−1 800	—	—	1 800
对外分配费用		80（0.25分）	127.5（0.25分）	10 200（0.25分）	75 000（0.25分）	0.624（0.25分）	46 800（0.25分）
对外分配	第一车间	50		6 375（0.25分）	50 000		31 200（0.25分）
	第二车间	30		3 825（0.25分）	25 000		15 600（0.25分）
	合计	80		10 200（0.25分）	75 000		46 800（0.25分）

（2）

第一车间产品成本计算单

2022年7月 单位：元

项目	产成品产量（件）	直接材料	加工成本	合计
月初在产品	—	10 000	50 000	60 000
本月生产费用	—	350 000	430 000	780 000
合计	—	360 000	480 000	840 000
产成品中本步骤份额	100（0.5分）	300 000（0.25分）	400 000（0.25分）	700 000（0.25分）
月末在产品	—	60 000（0.25分）	80 000（0.25分）	140 000（0.25分）

（3）

第二车间产品成本计算单

2022年7月 单位：元

项目	产成品产量（件）	直接材料	加工成本	合计
月初在产品	—	27 000	75 000	102 000
本月生产费用	—	88 000	355 000	443 000

续表

项目	产成品产量（件）	直接材料	加工成本	合计
合计	—	115 000	430 000	545 000
产成品中本步骤份额	100（0.25分）	100 000（0.25分）	400 000（0.25分）	500 000（0.25分）
月末在产品	—	15 000（0.25分）	30 000（0.25分）	45 000（0.25分）

（4）

产品成本汇总表

2022年7月　　单位：元

生产车间	产成品产量（件）	直接材料	加工成本	合计
第一车间	—	300 000	400 000	700 000
第二车间	—	100 000	400 000	500 000
总成本	100（0.25分）	400 000（0.25分）	800 000（0.25分）	1 200 000（0.25分）
单位成本（元/件）	—	4 000（0.25分）	8 000（0.25分）	12 000（0.25分）

应试攻略

（1）采用一次交互分配法，首先要在各辅助生产车间之间进行一次交互分配，然后将各辅助生产车间交互分配后的实际费用，对辅助生产车间以外的各受益单位进行分配。针对第（1）小问的计算说明：

机修车间对外分配率=（9 000+3 000−1 800）÷（100−20）=10 200÷80=127.5（元/小时）

供电车间对外分配率=（48 000−3 000+1 800）÷（80 000−5 000）=46 800÷75 000=0.624（元/度）

（2）采用平行结转分步法，每一生产步骤的生产费用也要再其完工产品（指最终完工的产成品）与广义在产品（包括本步骤在产品和本步骤已完工但尚未最终完工的所有后续仍需继续加工的在产品、半成品）之间进行分配。

①针对第一车间成本计算单的计算说明：

第一车间直接材料分配率=（10 000+350 000）÷［100×2+（20×50%+15×2）］=360 000÷240=1 500（元/每件半成品）

第一车间直接材料应计入产成品成本的份额=100×2×1 500=300 000（元）

第一车间月末在产品直接材料成本=（20×50%+15×2）×1 500=60 000（元）

第一车间本月加工成本=辅助生产分配前加工成本+辅助生产车间机修、供电转入成本=392 425+6 375+31 200=430 000（元）

第一车间加工费用分配率=（50 000+430 000）÷［100×2+（20×50%+15×2）］=480 000÷240=2 000（元/每件半成品）

第一车间加工费用应计入产成品成本的份额=100×2×2 000=400 000（元）

第一车间月末在产品加工成本=（20×50%+15×2）×2 000=80 000（元）

②针对第二车间成本计算单的计算说明：

第二车间直接材料分配率=（27 000+88 000）÷（100+15）=115 000÷115=1 000（元/件）

第二车间直接材料应计入产成品成本的份额=100×1 000=100 000（元）

第二车间月末在产品直接材料成本=15×1 000=15 000（元）

第二车间本月加工成本=辅助生产分配前加工成本+辅助生产车间机修、供电转入成本=335 575+3 825+15 600=355 000（元）

第二车间加工费用分配率=（75 000+355 000）÷（100+15×50%）=430 000÷107.5=4 000（元/件）

第二车间加工费用应计入产成品成本的份额=100×4 000=400 000（元）

第二车间月末在产品加工成本=15×50%×4 000=30 000（元）

提示：平行结转分步法中的广义在产品是指各步骤未最终完工的在产品。第一车间的广义在产品包括本车间内的在产品20件和第二车间的在产品15件，而完工产品是100件。

方法一是将计算口径统一为半成品数量，由于每生产1件产成品需耗用2件半成品，所以第一车间在产品约当产量=20×50%+15×2×100%=40（件），完工产品=100×2=200（件），直接材料分配率=（10 000+350 000）/（200+40）=1 500（元/件），产成品中第一车间的直接材料份额=200×1 500=300 000（元），月末在产品直接材料成本=40×1 500=60 000（元）。

方法二是将计算口径统一为产成品数量，由于消耗2件半成品才能生产出1件产成品，所以第一车间在产品约当产量=20/2×50%+15×100%=20（件），完工产品=100（件），直接材料分配率=（10 000+350 000）/（100+20）=3 000（元/件），产成品中第一车间的直接材料份额=100×3 000=300 000（元），月末在产品直接材料成本=20×3 000=60 000（元）。

154 斯尔解析

（1）

第一步骤成本计算单

2022年6月　　　　单位：元

项目	直接材料	直接人工	制造费用	合计
月初在产品成本	3 750	2 800	4 550	11 100
本月生产费用	16 050	24 650	41 200	81 900
合计	19 800	27 450	45 750	93 000
分配率	60（0.25分）	90（0.25分）	150（0.25分）	—
完工半成品转出	16 800（0.25分）	25 200（0.25分）	42 000（0.25分）	84 000（0.25分）
月末在产品	3 000（0.25分）	2 250（0.25分）	3 750（0.25分）	9 000

第二步骤成本计算单

2022年6月 单位：元

项目	半成品	直接材料	直接人工	制造费用	合计
月初在产品成本	6 000	1 800	780	2 300	10 880
本月生产费用	84 000	40 950	20 595	61 825	207 370
合计	90 000	42 750	21 375	64 125	218 250
分配率	300（0.25分）	150（0.25分）	75（0.25分）	225（0.25分）	—
完工产成品转出	81 000（0.25分）	40 500（0.25分）	20 250（0.25分）	60 750（0.25分）	202 500（0.25分）
月末在产品	9 000（0.25分）	2 250（0.25分）	1 125（0.25分）	3 375（0.25分）	15 750（0.25分）

（2）

产成品成本还原计算表

2022年6月 单位：元

项目	半成品	直接材料	直接人工	制造费用	合计
还原前产成品成本	81 000	40 500	20 250	60 750	202 500
本月所产半成品成本	—	16 800	25 200	42 000	84 000
成本还原	−81 000（0.25分）	16 200（0.25分）	24 300（0.25分）	40 500（0.25分）	0
还原后产成品成本	—	56 700（0.25分）	44 550（0.25分）	101 250（0.25分）	202 500（0.25分）
还原后产成品单位成本	—	210（0.25分）	165（0.25分）	375（0.25分）	750（0.25分）

应试攻略

（1）第一步骤产品成本计算单计算说明：

直接材料约当产量=280+50=330（件）

直接材料分配率=19 800÷330=60（元/件）

完工半成品转出直接材料=280×60=16 800（元）

直接人工约当产量=280+50×0.5=305（件）

直接人工分配率=27 450÷305=90（元/件）

完工半成品转出直接人工=280×90=25 200（元）

制造费用约当产量=280+50×0.5=305（件）

制造费用分配率=45 750÷305=150（元/件）

完工半成品转出制造费用=280×150=42 000（元）

（2）第二步骤产成品成本计算单计算说明：

半成品约当产量=270+30=300（件）

半成品分配率=90 000÷300=300（元/件）

完工产成品转出半成品=270×300=81 000（元）

直接材料约当产量=270+30×0.5=285（件）

直接材料分配率=42 750÷285=150（元/件）

完工产成品转出直接材料=270×150=40 500（元）

直接人工约当产量=270+30×0.5=285（件）

直接人工分配率=21 375÷285=75（元/件）

完工产成品转出直接人工=270×75=20 250（元）

（3）产成品成本还原计算表计算说明：

成本还原直接材料=81 000÷84 000×16 800=16 200（元）

成本还原直接人工=81 000÷84 000×25 200=24 300（元）

成本还原制造费用=81 000÷84 000×42 000=40 500（元）

还原后产成品单位成本=202 500÷270=750（元/件）

155 斯尔解析▶

（1）

第一车间成本计算单

产品名称：半成品　　　　金额单位：元

项目	直接材料	直接人工	制造费用	合计
月初在产品成本	7 000	8 000	1 200	16 200
本月生产费用	77 000	136 000	22 800	235 800
合计	84 000	144 000	24 000	252 000
约当产量	2 800（0.5分）	2 400（0.5分）	2 400（0.5分）	
单位成本	30（0.25分）	60（0.25分）	10（0.25分）	100（0.25分）
完工半成品转出	54 000（0.25分）	108 000（0.25分）	18 000（0.25分）	180 000（0.25分）
月末在产品成本	30 000（0.25分）	36 000（0.25分）	6 000（0.25分）	72 000（0.25分）

（2）半成品发出的加权平均单位成本=（400×127.5+180 000）÷（400+1 800）=105（元）（1分）。

（3）

作业成本分配表

金额单位：元

作业成本库	作业成本	作业分配率	A产品		B产品	
			作业量	分配金额	作业量	分配金额
设备调整	30 000	2 000（0.5分）	10	20 000（0.25分）	5	10 000（0.25分）
加工检验	2 400 000	1 600（0.5分）	1 000	1 600 000（0.25分）	500	800 000（0.25分）
合计	2 430 000			1 620 000		810 000

（4）

汇总成本计算单

单位：元

项目	A产品	B产品
半成品成本转入	105 000（0.25分）	52 500（0.25分）
直接人工	17 200	7 800
制造费用		
其中：设备调整	20 000	10 000
加工检验	1 600 000	800 000
制造费用小计	1 620 000	810 000
总成本	1 742 200（0.25分）	870 300（0.25分）
单位成本	1 742.20（0.25分）	1 740.60（0.25分）

应试攻略

（1）第一车间产品成本计算单。

由于第一车间原材料在开工时一次性投入，其他费用陆续发生，因此月末在产品直接材料的约当产量=1 000×100%=1 000（件），月末在产品直接人工和制造费用的约当产量=1 000×60%=600（件）。

（2）汇总成本计算单。

半成品成本转入=本月投产数量×半成品发出的加权平均单位成本

第九模块　综合题

156 斯尔解析▶

（1）长期资本负债率$=\frac{40\ 000}{40\ 000+60\ 000}=40\%$（1分）（或，$=\frac{40\ 000}{105\ 000-5\ 000}=40\%$）。

利息保障倍数$=\frac{9\ 000+3\ 000+2\ 000}{2\ 000+200}=\frac{14\ 000}{2\ 200}=6.36$（倍）（1分）

提示：这一小问计算的是筹资前的长期资本负债率，因此分母中仅包含筹资前就存在的长期借款和所有者权益。

（2）5年后预期股价=45×（F/P，8%，5）=45×1.4693=66.12（元）。

1 000=1 000×6%×（P/A，i，10）+20×（66.12−60）×（P/F，i，5）+1 000×（P/F，i，10）

1 000=60×（P/A，i，10）+122.4×（P/F，i，5）+1 000×（P/F，i，10）

当i=7%时，

60×（P/A，7%，10）+122.4×（P/F，7%，5）+1 000×（P/F，7%，10）

=60×7.0236+122.4×0.7130+1 000×0.5083

=421.42+87.27+508.3

=1 016.99（元）

当i=8%时，

60×（P/A，8%，10）+122.4×（P/F，8%，5）+1 000×（P/F，8%，10）

=60×6.7101+122.4×0.6806+1 000×0.4632

=402.61+83.31+463.2

=949.12（元）

资本成本$=7\%+\frac{1\ 016.99-1\ 000}{1\ 016.99-949.12}\times(8\%-7\%)=7\%+0.25\%=7.25\%$（3分）

（答案在7.24%～7.26%之间，均正确）

（3）

公司债券				政府债券		公司债券信用风险补偿率
发行公司	信用等级	到期日	到期收益率	到期日	到期收益率	
丙	AA	2022年11月30日	5.63%	2022年12月10日	4.59%	1.04%
丁	AA	2025年1月1日	6.58%	2024年11月15日	5.32%	1.26%
戊	AA	2029年11月30日	7.20%	2029年12月1日	5.75%	1.45%
风险补偿率平均值	—	—	—	—	—	1.25%（1分）

税前债务资本成本=5.75%+1.25%=7%（1分）

筹资后β系数$=1.5/\left[1+(1-25\%)\times\frac{40\ 000}{60\ 000}\right]\times\left[1+(1-25\%)\times\frac{40\ 000+20\ 000}{60\ 000}\right]$

$=1.5/1.5\times1.75=1.75$（1分）

筹资后股权资本成本=5.75%+1.75×4%=12.75%（1分）

（答案在12.74%～12.76%之间，均正确）

提示：这一小问计算的是筹资后的股权资本成本，因此β系数应当考虑新增加的20 000万元附认股权证债券筹资额。

（4）长期资本负债率$=\frac{40\ 000+20\ 000}{60\ 000+40\ 000+20\ 000+9\ 000\times(1+20\%)}=\frac{60\ 000}{130\ 800}=45.87\%$（1分）。

（或，$=\frac{40\ 000+20\ 000}{105\ 000-5\ 000+20\ 000+9\ 000\times(1+20\%)}=\frac{60\ 000}{130\ 800}=45.87\%$）

利息保障倍数$=\frac{9\ 000\times(1+20\%)/(1-25\%)+2\ 000+20\ 000\times6\%}{2\ 000+200+20\ 000\times6\%}=\frac{17\ 600}{3\ 400}=5.18$（倍）（1分）

提示：这一小问计算的是筹资方案执行后的长期资本负债率。此时，长期资本既包括筹资前的长期借款和股东权益，也包括新增的附认股权证债券和股东权益。根据资料四，筹资方案执行后，营业净利率保持2019年水平不变，不分配现金股利，说明净利润全部留存，增加了所有者权益。因此，在计算筹资后的长期资本负债率时，还需要考虑新增的所有者权益，即2020年净利润形成的利润留存=9 000×（1+20%）。此外，各类债券的利息都是按照票面利率计算并支付，因此计算利息保障倍数中的利息费用时应使用的利率是票面利率6%。

（5）附认股权证债券属于混合筹资，资本成本应介于税前债务资本成本和税前股权资本成本之间（0.5分）。此方案税前资本成本（7.25%）大于税前债务资本成本（7%），小于税前股权资本成本（$17\%=\frac{12.75\%}{1-25\%}$）｛或，此方案税后资本成本［5.44%=7.25%×（1−25%）］小于股权资本成本（12.75%）｝（指明一项即可得1分）。

与长期借款合同中保护性条款的要求相比，长期资本负债率（45.87%）低于50%（0.5分），利息保障倍数（5.18倍）高于5倍（0.5分）。

筹资方案可行（0.5分）。

应试攻略

（1）长期资本负债率的计算中要注意分母应使用长期负债，而不是总负债。

（2）附认股权证债券的税前筹资成本，可以用投资人的内含报酬率来估计，计算时不要忽略了认股权证行权时的行权现金流出和股票现金流入。

（3）运用风险调整法进行债务资本成本的估计时，应选择与目标公司信用级别相同的上市公司发行的长期债券，本题中乙公司的信用评级是AAA级，与目标公司甲公司的信用级别不同，所以注意不应纳入计算。

（4）由于本题要求计算筹资后的股权资本成本，因此在对β系数进行调整时，需要注意卸载筹资前的财务杠杆，并加载筹资后的财务杠杆。

157 斯尔解析

（1）

单位：万元

管理用财务报表项目	2017年	2018年	2019年	2020年
净经营资产	800	1 000	1 150	1 437.5
净负债	220	300	420	600
股东权益	580	700	730	837.5
税后经营净利润	600（0.25分）	621（0.25分）	966（0.25分）	1 104（0.25分）
税后利息费用	12（0.25分）	15（0.25分）	21（0.25分）	30（0.25分）
净利润	588	606	945	1 074

（2）2017年净经营资产周转率=2 000/800=2.5（次）。

2018年净经营资产周转率=2 300/1 000=2.3（次）

2019年净经营资产周转率=2 760/1 150=2.4（次）

2020年净经营资产周转率=3 450/1 437.5=2.4（次）

2021年及以后年度净经营资产周转率=（2.5+2.3+2.4+2.4）/4=2.4（次）（1分）

2017年税后经营净利率=600/2 000=30%

2018年税后经营净利率=621/2 300=27%

2019年税后经营净利率=966/2 760=35%

2020后税后经营净利率=1 104/3 450=32%

2021年及以后年度税后经营净利率=（30%+27%+35%+32%）/4=31%（1分）

（3）股权资本成本=4%+1.4×（9%−4%）=11%（1分）。

加权平均资本成本=8%×（1−25%）×2/5+11%×3/5=9%（1分）

（4）

单位：万元

项目	2020年末	2021年末	2022年末	2023年末
营业收入增长率		20%	12%	4%
营业收入	3 450	4 140	4 636.8	4 822.27
税后经营净利率		31%	31%	31%
税后经营净利润		1 283.4（0.25分）	1 437.41（0.25分）	1 494.90（0.25分）
净经营资产周转率		2.4	2.4	2.4
净经营资产	1 437.5	1 725	1 932	2 009.28
净经营资产增加		287.5（0.25分）	207（0.25分）	77.28（0.25分）
实体现金流量		995.9（0.5分）	1 230.41（0.5分）	1 417.62（0.5分）
折现系数		0.9174	0.8417	0.7722
现值		913.64（0.5分）	1 035.64（0.5分）	1 094.69（0.5分）
实体价值	25 813.44（0.5分）			

（5）2020年末股权价值=25 813.44−600=25 213.44（万元）（1分）。

（6）发行价格=4 000/160×80%=20（元）（1分）。

发行数量=25 213.44/20=1 260.67（万股）（1分）

应试攻略

（1）计算税后经营净利率时，需注意分子应使用税后经营净利润，而不是净利润。

（2）2020年末乙公司实体价值的计算说明：

2021年税后经营净利润=3 450×（1+20%）×31% =1 283.4（万元）

2021年净经营资产增加=3 450×（1+20%）/2.4−1 437.5=287.5（万元）

2021年实体现金流量=1 283.4−287.5=995.9（万元）

2021年实体现金流量现值=995.9×0.9174=913.64（万元）

2022年税后经营净利润=3 450×（1+20%）×（1+12%）×31%=1 437.41（万元）

2022年净经营资产增加=［3 450×（1+20%）/2.4］×12%=207（万元）

2022年实体现金流量=1 437.41−207=1 230.41（万元）

2022年实体现金流量现值=1 230.41×0.8417=1 035.64（万元）

2023年税后经营净利润=3 450×（1+20%）×（1+12%）×（1+4%）×31%=1 494.90（万元）

2023年净经营资产增加=［3 450×（1+20%）×（1+12%）/2.4］×4%=77.28（万元）

2023年实体现金流量=1 494.90−77.28=1 417.62（万元）

2023年实体现金流量现值=1 417.62×0.7722=1 094.69（万元）

2020年末实体价值=913.64+1 035.64+1 094.69+1 417.62×（1+4%）/（9%−4%）×0.7722=25 813.44（万元）

158 斯尔解析▶

（1）2021年每股收益=3 000÷500=6（元/股）。

每股价值=15÷1×6=90（元/股）（1分）

甲公司股票价值未被低估（0.5分）。

（或，甲公司股票价值被高估。）

（2）

单位：百万元

管理用报表项目	2021年末
净经营资产	11 600（0.5分）
净负债	1 800（0.5分）
股东权益	9 800
管理用报表项目	**2021年度**
税后经营净利润	3 135（0.5分）
税后利息费用	135（0.5分）
净利润	3 000

（3）

单位：百万元

项目	2022年	2023年	2024年
税后经营净利润	3 762	4 514.40	4 785.26
净经营资产	13 920	16 704	17 706.24
净经营资产增加	2 320	2 784	1 002.24
实体现金流量	1 442（1分）	1 730.40（1分）	3 783.02（1分）
减：税后利息费用	162	194.40	206.06
净负债	2 160	2 592	2 747.52
加：净负债增加	360	432	155.52
股权现金流量	1 640（1分）	1 968（1分）	3 732.48（1分）

（4）股权价值=1 640×（*P*/*F*，12%，1）+1 968×（*P*/*F*，12%，2）+3 732.48÷（12%−6%）×（*P*/*F*，12%，2）

=1 640×0.8929+1 968×0.7972+62 208×0.7972

=52 625.46（百万元）

=526.25（亿元）

每股价值=526.25÷5=105.25（元/股）（1.5分）

甲公司股票价值被低估（0.5分）。

（5）市盈率模型的优点：计算数据容易取得，计算简单（0.5分）；价格和收益相联系，直观反映投入和产出的关系（0.5分）；市盈率涵盖了风险、增长率、股利支付率的影响，具有综合性（0.5分）。

市盈率法的局限性：用相对价值对企业估值，如果可比企业的价值被高估（或低估）了，目标企业的价值也会被高估（或低估）（0.5分）；如果收益是0或负值，市盈率就失去了意义（0.5分）。

应试攻略

（1）管理用报表填列的计算说明：

经营资产=22 000+4 800−600=26 200（百万元）

经营负债=15 000−400=14 600（百万元）

净经营资产=26 200−14 600=11 600（百万元）

净负债=400+2 000−600=1 800（百万元）

税后经营净利润=（20 000−14 000−420−1 000−400）×（1−25%）=3 135（百万元）

税后利息费用=（200−20）×（1−25%）=135（百万元）

提示：（广义）利息费用=金融类费用之和−金融类收入之和，如果题目没有特别说明，公允价值变动收益一般均产生于金融活动，应作为利息费用的抵减项。

（2）预测现金流量的计算说明（以2022年为例）：

税后经营净利润=3 135×（1+20%）=3 762（百万元）

净经营资产=11 600×（1+20%）=13 920（百万元）

净经营资产增加=11 600×20%=2 320（百万元）

实体现金流量=税后经营净利润−净经营资产增加=3 762−2 320=1 442（百万元）

税后利息费用=135×（1+20%）=162（百万元）

净负债=1 800×（1+20%）=2 160（百万元）

净负债增加=1 800×20%=360（百万元）

股权现金流量=实体现金流量−债务现金流量=实体现金流量−（税后利息费用−净负债增加）=实体现金流量−税后利息费用+净负债增加=1 442−162+360=1 640（百万元）

159 斯尔解析

（1）税后经营净利润=3 400×（1−25%）=2 550（万元）（0.5分）。

净经营资产净利率=2 550÷8 000=31.88%（0.5分）

甲公司两项指标均超过目标值（0.5分），完成年度考核目标（0.5分）。

（2）无风险报酬率=11%−2.1×4%=2.6%。

卸载丙公司财务杠杆，$\beta_{资产}$=2.1÷［1+（1−25%）×（50 000−30 000）÷30 000］=1.4。

加载甲公司财务杠杆，$\beta_{权益}$=1.4×［1+（1−25%）×4 000÷（8 000−4 000）］=2.45。

甲公司新项目权益资本成本=2.6%+2.45×4%=12.4%（1分）

公司新项目加权平均资本成本=12.4%×1/2+5.6%×1/2=9%（1分）

（3）

单位：万元

现金流量项目	2022年末	2023年末	2024年末	2025年末	2026年末	2027年末
初始投资	−3 000					
营业收入		2 800	2 800	2 800	2 800	2 800
付现成本		1 600	1 600	1 400	1 400	1 400
设备折旧		540	540	540	540	540
变现损益						−100
设备大修			−200			
税前经营利润		660	460	860	860	760
所得税		165	115	215	215	190
税后经营净利润		495	345	645	645	570

续表

现金流量项目	2022年末	2023年末	2024年末	2025年末	2026年末	2027年末
设备变现现金流入						200
营运资本投入	-400					
营业资本回收						400
现金净流量	-3 400（0.5分）	1 035（0.5分）	885（0.5分）	1 185（0.5分）	1 185（0.5分）	1 810（0.5分）
折现系数	1	0.9174	0.8417	0.7722	0.7084	0.6499
现金净流量现值	-3 400（0.5分）	949.51（0.5分）	744.90（0.5分）	915.06（0.5分）	839.45（0.5分）	1 176.32（0.5分）
净现值	1 225.24（1分）					

净现值大于0（0.5分），所以该项目从乙集团角度看可行（0.5分）。

（4）2023年预计甲公司税后经营净利润=2 550+495=3 045（万元）（0.5分）。

2023年预计甲公司净经营资产净利率=3 045÷11 000×100%=27.68%（0.5分）<31%。

因甲公司预计净经营资产净利率不能达成目标要求，且该指标属“一票否决”指标（0.5分），所以反对投资该项目（0.5分）。

应试攻略

净现值计算说明：

2022年末现金流量=-3 000-400=-3 400（万元）

2023年末现金流量=（2 800-1 600-540）×（1-25%）+540=1 035（万元）

2024年末现金流量=（2 800-1 600-540-200）×（1-25%）+540=885（万元）

2025年末现金流量=（2 800-1 400-540）×（1-25%）+540=1 185（万元）

2026年末现金流量=（2 800-1 400-540）×（1-25%）+540=1 185（万元）

2027年末现金流量=（2 800-1 400-540）×（1-25%）+200+（3 000×10%-200）×25%+540+400=1 810（万元）

净现值=［1 035×（P/F，9%，1）+885×（P/F，9%，2）+1 185×（P/F，9%，3）+1 185×（P/F，9%，4）+1 810×（P/F，9%，5）］-3 400=1 225.24（万元）

160 斯尔解析▶

（1）

项目	数量（件）	直接材料成本（元）	直接人工成本（元）	变动制造费用（元）	固定制造费用（元）	合计
月初在产品	15 000	1 207 500	252 000	61 200	156 000	1 676 700
本月生产费用	81 000	6 520 500	3 444 000	836 400	1 804 000	12 604 900
总约当产量（件）	—	81 000（0.25 分）	82 000（0.25 分）	82 000（0.25 分）	82 000（0.25 分）	—
分配率	—	80.5（0.5 分）	42（0.5 分）	10.2（0.5 分）	22（0.5 分）	—
本月完工产品	80 000	6 440 000（0.5分）	3 360 000（0.5分）	816 000（0.5分）	1 784 000（0.5分）	12 400 000（0.5分）
单位成本	—	80.5（0.5分）	42（0.5分）	10.2（0.5分）	22.3（0.5分）	155（0.5分）
月末在产品	16 000	1 288 000	336 000	81 600	176 000	1 881 600（0.5分）

（2）第二分部加工费用分配：

直接人工成本分配率=246 400÷17 600=14（元/工时）

变动制造费用分配率=258 720÷17 600=14.7（元/工时）

固定制造费用分配率=346 500÷9 000=38.5（元/机时）

B产品订单#601总成本=期初成本+本期成本

=2 536 470+4 900×（14+14.7）+2 600×38.5=2 777 200（元）（1分）

B产品订单#601单位成本=2 777 200÷10 000=277.72（元/件）（0.25分）

B产品订单#701总成本=本期成本

=本期耗用A产品成本+本期耗用其他直接材料成本+本期直接人工成本+本期变动制造费用+本期固定制造费用

=8 000×200+196 000+8 800×（14+14.7）+4 400×38.5

=2 217 960（元）（1分）

B产品订单#701单位成本=2 217 960÷8 000=277.25（元/件）（0.25分）

（3）第一分部营业利润=62 000×（210−17.3）+20 000×200−1 500 000−72 000×155

=11 947 400+4 000 000−1 500 000−11 160 000

=3 287 400（元）（1分）

第二分部营业利润=（10 000+8 000）×350−2 777 200−2 217 960=1 304 840（元）（1分）

（4）第一分部可接受最低内部转移定价=210−17.3=192.7（元/件）。

第二分部可接受最高价即市场价格：210（元/件）。

内部定价的合理区间：192.7~210元（0.5分）。

目前内部转移定价200 元/件合理（0.5分）。

应试攻略

（1）本月产出的总约当产量：

直接材料成本约当产量

=月初在产品本月约当产量+本月投入本月完工产品数量+月末在产品约当产量

=0+（80 000−15 000）+16 000=81 000（件）

直接人工成本约当产量

=月初在产品本月加工约当产量+本月投入本月完工产品数量+月末在产品约当产量

=15 000×（1−40%）+（80 000−15 000）+16 000×50%=82 000（件）

变动制造费用约当产量、固定制造费用约当产量同直接人工成本约当产量。

（2）分配率计算：

直接材料分配率（单位约当产量成本）=6 520 500÷81 000=80.5（元/件）

直接人工分配率（单位约当产量成本）=3 444 000÷82 000=42（元/件）

变动制造费用分配率（单位约当产量成本）=836 400÷82000=10.2（元/件）

固定制造费用分配率（单位约当产量成本）=1 804 000÷82 000=22（元/件）

（3）本月完工产品成本计算：

直接材料成本=1 207 500+80.5×65 000=6 440 000（元）

[或，=1 207 500+6 520 500−80.5×16 000=6 440 000（元）]

直接人工成本=252 000+42×74 000=3 360 000（元）

[或，=252 000+3 444 000−42×8 000=3 360 000（元）]

变动制造费用=61 200+10.2×74 000=816 000（元）

[或，=61 200+836 400−10.2×8 000=816 000（元）]

固定制造费用=156 000+22×74 000=1 784 000（元）

[或，=156 000+1 804 000−22×8 000=1 784 000（元）]

本月完工产品合计=6 440 000+3 360 000+816 000+1 784 000=12 400 000（元）

（4）单位成本计算：

单位直接材料成本=6 440 000÷80 000=80.5（元/件）

单位直接人工成本=3 360 000÷80 000=42（元/件）

单位变动制造费用=816 000÷80 000=10.2（元/件）

单位固定制造费用=1 784 000÷80 000=22.3（元/件）

单位成本=80.5+42+10.2+22.3=155（元/件）

[或，=12 400 000÷80 000=155（元/件）]

（5）月末在产品成本计算：

直接材料成本=80.5×16 000=1 288 000（元）

直接人工成本=42×8 000=336 000（元）

变动制造费用=10.2×8 000=81 600（元）

固定制造费用=22×8 000=176 000（元）

月末在产品合计=1 288 000+336 000+81 600+176 000=1 881 600（元）